基礎から学ぶ

機械材料学

内田　仁

アグネ技術センター

まえがき

日本は「技術立国」と謳われて久しいが，モノづくりに不可欠な専門分野の一つに機械工学がある．これを学ぼうとする学生にとって，なぜか材料学には興味が湧かないという人達が多い．長年，講義を担当してその重要性を知っている著者にとっていささか反省の念いがある．なぜか考えるに，機械工学の基幹科目である材料力学，流体力学，熱力学や機械力学などは，知識を積み上げる縦系の学問分野であり，解法を理解するのに力点が置かれる．これに対して設計学，材料学や加工学などの関連科目は幅広い知識を必要とする横系の学問分野であり，とりわけ材料学は暗記項目が多いためか理屈抜きで覚えなければと感じているのであろう．何か理屈やストーリーがあるから興味が湧き，単に項目の暗記だけでは興味や面白みが失われてしまうように思われる．

機械工学における「機械材料学」は，装置・機械の設計や生産時に必要となる材料の特性やその選択などを取り扱う教科であり，新たな機械・装置開発や新生産技術を生み出すためにも必須の学問領域である．これを物語る言葉として「材料を制するものは技術を制する」という言葉がある．材料を研究開発する立場はもちろんのこと，材料を利用してモノづくりに直接携わる生産技術者の立場においても実に的確な見識である．構造材料の多くは，外力下あるいは過酷環境下で使われ，社会インフラを基盤から支える材料である．種々の材料の中から適切に選択して適切な部位に利用するための‘適材適所’が不可欠であり，また新しい機能材料が登場しても対応可能なように，「機械材料学」の基本的な知識を修得しておくことが重要である．また，今日では材料の製造・使用過程で環境や資源・エネルギーなど地球環境問題も十分に考慮しなければならない．

本書は，大学や高専などにおいて「機械材料学」を初めて学ぶ学生はもとより，実務で設計や生産業務に携わる技術者が，材料の基本を理解する重要さを再認識した際にも役立ち，その構成内容を厳選して基礎から学べるように執筆した．機械工学の初学者が「機械材料学」の全容を系統立てて基礎から理解できるよう，金属材料に限ることなく各種材料についてもバランスよく丁寧な解説に努めた．

内容は大きく第Ⅰ編と第Ⅱ編に分け，「第Ⅰ編 機械材料通論」は基礎から学ぶべき項目を厳選して第1～9章で構成している．「第Ⅱ編 機械材料各論」は材料別に第10～15章で構成し，必要な項目を適宜選択して修得することも可能にしている．具体的には，次のような内容で構成されている．

まず第Ⅰ編の第1章では「機械材料学」の総論を記述し，第2，3章では材料の結晶構造とこの塑性変形を引き起こす結晶中の格子欠陥，すなわち転位の動きを理解できるようにしている．第4～6章では材料の各種処理で起こる拡散，相変化や組織など，第7～9章では材料の機械的性質，強化方法や破壊などをそれぞれ解説している．第Ⅱ編の第10～12章では炭素鋼，合金鋼や鋳鉄などの鉄鋼材料，第13章ではアルミニウム，マグネシウム，銅，チタンとそれらの合金を含む非鉄金属材料の基本的な事項に触れている．第14章ではセラミックス，ガラス，プラスチックおよびゴムと接着剤を含む非金属材料，最後の第15章では近年開発・実用化されている代表的な機能材料をそれぞれ取り扱っている．

上述の各章においては，材料科学的な観点から，多岐にわたる材料の構造や諸特性を支配する共通的な基本原理を平易に述べるとともに，材料の構造や諸特性およびそれらの評価法などを系統的に理解できるように努めた．本文中にはできるだけわかりやすい図表を掲げ，章末には簡単な演習問題を取り上げることにより，読者が自ら学ぶ便宜を図れるように心掛けた．また，単位については国際単位系のSI単位を基本とするものの，一部については数値自体の意味を実感して貰いたい念いから温度や力・応力など従来の工学単位を併用することとした．いずれにせよ，著者の浅学菲才がゆえに内容が不十分な点あるいは不完全な点もあろうかと思うが，諸賢のご批判なりご意見をいただき，将来，より一層完全なものに近づけていけるならば深甚と考えている．

最後に，本書の執筆に際して多くの名著・文献を参考にしたが，いわゆる定番の図表など出典を特定しにくいものもあるため，文献番号は付けずに文献のみを明示してこれらの著者の方々に深く敬意と謝意を表する．また，出版に至る過程で貴重なご助言とご支援をいただいた兵庫県立大学大学院 井上尚三教授ならびに㈱アグネ技術センターの代表取締役島田保江様と編集部の方々に心より感謝の意を表する．

著　者

目　次

第Ⅰ編　機械材料通論

第 1 章　総　論

近年，科学技術が急速に進展する中で，日本が強みとするモノづくりに不可欠な専門分野の一つに**機械工学** (mechanical engineering) がある．これを学ぼうとする人は，「動くモノに興味がある」「モノに触れてみたい」云々と，いつも考えたり言葉に出したりしてさまざまなモノに興味を覚える．ヒューマノイドなロボットに驚き，自動車を中心とした環境・エネルギー関連，航空機やロケットあるいは宇宙衛星などに興味がある学生も多かろう．ここでは，機械工学の基幹科目である**機械材料学** (mechanical materials science) をなぜ学ぶことが重要なのか考えよう．

1.1　材料の種類と概要

人間が何らかの目的を持って**物質** (matter) を使用するとき，これを**材料** (materials) といい，この言葉には人間の熱い念いが込められている．有史以前から人類は身の回りにある動・植物や鉱石などの天然材料を利用し，古代エジプトに始まった錬金術を契機に，化学反応を利用して金属やその合金など多くの材料を創り出してきた．人類の発展の歴史がその時代の道具や武器などに使われた材料によって石器時代，青銅器時代，鉄器時代と呼ばれていることからも，材料の発見とその改良の歴史は工学の発展の基盤となってきた．材料にはその目的を果たすための役割が要求され，次の 2 つに分類される．

構造材料 (structural materials)：装置や機械などの構造体を形成し，主として荷重を負担することを目的とする材料であり，材料自体の強度，延性，剛性や静的・動的特性といった機械的特性を利用する．

機能材料 (functional materials)：電線，磁石，半導体や熱電変換装置など，主として強度以外の機能を担うことを目的とする材料であり，熱的，電気的あるいは磁気的特性といった物理的・化学的特性を利用する．

このような材料の使用目的によって役割も大きく異なり，材料選択を行う場合にはその製造プロセス，性能，コストや加工法などに加え，組立などの施工方法も考慮しなければならない．ましてや材料開発のニーズやシーズ発掘の要請はいつの時代にもあり，この機会に機械工学の基幹科目である「機械材料学」を基礎から学ぶ必要性がある．

本書の内容は大きく第Ⅰ編と第Ⅱ編に分けられ，「第Ⅰ編 機械材料通論」は基礎から学ぶべき項目を厳選して第1～9章で構成している．「第Ⅱ編 機械材料各論」は材料別に第10～15章で構成し，必要な項目を適宜選択して修得することも可能にしている．具体的には，次のような内容で構成している．

まずこの第1章 総論では，本書の内容を概観しながら材料の種類，製造プロセスや成形加工法など必要最小限の基礎的事項に言及し，機械工学の分野において「機械材料学」を学ぶ意義やその役割について考える．

続いて，機械工学の初学者でも十分に理解できる原子構造や原子の結合方式を学び，材料の結晶構造と結晶学的特徴や解析法について理解を深める．また，金属材料の塑性変形は大半がすべりによって起こり，これにはすべりの源ともいうべき欠陥である**転位**(dislocation)が深く関与しているので，結晶構造に関連付けて転位の基本的性質を学ぶ(第2, 3章参照)．

材料の各種処理において重要な反応や行程の多くは，固体中または液体や気体あるいは別の固体からの物質移動である**拡散**(diffusion)を伴う．工業的にも重要な拡散現象の原子的機構やその数学的処理などの基本を学び，次いで金属およびその合金が熱力学的に最も安定な状態である**平衡状態図**(equilibrium phase diagram)について理解を深める(第4～6章参照)．

金属材料に塑性変形を与えると原子配列はどうなるのか，すなわち結晶構造と塑性変形の関係を転位に関連付けて知ることは，材料の強度や強化法を理解する上で極めて重要である．代表的な**材料試験**(material testing)とともに**強化機構**(strengthening mechanism)や**破壊**(fracture)なども学習する(第7～9章参照)．

地球上にはさまざまな元素が存在し，その組み合わせと加工・熱処理などによって実に多様な材料が創られている．工業材料としての**機械材料**

(mechanical materials) は，図 1.1 に示す**金属材料** (metallic materials)，**非金属材料** (nonmetallic materials)，**複合材料** (composite materials) に大別できる．

金属材料は金属元素を主成分とする材料であり，**鉄鋼材料** (ferrous metallic materials) と**非鉄金属材料** (nonferrous metallic materials) に大別される．鉄鋼材料は主に構造材料として用いられ，**鉄** (iron, Fe) をベースにした普通鋼 (炭素鋼)，合金鋼，鋳鉄や鋳鋼などに分類される．一方，非鉄金属材料は Fe 以外の元素をベースにした金属材料であり，Al, Mg, Cu, Ti およびそれらの各合金について学ぶ (第 10～13 章参照)．

金属材料以外の非金属材料は，**無機材料** (inorganic materials) と**有機材料** (organic materials) に大別できる．無機材料は代表的なものとして**セラミックス** (ceramics) や**ガラス** (glass) などがある．一方，有機材料は炭素を主たる元素として O, H, N 原子などから構成され，代表的なものとして分子量の大きい**高分子材料** (high-polymer materials) の**プラスチック** (plastics, または**樹脂** resin) や**ゴム** (rubber) などが挙げられる (第 14 章参照)．

複合材料は，2 種類以上の材料を複合化することにより優れた特性を出現させた材料である．材料の組み合わせが多種多様であり，既存材料では持ち得ないさまざまな特性を出現させるため，複合材料については**形状記憶合金** (shape-

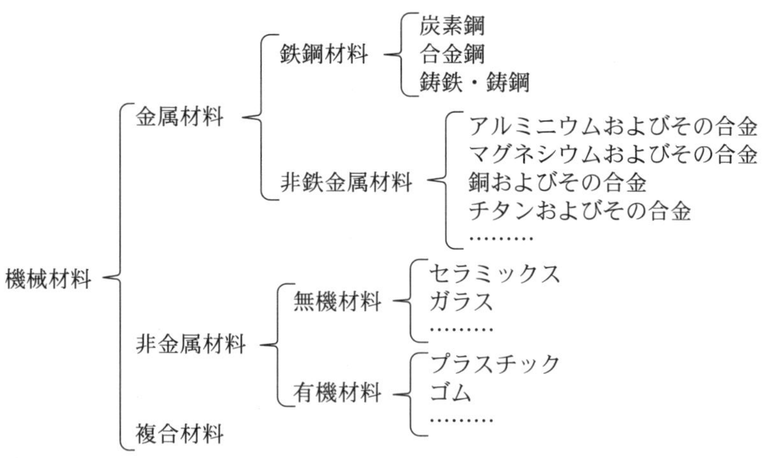

図 1.1　機械材料の分類

memory alloy)，**アモルファス合金**(amorphous alloy)，**水素吸蔵合金**(hydrogen storage alloy)などの機能材料とともに説明する(第 15 章参照).

以上のように機械材料の種類と本書の概要を簡単に述べたが，以下では基盤材料として重要な鉄鋼材料を中心に，その製造プロセスと成形加工法について説明する．同時に，モノづくりに不可欠な機械工学の専門分野において「機械材料学」の位置付けを考え，それを学ぶ意義やその役割についても触れる.

1.2　鉄鋼材料の製造プロセス

鉄鋼材料の原料となる主な鉄鉱石は**磁鉄鉱**(magnetite, Fe_3O_4)，**赤鉄鉱**(hematite, Fe_2O_3)および**褐鉄鉱**(limonite, $2Fe_2O_3 \cdot 3H_2O$)であり，約 40% Fe 以上の品位の鉱石が用いられる.

鉄鋼の製造法は大きく溶鉱炉−転炉法と電気炉法の 2 つに分けられ，それぞれの系統図を図 1.2 に示す．まず鉄鉱石を粉砕してペレット状に焼き固めた後，コークス，石灰石とともに**溶鉱炉**(blast furnace，または**高炉**)の上部から投入し，下方から高温・高圧の空気を吹き込む．鉄鉱石は炉中を降下しながら加熱・還元され，炉底から約 3～5% の大量の C を含む**溶鉄**(hot pig iron)すなわち**銑鉄**(pig iron)

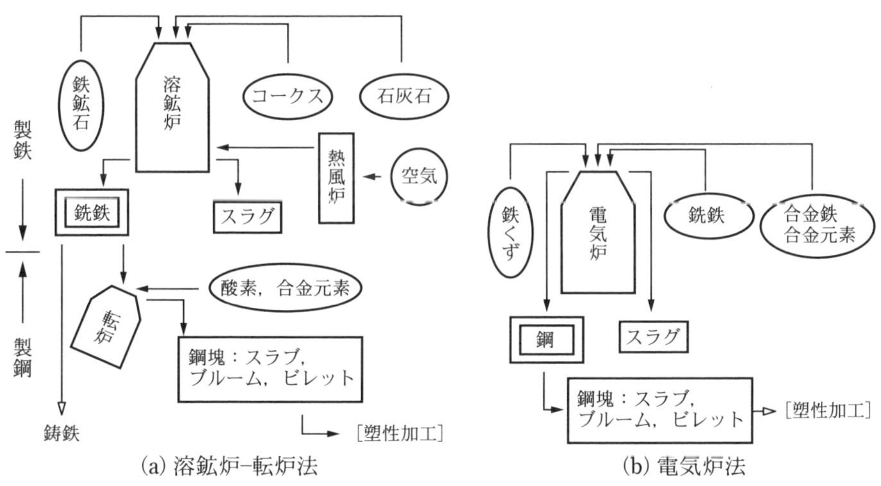

(a) 溶鉱炉−転炉法　(b) 電気炉法

図 1.2　鉄鋼製造法の系統図

が取り出され，不純物は**スラグ**(slag，または**鋼滓**)として分離する．この反応は一定時間ごとに繰り返し，投入された鉄鉱石は7〜8 hr程度で銑鉄になり，コークスによる還元反応の結果，大量のCを含むため，鋳鉄の原料として一部が利用される以外，大半の銑鉄は次のような方法で製鋼される．

溶鉱炉で造られる銑鉄中のCを減少させるために，**転炉**(converter)の中でOを吹き込み，Cと不純物を酸化燃焼させて取り除く．転炉中では，さらに合金元素を投入して成分調整を行い，連続的に鋳造凝固させて最終製品に対応した中間形状の鋼片(スラブ，ブルーム，ビレットなど)が造られる．これらを後述の圧延，押出し，引抜きなどを行って板材，棒鋼，形鋼，線材などの最終製品を造る．このような溶鉱炉と転炉を用いた鉄鋼の生産技術は現代の主流であり，日本においては全生産量の80%近くを占めている．

転炉以外の製鋼法には電気炉法がある．鉄鋼スクラップや銑鉄を原料とし，主として直流アーク電気炉中で溶解・精錬・成分調整を行い，鋼を直接造る製鋼法である．現在使用されている電気炉は200トンクラスのものであり，溶解にかかる時間も2 hr程度と短い．電気炉法では，土木・建築用の形鋼や棒鋼などの一般用鋼材，合金鋼などの特殊鋼の生産が多く，日本では鉄鋼の全生産量の20%を占めている．

以上のように，転炉または電気炉によって造られた溶鋼を連続的に鋳造凝固した鋼片をそのまま使用することがあり，これを**鋳鋼**(cast steel)という．鋳鋼は全鉄鋼生産量に比べて極めてわずかであり，大部分は鋼片を加工して種々の製品を造る．この場合，精錬の酸化反応で鋼に溶け込んだOを除去する必要があり，これにはSi, Mn, Alなどが添加される．多量のOを含む鋼は凝固の際に気泡などの欠陥を生じやすく，また材質も劣るので良質な鋼ほど十分に脱酸する．しかし，脱酸は鋼塊の歩留まりに影響するので，用途によって脱酸の程度を変える．軽く脱酸した鋼を**リムド鋼**(rimmed steel)，最も脱酸の良い鋼を**キルド鋼**(killed steel)という．

鉄鋼中には銑鉄，スクラップなどの原料，燃料，石灰石などから種々の不純物が混入する．その代表的な不純物元素であるC, Si, Mn, P, Sは鉄鋼の五大元素という．この中でC, Si, Mnは有益な元素であるので添加することもある．しかし，Cu, Snなどは有害な不純物であり，またO_2, H_2, N_2などの気体元素は微量不純物として含有され，鋼の性質に大きな影響を及ぼす．

P, S は鋼に最も悪い影響を及ぼす不純物であり，結晶粒界に微量偏析を起こすことによって粒界を脆化する．特に，S はオーステナイト粒界に偏析して熱間加工性を悪くし，P も粒界偏析して低温域での鋼の脆性破壊を助長する．鋼中に O_2 はほとんど固溶せず，FeO の形で存在するものと考えられているが，これが存在すると鋼は脆弱となるので，脱酸を十分に行うのが基本である．H_2 は製鋼途中，空気の湿気，原料中の水分から入るばかりでなく，その後の加工工程における酸洗い，めっきなどの際にも侵入して著しく脆化する．

溶鋼中での種々の化学反応や凝固過程中での溶解度の変化によって酸化物 (Al_2O_3, MnO, SiO_2 など)，硫化物 (MnS, TiS など) や窒化物 (TiN など) などの化合物が生じる．また，溶鉱炉や転炉内の耐火物も化学的，機械的浸食によって溶鋼中に混入する．溶鋼中に存在する化合物は凝固中に浮上除去されることが基本であり，最近の製鋼精錬技術の進歩により，このような非金属介在物はほとんどなくなったが，完全に除去することはいまだ不可能である．

1.3　材料の加工法

金属材料などを機械部品として必要な形状に加工するには，多くの方法が採られる．材料の加工法は**成形加工** (mold processing)，**除去加工** (removal processing) と**付加加工** (additional processing) に大別され，加工の難易や採り得

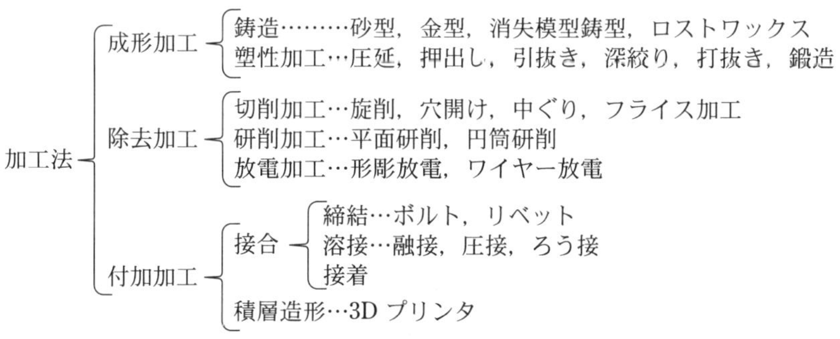

図 1.3　材料の加工法

る方法は材料の種類と性質に大きく依存する．また，材料自体の性質が加工過程で変化することも注意する必要がある．ここでは材料の加工法を図 1.3 のように分類し，これらを簡単に説明する．

(1) 成形加工

鋳造 (casting)：これは溶融金属を**鋳型** (mold) に流し込んで凝固させ，鋳型通りの形状の製品を得る方法であり，鋳型の種類には砂型，金型，消失模型鋳型，ロストワックスなどがある．砂型を壊して製品を取り出す方法は，形状の自由度は大きいが寸法精度があまり高くない．金型を用いる方法は寸法精度が高く生産性に優れるが，鋳型の製造コストが高い．**ダイキャスト** (die casting) は，特殊鋼の金型に Al, Zn, Mg など低融点の溶融金属を高圧で注入し急速凝固させる方法で，寸法精度が高く鋳造後の切削加工が不要であり，複雑形状の鋳造が可能などの特長を有する．

塑性加工 (plastic working)：材料自体の変形能を利用して目的の形状および寸法に加工する方法であり，第 8 章において詳述するが，加工温度に重要な意味を持つ．塑性加工は寸法精度の良い製品を効率的に製造できるとともに，材料の強度を高め，材質の改善を目的としても行われる．代表的な塑性加工法として，一対の回転したロールによる**圧延** (rolling)，ダイスを用いた材料の**押出し** (extrusion) や**引抜き** (drawing) がある．また，ダイスとパンチを用いた**深絞り** (deep drawing) や**打抜き** (blanking) の他に，工具や金型などを用いて成形と鍛錬を行う**鍛造** (forging) などがある．

(2) 除去加工

切削・研削加工 (cutting, grinding)：切削加工は工具を用いて材料を削り取る除去加工とも呼ばれ，工具と材料の間に相対運動を与えて工作物の不要部分を切り屑として除去する方法である．旋盤による**旋削** (turning)，ボール盤による**穴開け** (drilling) や**中ぐり** (boring)，フライス盤による**フライス加工** (milling) などが代表的な方法であり，寸法精度の高い加工法であるため仕上げ工程で使用される．一方，研削加工は高硬度な砥粒や砥石を工具として用い，**平面研削** (plane griding) や**円筒研削** (cylindrical grinding) により切削加工が困難な材料や切削加工後の精密仕上げなどに使用されることが多い.

放電加工（electric discharge machining, 略して EDM）：放電加工は電極と加工物の間でアーク放電を発生させ，その熱で加工物を溶かす加工方法で**形彫放電加工**（diesinking EDM）と**ワイヤー放電加工**（wire EDM）の2種類がある．通電する材料であれば難削材である Mo や Ti などの硬い金属でも容易に加工することができ，加工物に直接接触せずに加工を行うため負担が少なく，常に加工液（油）の中で加工が行われるため熱による変形がほとんど生じない.

(3) 付加加工

接合（joining または bonding）：ボルトやリベットなどによる機械的な**締結**（fastening），**溶接**（welding）に代表される冶金学的な接合，接着剤を媒介とした**接着**（adhesive bonding）に大別される．特に，溶接は接合部に熱または圧力もしくはその両方を加え，2つの固体材料間を材料学的に一体化させる代表的な接合法である．これには接合面を溶融させ接合する**融接**（fusion welding），接合面を溶融することなく圧力と温度を付与して固相状態で接合する**圧接**（pressure welding），母材より低い融点（450℃以上）の金属を接合部の隙間で凝固させて接合する**ろう接**（brazing）などがある.

積層造形（additive manufacturing, 略して AM）：付加加工は必要部分に材料を付加して所定の形状に仕上げる加工法であり，近年注目を浴びている AM 技術は，金属や樹脂などの粉末材料を層状に積層してレーザーや電子ビームで溶融凝固を繰り返し，3次元構造体を得る技術であり，すでに **3D プリンタ**（3D printer）として装置化されている．また，材質的な機能性の付与だけではなく，**トポロジー最適化**（topology optimization）や**ラティス構造**（lattice structure）などの新たな構造による軽量化や断熱性などの機能性の付与も可能となる．このような AM 技術は，医療，航空宇宙，自動車や工具製造などのさまざまな業界で利用されており，次世代のモノづくり技術として益々発展するであろう.

以上のように，材料の成形加工法は装置や機器等の使用目的や用途によってその選択が大きく異なり，また加工の難易や方法も金属の種類や性質と密接に関係する．いずれにせよ，詳細については加工学関連の成書を参照されたい.

1.4　機械材料学を学ぶに際して

工学の原点はモノづくりであり，数学や物理などの基礎科学を応用して自然界に存在する材料やエネルギーなど，人類の平和と幸福のために科学技術が活用されている．その中でモノづくりに直接係わる専門分野の１つに機械工学があり，その基幹科目である材料力学，熱力学，流体力学や機械力学などに加え，設計学，材料学や加工学など多くの関連科目で構成されている．これらの基礎知識を集約し，かつ他分野の専門科目を組み合わせて，初めて新しい機能を有する機械部品の設計や製造，さらにはその利用が可能となる．

図 1.4 は機械工学の位置付けを模式的に示したものであり，どのような種類の装置や機械であれ，「設計」通りに「素材」を「加工」して造られるのは事実である．そのためには，材料の特性を理解し，的確な材料選択の下で，設計図通りかつ形状寸法に加工しなければならない．機械工学において材料も加工もモノづくりに必要不可欠であり，それらの技術は日進月歩の進化を遂げているので最新の情報を吸収しなくてならない．将来，機械の設計業務に携わる者は，その機能・構造について十分な知識を持った上で材料や加工法を選択し，設計図に指示しなければならない．たとえ所望の設計ができたとしても，設計図通りの形状寸法に加工できなければ機械は造れない．また，材料特性を理解せずその選択を間違え

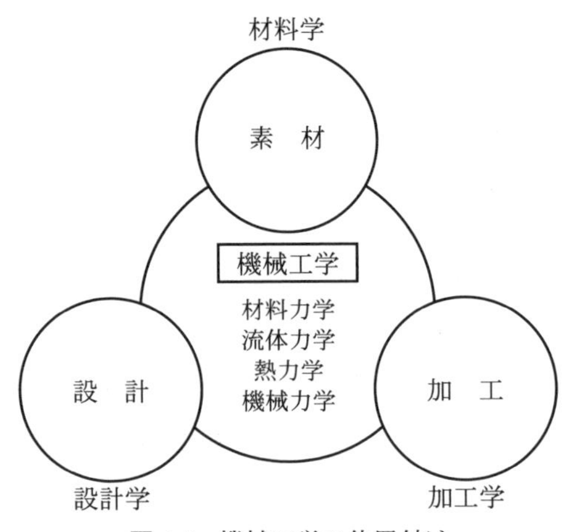

図 1.4　機械工学の位置付け

れば，使用中に劣化損傷が起こる危険性もある．このような意味において，「機械材料学」は加工学とともに機械工学における重要な専門科目である．

表 1.1　クラーク数

順位	元素	クラーク数（%）
1	酸素　O	49.5
2	ケイ素　Si	25.8
3	アルミニウム　Al	7.56
4	鉄　Fe	4.7
5	カルシウム　Ca	3.39
6	ナトリウム　Na	2.63
7	カリウム　Ca	2.4
8	マグネシウム　Mg	1.93
9	水素　H	0.83
10	チタン　Ti	0.46

材料を選択する場合，その物質が地球上に大量に存在し資源枯渇の心配がないこと，また資源の偏在がなく供給不安の恐れのないことなどが大きな要因として挙げられる．元素の存在量を重量比で表した指標である**クラーク数**（Clark number）がある．これは地表下 10 マイル（約 16 km）までの地球表層（気圏，水圏を含む）の元素存在度をその全体の質量%（mass%）で表した値である．表 1.1 は代表的な元素のクラーク数を示しており，最も多いのが O，次いで Si, Al, Fe と続く．Si, Al や Fe などは大量に存在するものの通常は酸化物の鉱石として存在し，これらを単体として取り出すためには溶鉱炉や電気炉で還元する必要があり，コスト高を招く要因にもなっている．クラーク数だけでなく，単体として取り出すコストすなわち製造に要するエネルギーも，地球上にある物質から人間に役に立つ材料とするために重要なファクターである．

最近，地球規模の環境問題が日増しに深刻になっており，人間活動による資源とエネルギーの大量消費と大量廃棄が最大の原因である．こうした状況の中，技術者は製品の原料・設計，製造，使用，廃棄という一連のライフサイクルに責任がある．自然環境（生物圏）と共生する持続可能な人間社会（人類圏）を創るための物質・材料が**エコマテリアル**（environment conscious materials，造語として ecomaterials）であり，可能な限り閉鎖系にして廃棄物を再利用する省エネルギー・省資源社会（循環社会）を形成するための**ライフサイクルアセスメント**（life cycle assessment, LCA）を考える必要がある．図 1.5 は，エコマテリアルで考慮される材料性能を 3 つの軸を用いて表している．フロンティア性の軸は，「材料本来の性能」「製造コストの低減」などを示す尺度を指し，材料を使用する本来

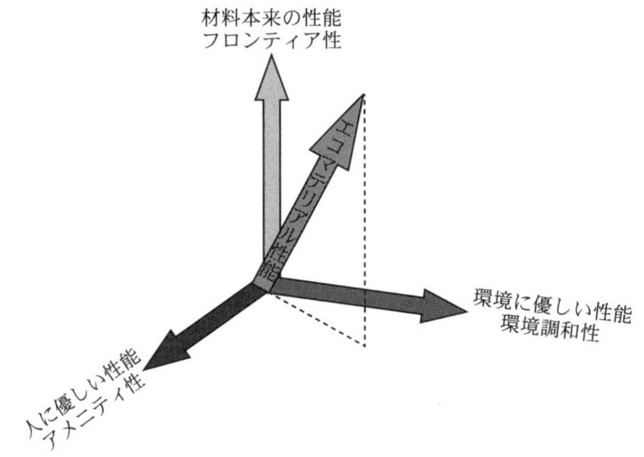

図 1.5　エコマテリアルの性能の 3 軸表示

の目的が人間のフロンティア性を拓くことにあるという意味である．環境調和性の軸は，「害を出さない」「エネルギーを浪費しない」「**リサイクル**（recycle）」「**再利用**（reuse）」など環境負荷の少なさの度合いを指し，持続的発展の観点から材料が環境に優しいかどうかの基準を示す新しい性能軸である．さらに，アメニティ性の軸は「快適さを生み出す」「不快さを遮断する」「ハンディキャップを補う」「自然（生物）に学ぶ」など人への優しさの指標，すなわち人間との係わりから見た材料性能である．このような視点からの材料設計や製造プロセスは，現在の材料を極限まで高純度化して希少資源を多用するなど極限追求型の技術思想と相容れない面もあるが，今後ますます重要になるであろう．

【演習問題】

1.1　工業材料としての機械材料を分類してそれぞれの特徴を述べよ．

1.2　鉄鋼の溶鉱炉–転炉法による製造法について，その目的と概要を簡単に述べよ．

1.3　材料の代表的な加工法を 3 つ示し，それぞれの特徴を簡単に説明せよ．

1.4　なぜ機械工学に材料学や加工学が必要なのか，その理由を述べよ．

1.5　機械材料学を学ぶに際して，広い視点からその役割や目的について私見を述べよ．

第 2 章　原子と結晶構造

物質は多数の原子から構成され，原子の集合状態によって気体，液体および固体に分類される．固体の中で，その構成原子が 3 次元的に規則正しく配列されている物質を**結晶質体** (crystalline solid) といい，ガラスのように構成原子が不規則なものを**非晶質体** (non crystalline solid，または**アモルファス** amorphous) という．金属などは前者に属する代表的なものであり，装置や機械の強度を負担する材料として重要である．ここでは，まず金属の原子と結晶の構造について基礎的な理解を深めよう．

2.1　原子構造

あらゆる原子は，**原子核** (atomic nucleus) を構成する**陽子** (proton) と**中性子** (neutron)，それらを取り巻く**電子** (electron) から構成される．図 2.1 は H, He, Li の原子模型である．陽子，中性子および電子は物質の基本となる代表的な**素粒**

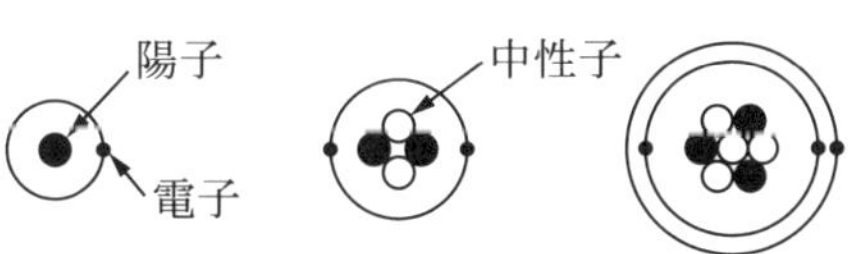

原子名	水素 (H)	ヘリウム (He)	リチウム (Li)
陽子の数	1	2	3
中性子の数	0	2	4
質量数	1	4	7
電子の数	1	2	3
原子番号	1	2	3

図 2.1　原子模型

子 (elementary particles) であり，これらの性質を表 2.1 に示す．陽子と中性子は質量が電子の 1,800 倍以上あり，陽子と電子は電荷が同じであるが，陽子は正，電子は負である．したがって，原子の質量は陽子と中性子で構成される原子核の質量に支配され，しかも原子核の大きさは半径にして 10^{-12} cm 程度で原子の半径 10^{-8}～10^{-7}cm に比べて極めて小さい．このような原子核を取り巻く電子の数を**原子番号** (atomic number，陽子の数に対応)，陽子と中性子の数の和を**質量数** (mass number) という．原子核中には陽子の数が同じで中性子の数が異なるものがあり，この原子を**同位体** (isotope，または**同位元素** isotopic element) という．

表 2.1　陽子・中性子・電子の性質

	電荷 (C)	質量 (g)
陽　子	1.602×10^{-19}	1.673×10^{-24}
中性子	0	1.675×10^{-24}
電　子	1.602×10^{-19}	9.109×10^{-28}

原子内における軌道電子のエネルギーは，量子論的に不連続かつ特定な値しか持つことが許されない．**パウリの禁制律** (Pauli's exclusion principle) によれば，1 つの原子に属する電子はそれぞれ異なるエネルギー状態で存在する．このエネルギー状態は**主量子数** (principal quantum number) n，**方位量子数** (azimuthal quantum number) l，**磁気量子数** (magnetic quantum number) m，**スピン量子数** (spin quantum number) s によって表すことができ，次のような値をとる．

主量子数 $n=1,\ 2,\ 3,\ \cdots\cdots,\ n$　　(n 個)

方位量子数 $l=0,\ 1,\ 2,\ 3,\ \cdots\cdots,\ (n-1)$　　(n 個)

磁気量子数 $m=-l,\ -(l-1),\ \cdots\cdots,\ 0,\ \cdots\cdots,\ (l-1),\ l$　　($2l+1$ 個)

スピン量子数 $s=-1/2,\ 1/2$　　(2 個)

これからわかるように，各 l について m のとりうる値が $(2l+1)$ 通りあり，さらに各 m に s が 2 通りあるので，主量子数 n の電子殻に入りうる電子数 N は

$$N=2\sum_{l=0}^{n-1}(2l+1)=2n^2 \tag{2.1}$$

である．したがって，K 殻 ($n=1$) には 2 個，L 殻 ($n=2$) には 8 個，M 殻 ($n=3$) には 18 個，N 殻 ($n=4$) には 32 個の電子まで入ることができる．方位量子数 $l=0,\ 1,\ 2,\ 3,\ \cdots\cdots$ をそれぞれ s, p, d, f, ……の記号で表記し，主量子数 n の数字と組み合わせて 1s, 2s, 2p, 3s, ……の軌道状態を調べると，収容電子数は表 2.2 のようになる．各軌道の収容電子数を nl 状態の右肩に書くと，

表 2.2　電子軌道と収容電子数

電子殻	K	L		M			N			
主量子数（n）	1	2		3			4			
方位量子数（l）	0	0	1	0	1	2	0	1	2	3
軌道状態	1s	2s	2p	3s	3p	3d	4s	4p	4d	4f
収容電子数	2	2	6	2	6	10	2	6	10	14

$1s^2$，$2s^2$，$2p^6$，$3s^2$，$3p^6$，$3d^{10}$，$4s^2$，$4p^6$，$4d^{10}$，$4f^{14}$，……

のように表現できる．一番外側にある電子（いわゆる最外殻電子）を**価電子**（valence electron）といい，これはエネルギー準位が最も低いため原子核との結び付きも弱く，元素の化学的性質に大きな影響を及ぼす．

元素の化学的性質は，主として最外殻電子によって支配される．表 2.3 は元素の**周期表**（periodic table）であり，最外殻における電子数の周期に基づいて整理したものである．縦の列を**族**（group），横の行を**周期**（period）という．化学的性質が類似している元素は，最外殻電子の配列が類似の同じ族に並んでいる．第 1 族に属する**アルカリ金属**（alkali metal；Li，Na，K，Rb，Cs，Fr）は容易に 1 価の**陽イオン**（cation）となり，融点が低く，軟らかい．これらは 1 価の**陰イオン**（anion）となりやすい第 17 族の**ハロゲン**（halogen；F，Cl，Br，I，At）と強い親和力がある．第 2 族は**アルカリ土類金属**（alkali earth metal；Ca，Sr，Ba，Ra）であり，広義には Be，Mg を含めることもある．第 18 族の**不活性ガス**（inert gas；He，Ne，Ar，Kr，Xe，Rn）は**希ガス**（rare gas）ともいい，化学的に安定な単原子分子の気体として存在する．この周期表において，B と At を結んだ線の左側における元素は金属特有の性質を示すので，**金属元素**（metallic elements）という．一方，この右側にある元素を**非金属元素**（nonmetallic elements）といい，金属元素と非金属元素の境界にある元素は両方の性質を備えているので**半金属元素**（metalloid elements）という．第 4 周期の Sc から Cu まで，第 5 周期の Y から Ag まで，第 6 周期の La から Au までの元素を**遷移金属**（transition elements）という．遷移金属は融点が高く，硬く，電磁気的性質が優れたものが多く，実用金属材料の大部分がこれに含まれる．また，第 3 属の原子番号 21 の Sc と原子番号 39 の Y の 2 元素と，原子番号 57～71 のランタノイド 15 元素を加えた計 17 元素を**希土類元**

表 2.3　元素の周期表

周期＼族	1	2	3	4	5	6	7	8	9	10	11	12	13	14	15	16	17	18
1	1 H 水 素 1.008																	2 He ヘリウム 4.003
2	3 Li リチウム 6.941	4 Be ベリリウム 9.012											5 B ホウ素 10.81	6 C 炭 素 12.01	7 N 窒 素 14.01	8 O 酸 素 16.00	9 F フッ素 19.00	10 Ne ネオン 20.18
3	11 Na ナトリウム 22.99	12 Mg マグネシウム 24.31					遷移金属						13 Al アルミニウム 26.98	14 Si ケイ素 28.09	15 P リン 30.97	16 S イオウ 32.07	17 Cl 塩 素 35.45	18 Ar アルゴン 39.95
4	19 K カリウム 39.10	20 Ca カルシウム 40.08	21 Sc スカンジウム 44.96	22 Ti チタン 47.88	23 V バナジウム 50.94	24 Cr クロム 52.00	25 Mn マンガン 54.94	26 Fe 鉄 55.85	27 Co コバルト 58.93	28 Ni ニッケル 58.69	29 Cu 銅 63.55	30 Zn 亜 鉛 65.39	31 Ga ガリウム 69.72	32 Ge ゲルマニウム 72.61	33 As ヒ 素 74.92	34 Se セレン 78.96	35 Br 臭 素 79.96	36 Kr クリプトン 83.80
5	37 Rb ルビジウム 85.47	38 Sr ストロンチウム 87.62	39 Y イットリウム 88.91	40 Zr ジルコニウム 91.22	41 Nb ニオブ 92.91	42 Mo モリブデン 95.94	43 Tc テクネチウム 98.91	44 Ru ルテニウム 101.1	45 Rh ロジウム 102.9	46 Pd パラジウム 106.4	47 Ag 銀 107.9	48 Cd カドミウム 112.4	49 In インジウム 114.8	50 Sn スズ 118.7	51 Sb アンチモン 121.8	52 Te テルル 127.6	53 I ヨウ素 126.9	54 Xe キセノン 131.3
6	55 Cs セシウム 132.9	56 Ba バリウム 137.3	57~71 ランタノイド	72 Hf ハフニウム 178.5	73 Ta タンタル 180.9	74 W タングステン 183.9	75 Re レニウム 186.2	76 Os オスミウム 190.2	77 Ir イリジウム 192.2	78 Pt 白 金 195.1	79 Au 金 197.0	80 Hg 水 銀 200.6	81 Tl タリウム 204.4	82 Pb 鉛 207.2	83 Bi ビスマス 209.0	84 Po ポロニウム 210.0	85 At アスタチン 210.0	86 Rn ラドン 222.0
7	87 Fr フランシウム 223.0	88 Ra ラジウム 226.0	89~103 アクチノイド	104 Rf ラザホージウム 〔261〕	105 Db ドブニウム 〔262〕	106 Sg シーボルギウム 〔263〕	107 Bh ボーリウム 〔264〕	108 Hs ハッシウム 〔269〕	109 Mt マイトネリウム 〔268〕	110 Ds ダームスタチウム 〔269〕	111 Rg レントゲニウム 〔272〕	112 Cn コペルニシウム 〔277〕	113 Nh ニホニウム 〔278〕	114 Fl フレロビウム 〔289〕	115 Uup ウンウンペンチウム 〔288〕	116 Lv リバモリウム 〔292〕	117 Ts テネシン 〔293〕	118 Og オガネソン 〔294〕

⇧アルカリ金属（1族）　⇧アルカリ土類金属（2族）　⇧半金属　⇧ハロゲン（17族）　⇧希ガス（18族）

57~71 ランタノイド	57 La ランタン 138.9	58 Ce セリウム 140.1	59 Pr プラセオジム 140.9	60 Nd ネオジム 144.2	61 Pm プロメチウム 144.9	62 Sm サマリウム 150.4	63 Eu ユーロピウム 152.0	64 Gd ガドリミウム 157.3	65 Tb テルビウム 158.9	66 Dy ジスプロシウム 162.5	67 Ho ホルミウム 164.9	68 Er エルビウム 167.3	69 Tm ツリウム 168.9	70 Yb イッテルビウム 173.0	71 Lu ルテチウム 175.0
89~103 アクチノイド	89 Ac アクチニウム 227.0	90 Th トリウム 232.0	91 Pa プロトアクチニウム 231.0	92 U ウラン 238.0	93 Np ネプツニウム 237.0	94 Pu プルトニウム 239.1	95 Am アメリシウム 243.1	96 Cm キュリウム 247.1	97 Bk バークリウム 247.1	98 Cf カルフォルニウム 252.1	99 Es アインシュタイニウム 252.1	100 Fm フェルミウム 257.1	101 Md メンデレビウム 256.1	102 No ノーベリウム 259.1	103 Lr ローレンシウム 260.1

表の見方

1 H 水 素 1.008	←元素番号　記号 ←名称 ←原子量

〔注〕カッコ内の数字はその元素の放射性同位体のうち，既知の同位体の質量数の一例を示す．

素 (rare earth elements) という.

2.2　原子の結合方式

結晶は原子またはイオン (電荷を有する原子) が 3 次元的に規則正しく配列したものであり, 原子の結合方式には図 2.2 に示すように次の 4 種類がある.

イオン結合 (ionic bond)：陽イオンと陰イオンの間の静電引力 (クーロン力) による化学的な結合であり (同図 (a)), その代表的な物質が塩化ナトリウム (NaCl) である. イオン結合は結合している原子間の電子を引きつける力, すなわち**電気陰性度** (electronegativity) の差が大きい原子の組み合わせに生じやすい. この種の物質は, ある原子面に沿って脆性的な破壊を引き起こしやすく, 融点が高く熱膨張も小さい.

共有結合 (covalent bond)：2 つの原子が互いに価電子を共有して電子対を形成することで結合し, 原子間の電気陰性度の差が小さい場合における結合方式である (同図 (b)). 共有結合の結晶はイオン結合や次の金属結合に比べて原子間の結合力が強いので, 硬く, 融点や沸点が高く, 化学的にも安定である. 一般に無機

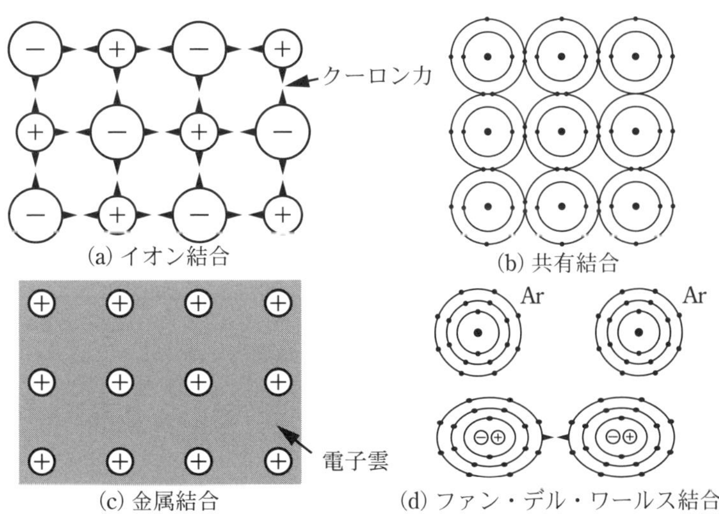

図 2.2　原子の結合方式

材料の多くは共有結合であり，その代表がダイヤモンドである．

金属結合 (metallic bond)：固体の金属特有な結合方式であり，上述のような 2 原子間で価電子を共有結合する場合と異なり，最外殻から飛び出した価電子を原子全体で共有する (同図 (c))．すなわち，各原子を飛び出した価電子が原子群の間を自由に移動できる状態で各原子が結合するのである．この自由に移動する電子のことを**自由電子** (free electron，または**電子雲** electron cloud) といい，優れた熱・電気伝導性，塑性変形能や金属光沢 (高反射率) などの特性を示す要因となる．

ファン・デル・ワールス結合 (van der Waals bond)：Ar やメタン (CH_4) などの不活性な原子または中性の分子が互いに接近すると，それらの内部では瞬間的に正負の電荷の中心位置が分離するいわゆる分極が起こり，**電気双極子** (electric dipole) を形成して相互に弱い引力 (ファン・デル・ワールス力) が働く (同図 (d))．このような結合方式の物質は有機化合物の分子結晶で多く見られ，電気伝導度が極めて小さく，融点・沸点も低い．

2.3　結晶構造の分類

原子が 3 次元的に規則正しく配列した**結晶構造** (crystal structure) について，原子間を直線で結んで**空間格子** (space lattice) で表現すると，その周期性を示す最小の単位空間を**単位格子** (unit lattice)，その隅点を**格子点** (lattice point) という．

単位格子の大きさと形は，図 2.3 のように 3 稜の長さ a, b, c およびそれらが挟む角度 α, β, γ によって決まり，これらを**格子定数** (lattice constant) という．ここで，3 稜の長さの比 $a:b:c$ を**軸比** (axial ratio)，α, β, γ を**軸角** (axial angle) と呼ぶ．空間格子の最も**回転対称性** (rotation symmetry) の良い方向に選んだ基準軸 x, y, z を**結晶軸** (crystal axis) とすると，表 2.4 のように 14 種類の単位格子に分類でき，これを**ブラベー格子**

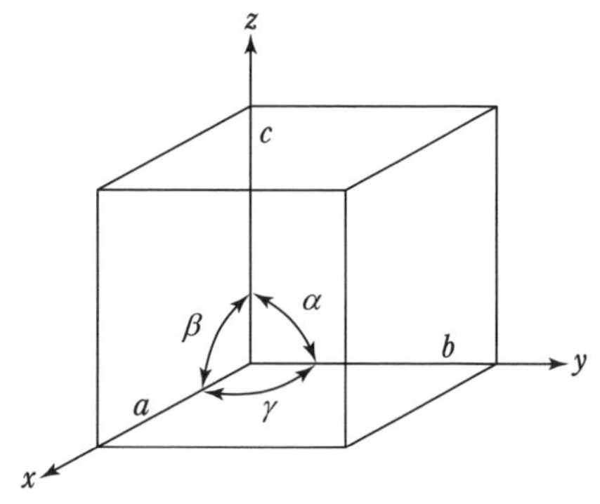

図 2.3　単位格子の大きさと形

表 2.4　結晶系とブラベー格子

結晶系	単純 simple	体心 body-centered	底心 base-centered	面心 face-centered
立方 cubic $a=b=c$ $\alpha=\beta=\gamma=90°$	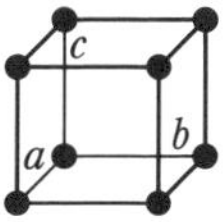 単純立方格子	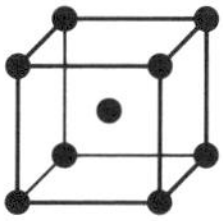 体心立方格子		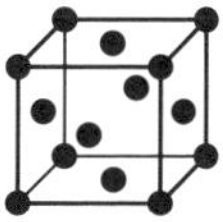 面心立方格子
正方 tetragonal $a=b\neq c$ $\alpha=\beta=\gamma=90°$	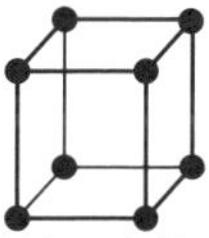 単純正方格子	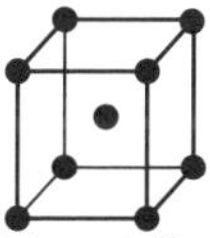 体心正方格子		
斜方 orthorhombic $a\neq b\neq c$ $\alpha=\beta=\gamma=90°$	 単純斜方格子	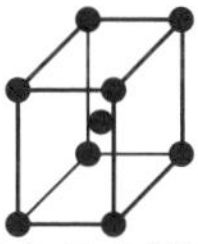 体心斜方格子	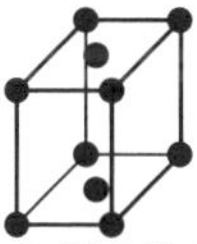 底心斜方格子	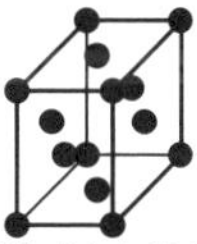 面心斜方格子
三方 trigonal 菱面体 rhombohedral $a=b=c$ $\alpha=\beta=\gamma\neq 90°$	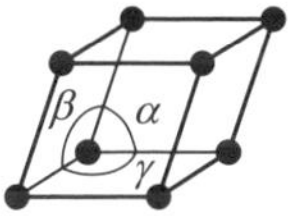 三方 or 菱面体格子			
六方 hexagonal $a=b\neq c$ $\alpha=\beta=90°$ $\gamma=120°$	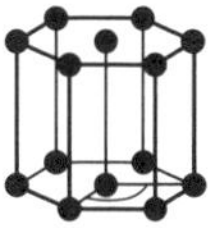 六方格子			
単斜 monoclinic $a\neq b\neq c$ $\alpha=\gamma=90°$ $\beta\neq 90°$	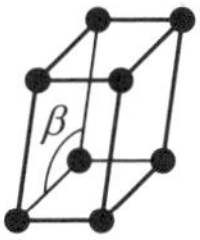 単純単斜格子		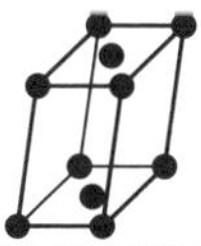 底心単斜格子	
三斜 triclinic $a\neq b\neq c$ $\alpha\neq\beta\neq\gamma\neq 90°$	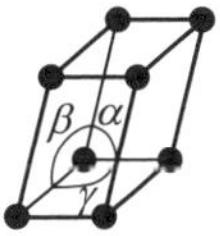 単純三斜格子			

(Bravais lattice) という．すなわち，結晶系には**立方** (cubic)，**正方** (tetragonal)，**斜方** (orthorhombic)，**三方** (trigonal，または**菱面体** rhombohedral)，**六方** (hexagonal)，**単斜** (monoclinic)，**三斜** (triclinic) の 7 種類があり，また結晶の回転対称性を考慮すると**単純** (simple)，**体心** (body-centered)，**底心** (base-centered)，**面心** (face-centered) に分けられて計 14 種類の単位格子が得られる．ここで回転対称性とは，ある図形を軸の周りにある角度だけ回転させたとき，元の状態に完全に重なる性質をいう．360°/n (n は 1，2，3，……の正の整数) の回転角に対して重なるとき，その図形を n 回回転対称であるという．たとえば，正三角形は 3 回回転対称，正方形は 4 回回転対称であり，ブラベー格子の回転対称性については 2 回，3 回，4 回，6 回の 4 種類のみである．すなわち，5 回回転対称性を持つ結晶は存在しない．

2.4　金属の単位格子

多くの金属は比較的単純な結晶構造を持つため，実際の原子位置を格子点と見なして単位格子を考える．ここでは原子を特定の半径を有する剛体球として取り扱い，純金属や合金の結晶構造を剛体球が積み重なった構造を仮定する．金属の単位格子は，大部分が**体心立方格子** (body centered cubic lattice，略して bcc 格子)，**面心立方格子** (face centered cubic lattice，略して fcc 格子)，**稠密六方格子** (hexagonal close packed lattice，略して hcp 格子) のいずれかに属する．

(1) 体心立方格子

図 2.4 に示すように，立方体の各格子点 (隅点) と体中心に原子が配列されている単位格子をいう．このような bcc 格子において 8 つの格子点の原子はそれぞれ前後，左右，上下の単位格子にも属するため，各格子点では 1/8 の原子が 8 個しか含まれない．ゆ

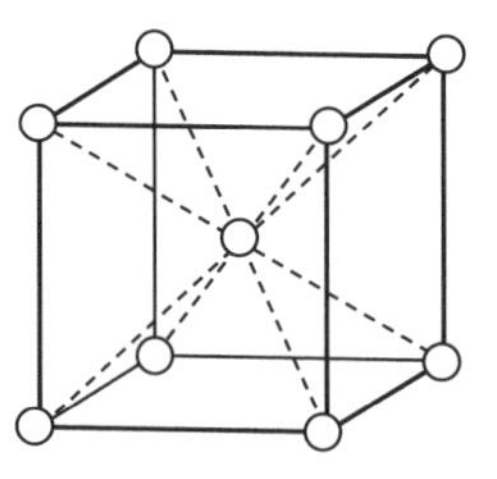

図 2.4　体心立方格子

えに対象とする単位格子の原子数は，体中心の原子 1 個を加えて計 1/8×8+1=2 個となる．立方体の稜の長さすなわち格子定数を a，原子半径を r とすると，単位格子の体積 a^3 の中に 2 個の原子が入る．格子定数と原子半径の関係である $\sqrt{3}a=4r$ から立方体の体積は $a^3=(4\sqrt{3}r/3)^3$ となる．したがって，bcc 格子内の原子の占める体積の割合，すなわち**原子充填率** (atomic packing ratio) は

$$2\times\left(\frac{4\pi r^3}{3}\right)\div\left(\frac{4\sqrt{3}r}{3}\right)^3=\frac{\sqrt{3}\pi}{8}\approx 0.68 \qquad (2.2)$$

のように 68％となり，32％のすき間部分が存在する．常温で bcc 構造を示す主な金属は V, Cr, Fe, Nb, Mo, Ta, W などである．

(2) 面心立方格子

立方体において各格子点の他に，各面中心にそれぞれ原子がある単位格子をいう．このような fcc 格子の結晶構造を図 2.5 に示す．各格子点では 1/8 の原子が 8 個を含み，面中心では原子が隣接の単位格子にも属するので 1/2 の原子が 6 個となり，

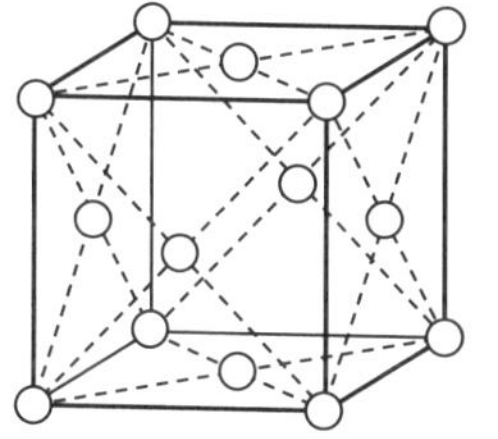

図 2.5　面心立方格子

対象とする単位格子の原子数は計 1/8×8+1/2×6=4 個となる．格子定数 a と原子半径 r の関係は $\sqrt{2}a=4r$ となり，立方体の体積 $a^3=(2\sqrt{2}r)^3$ が求まる．同様に fcc 格子内の原子充填率を計算すると

$$4\times\left(\frac{4\pi r^3}{3}\right)\div(2\sqrt{2}r)^3=\frac{\sqrt{2}\pi}{6}\approx 0.74 \qquad (2.3)$$

のように 74％となり，上述の bcc 格子より原子が密に充填されている．常温で fcc 構造を示す主な金属は Al, Ni, Cu, Ag, Pt, Au, Pb などである．

(3) 稠密六方格子

金属に多い結晶構造として上述の bcc 格子と fcc 格子の他に，図 2.6 に示す

hcp 格子がある．六角柱の各格子点および**底面**（basal plane）の中心位置にそれぞれ原子 1 個が配置され，また六角柱を構成している 6 個の三角柱において，1 つおきの三角柱の中心に 1 個の原子がある．この場合の格子定数は底面の一辺の長さ a と六角柱の高さ c で表され，その比 c/a が軸比である．原子を完全に球体とすれば軸比は $c/a=\sqrt{8/3}\approx 1.633$ となり，実在金属では Mg が 1.624，Zr が 1.593，Ti が 1.586，Zn が 1.856 である．hcp 格子の格子点では 1/6 の原子が 12 個，底面では 1/2 の原子が 2 個，三角柱では 3 個の原子が含まれるため，対象とする単位格子の原子数は計 1/6×12+1/2×2+3=6 個となる．格子定数 a と原子半径 r の関係は $a=2r$ となり，六角柱の底面積 $6\sqrt{3}r^2$ が求まる．軸比 $c/a=\sqrt{8/3}$ の関係より六角柱の高さは $c=2r\sqrt{8/3}$，六角柱の体積は $24\sqrt{2}r^3$ となる．同様に hcp 格子の原子充填率を求めると

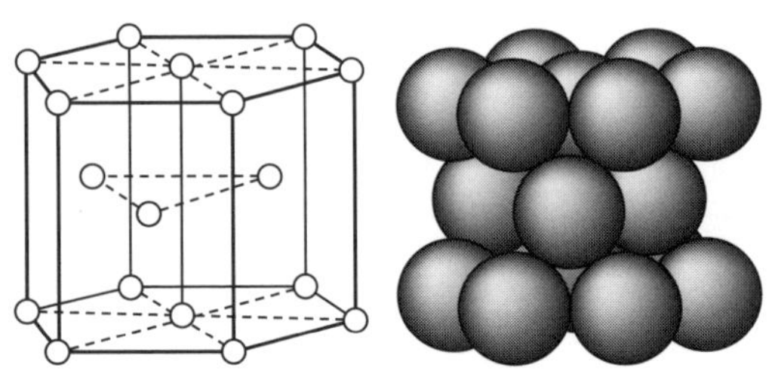

図 2.6　稠密六方格子

$$6\times\left(\frac{4\pi r^3}{3}\right)\div 24\sqrt{2}r^3=\frac{\sqrt{2}\pi}{6}\approx 0.74 \tag{2.4}$$

となり，fcc 格子内と同じ値の 74％を示す．常温で hcp 構造を示す主な金属は Be，Mg, Ti, Zn, Zr, Cd などである．

2.5　格子面と方向の表示法

(1)　ミラー指数

単位格子の格子面や原子の配列方向を示すのには**ミラー指数**（Miller index）が用いられる．このための座標の x, y, z 軸が図 2.7 (a) であり，単位格子における 3 稜の軸比を $a:b:c$ とする．今，それぞれ a/h，b/k，c/l の長さで交わる格子面を考え，これらを逆数にして h, k, l の最小整数比を求め，(hkl) の記号で表記する．この最小整数比がミラー指数である．もし格子面がマイナスの x 軸を切ったとすればその指数の上に−を付け，($\bar{h}kl$) のように表記する．格子面が座標軸に

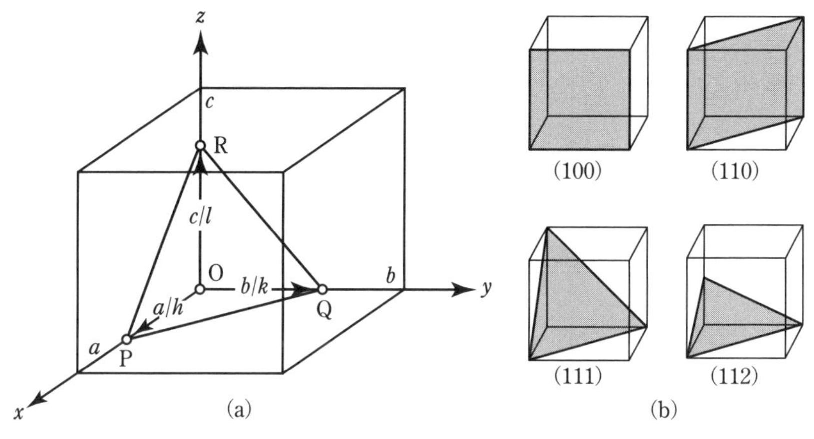

図 2.7　立方格子における面のミラー指数

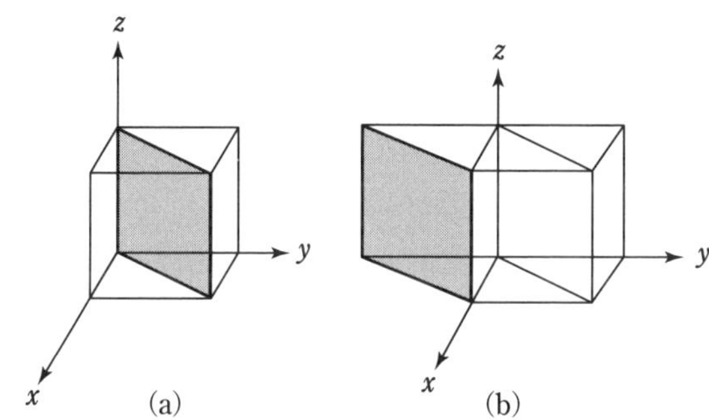

図 2.8　面が原点を通る場合の処置

平行な場合はその面が距離∞で軸を切ると考え，その逆数は 0 となる．このようにして求めた代表的な面方位を同図 (b) に示す．また，図 2.8 (a) に示すように任意の面が原点を通る場合は，同図 (b) のようにその面を平行移動して $(1\bar{1}0)$ となるが，移動方法によっては $(\bar{1}10)$ にもなる．立方格子の各面 (100)，(010)，(001) などは対称性から等価であり，{　} のカッコを用いて {100} または {001} のように表記する．

次に，方向の表し方について述べよう．座標軸の選び方や単位は上述と同じであり，図 2.9 (a) に示すようにまず求めようとする方向と平行に原点を通る直線

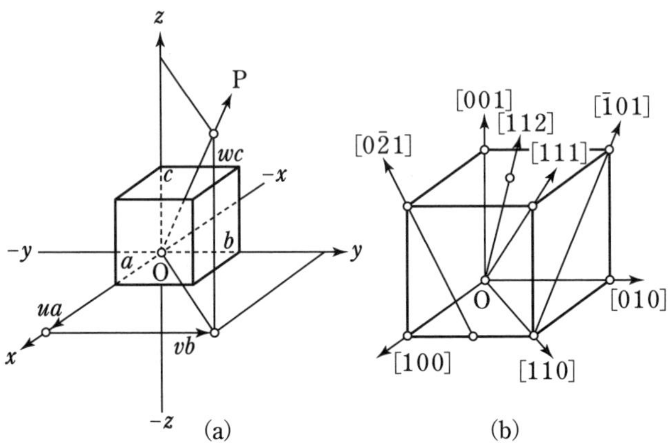

図 2.9　立方格子における方向のミラー指数

を引く．この直線上の任意の点 P の座標 ua, vb, wc を決め，最小整数比 u, v, w に直す．これが求める方向であり，$[uvw]$ の記号で表記する．マイナスの座標を含む方向は $[\bar{u}vw]$ のように表記し，また等価な方向は $\langle uvw \rangle$ のカッコで示す．同図 (b) は代表的な方向のミラー指数を示す．

以下に，立方格子におけるミラー指数間の基本的な関係を示す．

① 2 つの面 $(h_1k_1l_1)$ と $(h_2k_2l_2)$ のなす角度を ϕ とすれば，

$$\cos\phi = \frac{(h_1h_2 + k_1k_2 + l_1l_2)}{\sqrt{(h_1^2 + k_1^2 + l_1^2)(h_2^2 + k_2^2 + l_2^2)}} \tag{2.5}$$

② 2 つの方向 $[u_1v_1w_1]$ と $[u_2v_2w_2]$ のなす角度を θ とすれば，

$$\theta = \frac{u_1u_2 + v_1v_2 + w_1w_2}{\sqrt{(u_1^2 + v_1^2 + w_1^2)(u_2^2 + v_2^2 + w_2^2)}} \tag{2.6}$$

③ 面 (hkl) と方向 $[uvw]$ のなす角度を ϕ^* とすれば，

$$\phi^* = \frac{(hu + kv + lw)}{\sqrt{(h^2 + k^2 + l^2)(u^2 + v^2 + w^2)}} \tag{2.7}$$

④ 面 (hkl) と方向 $[hkl]$ は垂直である．

⑤ 面 (hkl) と方向 $[uvw]$ が平行な条件は,

$$hu + kv + lw = 0 \tag{2.8}$$

⑥ 2つの面 $(h_1k_1l_1)$ と $(h_2k_2l_2)$ の交線を $[uvw]$ とするとき,

$$u:v:w = (k_1l_2 - l_1k_2):(l_1h_2 - h_1l_2):(h_1k_2 - k_1h_2) \tag{2.9}$$

⑦ 2つの方向 $[u_1v_1w_1]$ と $[u_2v_2w_2]$ で決まる面を (hkl) するとき,

$$h:k:l = (v_1w_2 - w_1v_2):(w_1u_2 - u_1w_2):(u_1v_2 - v_1u_2) \tag{2.10}$$

(2) 六方指数

六方格子の格子面と方向を表すのにミラー指数ではなく，図 2.10 に示すような**六方指数** (hexagonal index) が用いられる．**ミラー・ブラベー指数** (Miller-Bravais index) とも呼ばれ，六方格子の底面上に互いに 120° をなす 3 つの x, y, w 軸，これらに垂直な z 軸を示し，立方格子の場合と同様に面の指数を $(hkil)$ で表記する．格子面の指数 $(hkil)$ を決めるには，格子面が x, y, w, z 軸と交わる長さが a/h, a/k, a/i, c/l のとき，最小整数比 h, k, i, l の値で示す．たとえば，斜線の格子面は x, y, w, z 軸とそれぞれ $a/1$, $a/1$, $-a/2$, $c/0$ の交点距離を持つから $(11\bar{2}0)$ 面である．また，六方指数では

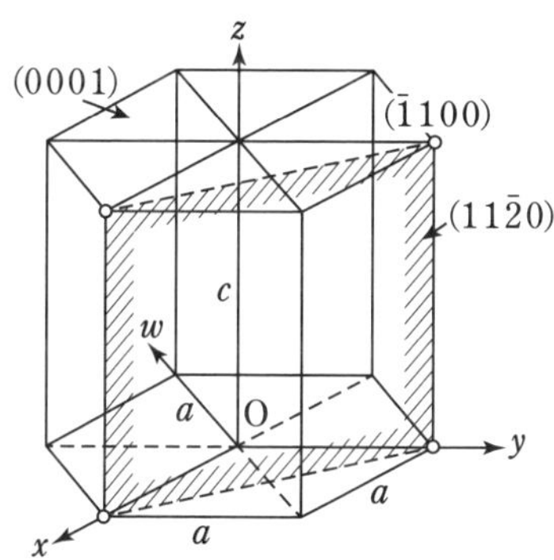

図 2.10　六方格子における面の六方指数

$$i = -(h + k) \tag{2.11}$$

の関係があるので，i を省略して $(hk \cdot l)$ のように · を挿入して 3 指数で表記することもある．

一方，六方指数による六方格子の方向の決め方はやや複雑である．格子方向の指数 $[hkil]$ は，$xywz$ 座標の原点を通る直線上の座標 ha, ka, ia, lc を与える最小整数比の $hkil$ の値によって表す．まずは簡単な例として，図 2.11 (a) のよう

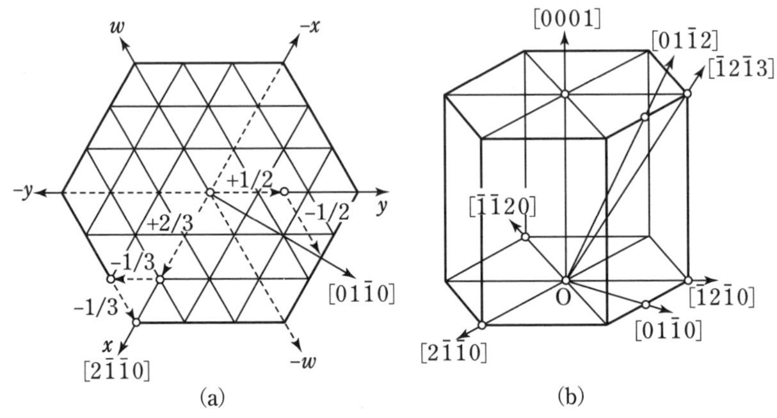

図 2.11　六方格子における方向の六方指数

な(0001)底面内の方向の決め方を示す．たとえば，x 軸方向は原点 O から x 軸に沿って(2/3)a，y 軸に平行に(−1/3)a，w 軸に平行に(−1/3)a だけそれぞれ移動すれば再び x 軸に達するから，その座標は(2/3)a，(−1/3)a，(−1/3)a, 0 であり，その最小整数比より[2$\bar{1}\bar{1}$0]となる．このように原点 O から再び x 軸に到達するとき，各軸に平行に移動すべき距離の組み合わせは多数あるが，式(2.11)を満足しなければならないので x 軸方向の指数はただ 1 つとなる．同図(b)に六方格子の代表的な方向を示す．底面内の方向に関しては面(hki0)と方向[hki0]は垂直であるが，z 軸成分を有する方向に関しては幾分難しくなり，面($hkil$)と方向[$hkil$]は垂直にならず，面($hkil$)と方向$\left[hki\dfrac{l}{\lambda}\right]$が垂直になる．ここで，$\lambda=\sqrt{(2/3)}\times c/a$である．

2.6　結晶学的特徴

(1) 格子面間隔

結晶格子中の格子面は一定間隔で並んでいる．図 2.12 に単純格子の x 軸に垂直な種々の格子面の配列を示す．ミラー指数の低い格子面ほど格子点密度が大きく，しかも隣の平行な面との間隔が大きい．**格子面間隔**(lattice spacing)の大きさは面指数と格子定数で決まり，次式によって与えられる．

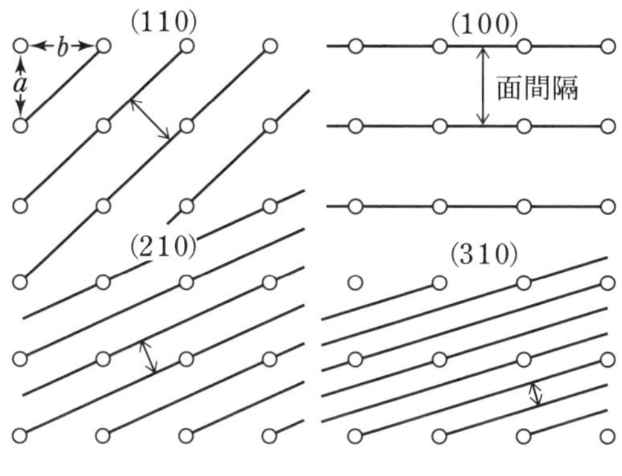

図 2.12　格子面の配列と面間隔

$$\text{立方格子：} d_{hkl} = \frac{a}{\sqrt{h^2 + k^2 + l^2}} \tag{2.12}$$

$$\text{正方格子：} d_{hkl} = \frac{a}{\sqrt{h^2 + k^2 + (a/c)^2 l^2}} \tag{2.13}$$

$$\text{六方格子：} d_{hkil} = \frac{a}{\sqrt{(4/3)(h^2 + hk + k^2) + (a/c)^2 l^2}} \tag{2.14}$$

面心などその他の非単純格子については，***hkl*** の最小整数比をとると上式をそのまま適用できない．ただ，それぞれの構造を考慮して (***nh***, ***nk***, ***nl***) (n=0 以外の整数) というミラー指数を用いるようにすれば，上式は一般的に用いられるようになる．

(2) 配位数と原子間距離

金属は大半が bcc 格子，fcc 格子，hcp 格子であり，いずれも対称性の高いすなわち対称軸や対称面の数が多い結晶構造となっている．この中で，fcc 格子と hcp 格子は原子を最も密に重ねた結晶構造になっており，いずれも原子充填率が 74％である．図 2.13 は，剛体球と考えた原子の最密面の重ね方を示している．同図 (a) は第一層の原子の中心位置を上から見て A で示す．第二層の原子を隙間 B に積む．すると第三層の原子を隙間 C に積む方法と A 原子の上に積む

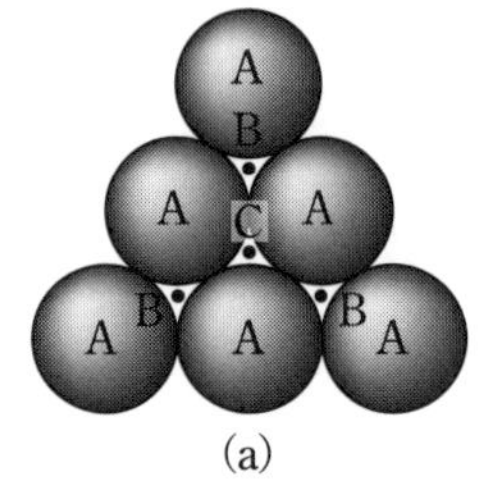

(a)

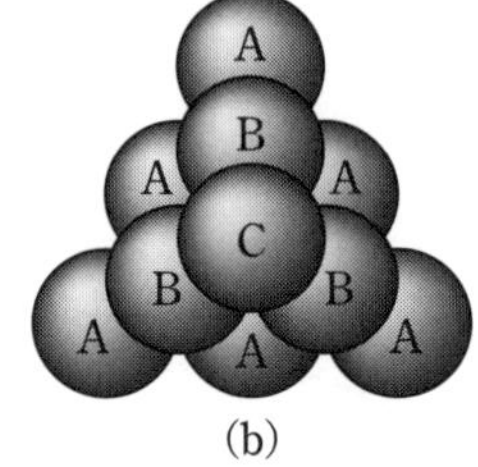

(b)

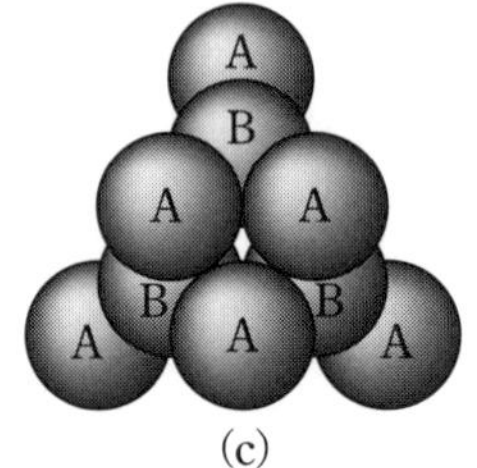

(c)

図 2.13　最密充填構造

方法の 2 種類があり，それぞれ同図 (b)，(c) のような積み重ね方になる．前者は ABCABC……の積み重ねとなって fcc 格子が得られ，最密面は (111) 面である．一方，後者は ABABAB……の積み重ねとなって hcp 格子が得られ，最密面は底面の (0001) 面である．

このように最も密な構造を示す単位格子において，各原子の周りに近接し等距離に存在する原子の数も多い．最近接原子の数を**配位数** (coordination number，または**最近接原子数** nearest neighbour atom) という．また，単位格子の大きさを示す格子定数がわかれば，最近接原子間の距離すなわち**原子間距離** (interatomic distance) が算出できる．いま，格子定数を a とすれば，単位格子に属する原子数，配位数と最近接原子間距離の関係は表 2.5 のようになる．原子を球と仮定すれば，最近接原子間距離の値は原子の直径を示し，この半分を**原子半径** (atomic radius) と呼ぶ．

表 2.5　代表的な結晶構造の特徴

格子型	単位格子に属する原子数	配位数	最近接原子間距離
bcc	2	8	$\frac{\sqrt{3}}{2}a$
fcc	4	12	$\frac{1}{\sqrt{2}}a$
hcp	2	12	a

2.7　結晶構造の解析法

金属は，一般に多数の小さな**結晶粒** (crystal grain) の集合体からなる**多結晶** (polycrystal) で構成される．各々の結晶粒の中では，原子が三次元的に規則正しく配列しているが，隣の結晶粒とは配列の方向が違うために**結晶粒界** (grain boundary) が形成され，光学顕微鏡などで容易に観察することができる．しかし，金属の結晶構造を解析するためには，**単結晶** (single crystal) を対象に X 線を利用することが多い．X 線は波長が約 0.001～10 nm の間の電磁波であり，Cu や Mo などの金属に電子線を照射して発生させる．発生した X 線は連続的なスペクトル分布を有する**連続 X 線** (continuous X-ray) と単一波長の**特性 X 線** (characteristic X-ray) があり，それらは用途によって使い分けられる．

X線が単結晶に入射すると，結晶内原子によって回折する. そのX**線回折** (X-ray diffraction) の原理を図2.14に示す．いま，波長λの特性X線が平行な格子面1, 2, 3, ……にθなる角度で入射したとする．入射 X 線は 1 面では Q 点から D 方向へ反射され，また 2 面においては P 点から D 方向へ反射される．この両格子面か

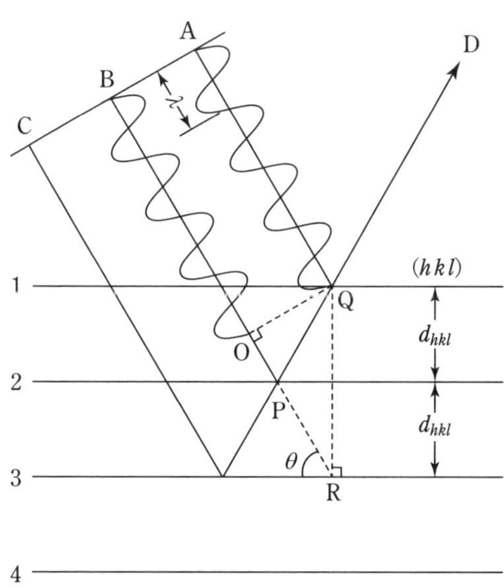

図 2.14　X 線回折の原理

らの反射波の山と谷が重なるときは互いに弱め合ってX線が反射するが，山同士が重なるときは強め合ってX線が反射する．後者の条件を満たすためには，2つの格子面からの反射X線の経路の差（BPQ−AQ）がλの整数倍でなければならない．したがって，反射X線が強め合う条件は

$$2d_{hkl}\sin\theta=n\lambda \tag{2.15}$$

となり，この関係を**ブラッグの法則**（Bragg's low）という．ここで，nは1，2，3，……の正の整数であり，反射の次数に対応する．

結晶中の格子面の配列は結晶構造によって異なるので，反射X線の現れ方も結晶構造に依存する．図2.15（a）にfcc格子の（100）面の配列を示す．ここで，面間隔a離れた面1と面3の中間にも同じ原子配列の面2があり，格子面は$a/2$の等間隔で並んでいる．この（100）面に同図（b）のようなX線を入射し，面1と面3のX線の経路差（RS+SQ）＝λとなる1次反射（n=1）を考えると，面1と面2の経路差は（OP+PQ）＝（RS+SQ）/2=$\lambda/2$となり，1次反射は打ち消される．同様に，それらの下に続くaだけ離れた格子面の反射は，中間の面の反射波と打ち消し合い，fcc格子では（100）面の1次反射が現れない．これに対して（100）面の2次反射については，面1と面3の経路差=2λ，面1と面2の経路差=λとなるので強い反射が現れる．

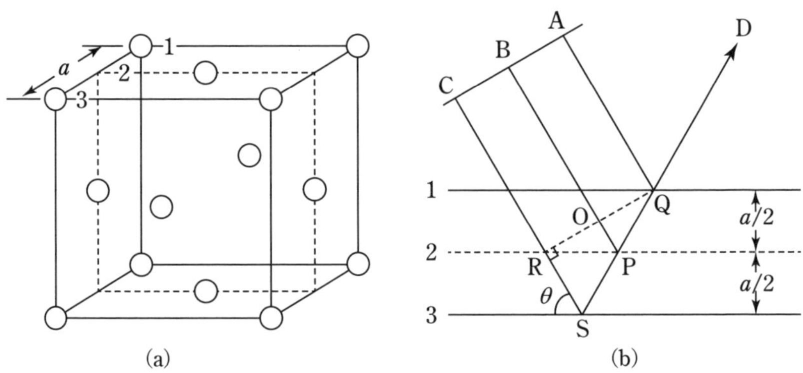

図 2.15　fcc格子の（100）面のX線反射

以上のことから，多くの結晶構造において一般に特定の面の特定の次数の反射が消えるが，その消え方には規則性があり，これを**消滅則** (extinction rule) という．bcc 格子では(100)，(111)，(210)面のようにミラー指数(hkl)の $h+k+l$ が奇数となる反射，fcc 格子では(100)，(110)，(112) 面のように h, k, l が偶数 (0 は偶数) と奇数の混合となる反射がそれぞれ消滅する．また，X 線の反射を表すときには，格子面のミラー指数 (hkl) に反射の次数 n をそれぞれ掛けた (nh nk nl) で n 次の反射を表す．たとえば，(110) 面の 2 次反射は(220) 面反射と呼び，このような指数を**反射指数** (reflection index) という．

【演習問題】

2.1　原子番号 13 の Al は電子数 $N=13$ であり, 各軌道の収容電子数を表記せよ.

2.2　Cu の結晶構造は fcc 格子であり，その格子定数を 3.615 Å (10^{-10} m) とすると，Cu 原子の原子半径はいかほどになるかを求めよ.

2.3　一般に常温の Fe は 1,000℃の高温に加熱すると，bcc 構造から fcc 構造へと結晶構造が変化する．このような結晶構造の変化に伴う体積変化の割合 (%) を求めよ.

2.4　理想的な hcp 格子の軸比 c/a が$c/a=\sqrt{8/3}$となることを証明せよ.

2.5　次の設問に答えよ.

(1)　(111)，($\bar{1}11$)，($1\bar{1}1$)，($11\bar{1}$) の各面で構成される正四面体を図示せよ.

(2)　[$\bar{1}100$] と [$1\bar{2}10$] の方向を図示せよ.

2.6　波長 $\lambda=0.154$ nm の X 線を bcc 構造の Fe に照射すると，(110) 面の回折角 2θ が 44.7° で現れた．この場合の Fe の格子定数を求めよ.

第3章　転位と結晶塑性

金属材料は原子が規則正しく配列した結晶構造を有しており，その中の特定の面および方向に沿って**塑性変形** (plastic deformation) が進行することが多い．大部分の塑性変形はすべりによって起こり，これにはすべりの源ともいうべき欠陥である**転位** (dislocation) が深く関与している．このような金属に塑性変形を与えると原子配列はどうなるのか，すなわち結晶構造と塑性変形の関係を転位に関連付けて知ることは，材料の強度や強化法を理解する上で重要である．

3.1　格子欠陥

実際の結晶は完全なものでなく，種々の欠陥を含んでいる．結晶構造の不完全性を考慮しなくては説明できない**構造敏感** (structure sensitive) な性質，たとえば材料の塑性変形や強度などはこれに対応し，**格子欠陥** (lattice defect) の挙動に大きな影響を受ける．これに対して比熱，電気抵抗や密度などは**構造不敏感** (structure insensitive) な性質である．格子欠陥は原子の大きさの**点欠陥** (point defect)，線状に伸びる**線欠陥** (line defect) および2次元的な広がりを持つ**面欠陥** (plane defect) に分けられる．

(1) 点欠陥

点欠陥は原子サイズの欠陥であり，図3.1に示す4種類がある．原子が正規の格子点に存在しない場合を**原子空孔** (atomic vacancy，または単に**空孔**) という．原子空孔は熱平衡の形で高温ほど多く存在し得るので，高温から急冷することにより結晶中に点欠陥を導入できる．この原子空孔は，原子の拡散において重要な役割を果たし，急冷した結晶における組織変化を助長する．絶対温度 T におけ

る結晶中の空孔濃度 c を，原子数 N に対する空孔数 n の比率で表すと，

$$c = \frac{n}{N} = A\exp\left(-\frac{E_F}{kT}\right) \quad (3.1)$$

になる．ここで，A は定数，E_F は空孔の形成エネルギー，k はボルツマン定数である．空孔には2個，3個，あるいはそれ以上隣接して存在することがあり，光学顕微鏡や電子顕微鏡で観察できるぐらい大きいものは**空洞**(void) と呼んで区別する．

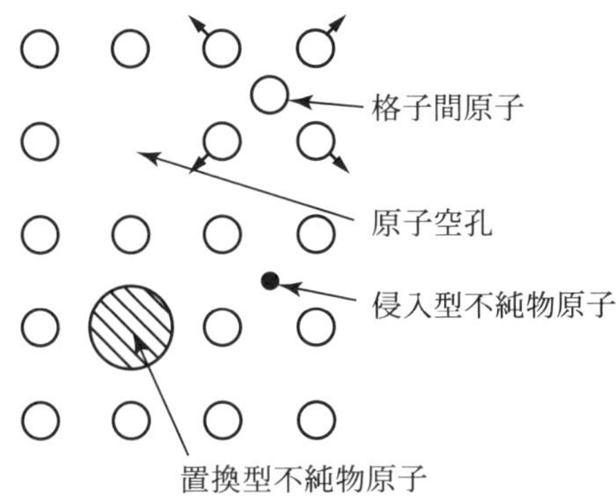

図 3.1　結晶中の点欠陥

一方，格子点の間に入り込んでいる原子を**格子間原子** (interstitial atom) という．格子間の空隙は原子サイズに比べて小さいため，本来原子のあるべきでない位置に原子が入るのだから相当無理して入ることなる．この場合，隣接原子に大きな内部エネルギー上昇を招くことになり (図中の矢印)，たとえば fcc 格子では結晶格子間で一番大きい隙間である体心の箇所に入る．

結晶の構成原子ではない異種原子を**不純物原子** (impurity atom) あるいは**溶質原子** (solute atom) と呼ぶ．母相の**溶媒原子** (solvent atom) において不純物原子あるいは合金原子が格子点を占めたり，格子間に侵入したりするのも点欠陥の一種である．前者を**置換型** (substitional)，後者を**侵入型** (interstitional) 不純物原子という．母相原子に比べて原子半径が小さい原子は侵入型となり，Fe 母相中の C や N 原子などがある．Ni や Cr 原子などは母相の Fe 原子と原子半径が同程度なため置換型となる．

(2) 線欠陥

線欠陥は線状に伸びる欠陥であり，総称して呼ばれるのが転位である．金属の塑性変形の大部分はすべりによって起こり，転位はすべりの源ともいうべき欠陥である．典型的な転位には**刃状転位** (edge dislocation) と**らせん転位** (screw dislocation) の2つのタイプがある．

刃状転位は図 3.2 (a) に示すように結晶の上半分に余分な原子面が1枚入って

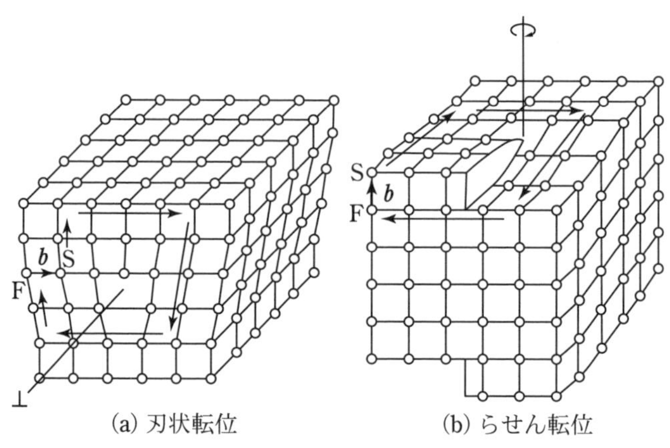

図 3.2　刃状転位およびらせん転位とバーガース回路

おり，この原子面の端部が刃状転位で結晶を線状に貫いている．この転位線の周りを，S を始点に矢印の要領で左右上下 1 原子距離ずつ同じ数進んで**バーガース回路** (Burgers circuit) を作成すると，回路は閉じない (終点 F が始点 S に一致しない) で食い違いが生ずる．この不一致をなくす (終点 F から始点 S に向かって引いた) ベクトルが**バーガース・ベクトル** (Burgers vector) ***b*** であり，転位を特徴づける重要な量である．余分な原子面が結晶の上半分に入るか下半分に入るかでバーガース・ベクトルは逆になり，前者を正の転位，後者を負の転位といい，それぞれ⊥，⊤の記号で表す．一方，らせん転位の原子配列を同図 (b) に示す．転位線の周りにバーガース回路を作成すると，1 原子面上側あるいは下側になるらせん構造を呈し，上述の刃状転位の場合と同様に原子面の食い違いを生じてバーガース・ベクトル ***b*** が定義できる．なお，らせんには右巻きと左巻きの 2 つがあり，同図 (b) は右巻きのらせん転位である．

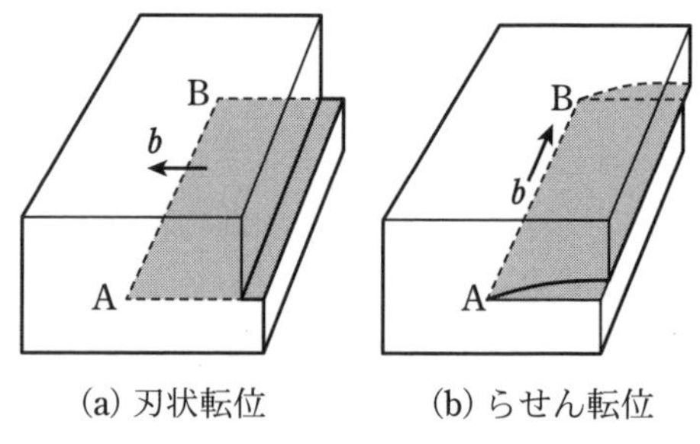

図 3.3　転位とバーガース・ベクトルの関係

結晶のすべり変形は，線欠陥として存在する転位の運動によって生じる．図 3.3 は転位とバーガース・ベクトルの関係を示す．転位は，変位した領域と変位していない領域の境界線として定義できる．同図 (a) に示す刃状転位のバーガース・ベクトル $\boldsymbol{b}$ は転位線 AB に垂直であるのに対して，同図 (b) に示すらせん転位のそれは転位線 AB に平行である．しかし，実際の結晶において転位は直線あるいは 1 つの面上にあることは珍しく，原子配列の乱れ方が刃状転位とらせん転位の両方の性格を含んだ**混合転位** (mixed dislocation) であり，3 次元の曲線またはループを呈する．図 3.4 に結晶の角から発生した混合転位の拡大によるすべり変形を示す．A ではらせん転位，C では刃状転位となり，その途中の混合したものが混合転位である．結晶中には図 3.5 (a) に示すように閉じた円形の**転位ループ** (dislocation loop) が存在することもあり，それが広がることによってすべり変形が進行する場合も考えられる．そのときの転位ループ各部の転位の性質を模式的に表すと，同図 (b) のように整理できる．

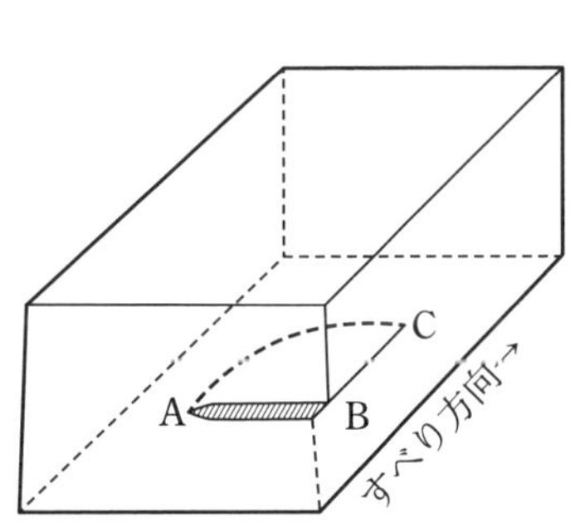

図 3.4　混合転位によるすべり変形

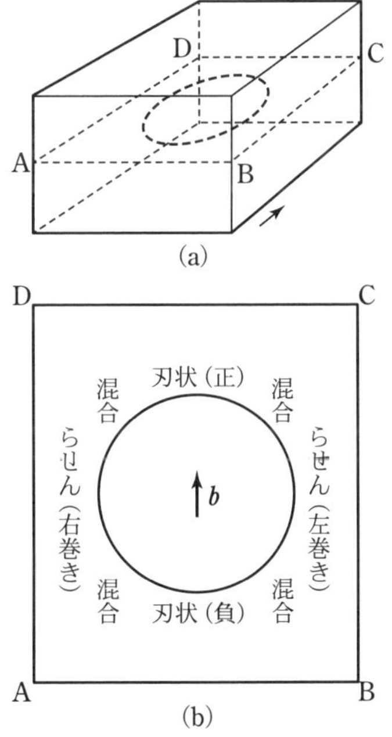

図 3.5　転位ループのすべりと各部の性質

(3) 面欠陥

面欠陥は結晶粒間の界面のように2次元的な広がりを持つ欠陥である．その代表的なものに結晶粒界がある．図3.6のように結晶粒界を挟む両側の結晶粒A, Bは互いに方位が異なり，結晶粒界は両者の結晶粒の回転軸 $\boldsymbol{u}$，角度 θ と結晶粒界法線ベクトル $\boldsymbol{n}$ の関係によって2種類の特殊な結晶粒界を定義できる．同図(a)は $\boldsymbol{n}\perp\boldsymbol{u}$ の**傾角粒界** (tilt boundary) であり，同図(b)は $\boldsymbol{n}/\!/\boldsymbol{u}$ の**ねじり粒界** (twist boundary) である．一般の結晶粒界はこのような傾角成分とねじれ成分を有している．その方位差が大きくて θ=2～3° 程度の結晶粒界は**亜粒界** (sub-grain boundary) といい，転位配列によって記述できる．たとえば，図3.7は同符号の刃状転位が縦に一列に並んだ対称的な**小傾角粒界** (small angle tilt boundary) であり，次式のような関係が成立する．

$$\frac{b}{h} = 2\sin\left(\frac{\theta}{2}\right) \approx \theta \tag{3.2}$$

ここで，h は刃状転位の間隔，b はバーガース・ベクトルの大きさ，θ は傾角である．一方，らせん転位の配列も結晶粒界を形成することができる．1つの結晶の上半分を，図3.8のように少し回転させてできる境界であり，このときのねじり粒界はらせん転位網になっている．らせん転位のバーガース・ベクトルは境界面上にあり，ねじり角度が大きくなるほどらせん転位の網目は小さくなる．

結晶学的に整合性の高い結晶粒界を**対応粒界** (coincidence grain boundary) といい，これを定義するパラメータの1つに**Σ値** (sigma value) がある．たとえば，

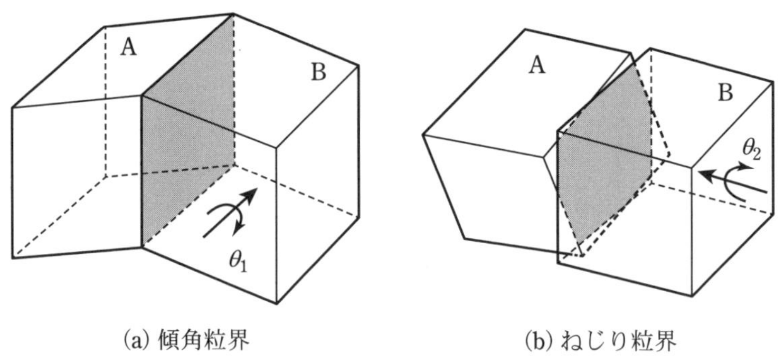

(a) 傾角粒界　　(b) ねじり粒界

図 3.6　結晶粒界の方位関係

図 3.9 (a) のような傾角粒界を形成する結晶粒 A と結晶粒 B を平行移動して重ねると，同図 (b) のように両格子の原子が空間的に重なる点 (●) があり，これを**対応格子点** (coincidence site lattice) という．Σ 値は，この対応格子点の空間的な密度の逆数である．いま，対応格子点に囲まれた四角内を考えると全 5 個の原子中，1 個の原子が重なり合う計算になり，同図 (a) の粒界は Σ 5 粒界となる．表 3.1 は，立方晶の対応粒界を示している．一般に，Σ 値の低い粒界ほど両結晶の整合性が高くなり，粒界性格をより正確に反映するように粒界が存在することより生じる単位面積当たりの**粒界エネル**

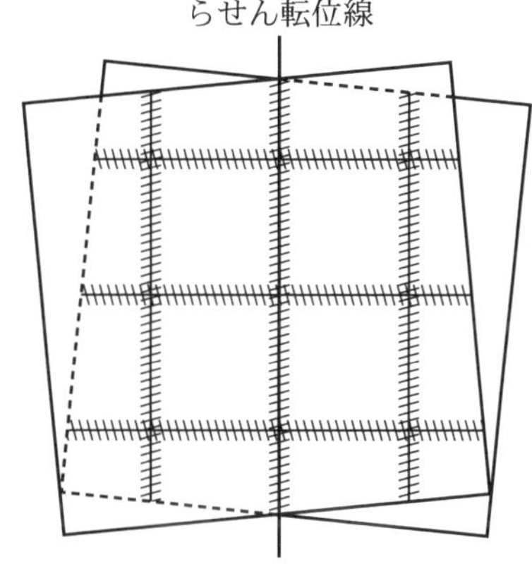

図 3.8　ねじり粒界のらせん転位網

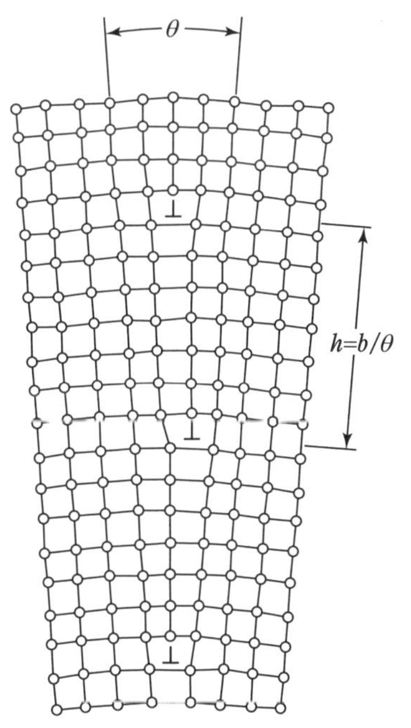

図 3.7　小傾角粒界

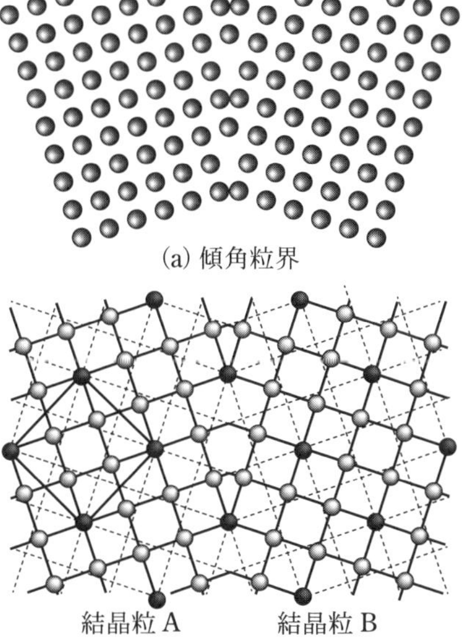

図 3.9　Σ5 の対応粒界

ギー (grain boundary energy) も低くなる傾向を示す.

その他の面欠陥として，**積層欠陥** (stacking fault) がある．第 2 章 2.6 節の図 2.13 に示した fcc 格子において，(111) 面の最密充填構造である ABCABCABC……の積み重なりが，ABCABABC……のように積層の乱れたものが積層欠陥であり，fcc 構造の中に hcp 構造の薄層 (下線) が含まれた構造になっている．

表 3.1　立方晶の対応粒界

Σ	回転軸	回転角 (°)	対称傾角粒界面
3	[110]	70.53	$(1\bar{1}2)$，$(1\bar{1}1)$
	[111]	60.00	$(11\bar{2})$
5	[100]	36.87	(012)，(013)
7	[111]	38.21	$(12\bar{3})$
9	[110]	38.94	$(2\bar{2}1)$，$(1\bar{1}4)$
11	[110]	50.48	$(1\bar{1}3)$，$(3\bar{3}2)$
13a	[100]	22.62	(023)，(015)
13b	[111]	27.80	$(13\bar{4})$
17a	[100]	28.07	(014)，(035)
17b	[110]	86.63	$(2\bar{2}3)$，$(3\bar{3}4)$
19a	[110]	26.53	$(3\bar{3}1)$，$(1\bar{1}6)$
19b	[111]	46.83	$(23\bar{5})$

また，**双晶** (twin) も面欠陥の一種として扱うことができる．図 3.10 に示すように，結晶中での原子配列が互いに特定の面を鏡映面とするような位置関係にある一対の結晶粒が双晶であり，双晶境界に対して母相と双晶は**鏡像** (mirror image) の関係をとる．双晶は変形や焼鈍したときに形成され，それぞれ**変形双晶** (deformation twin)，**焼鈍双晶** (annealing twin) という．

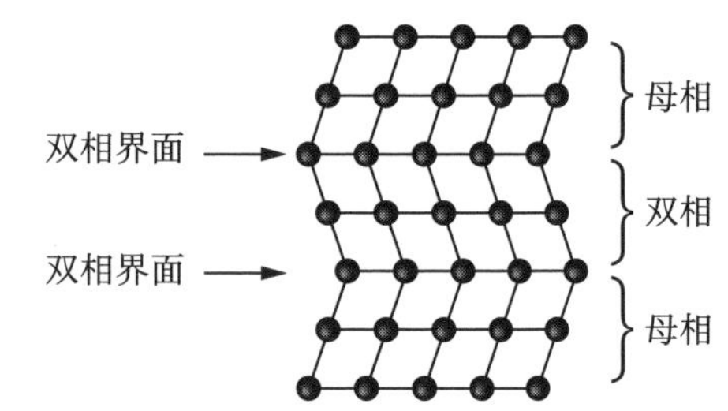

図 3.10　双晶の原子配列

3.2　すべりと塑性変形

金属に外力を加えると変形するが，外力が小さい範囲ではそれを取り除くと変形は消滅して元に戻る．これを**弾性変形** (elastic deformation) という．一方，変形が元に戻らなくなる弾性限度を越えると，外力を取り除いても永久変形が残り，これが**塑性変形** (plastic deformation) である．金属の多結晶に外力を加えて塑性変形を与えたとき，個々の結晶粒内で原子配列，結晶構造がどうなるかを知るためには，単結晶の塑性変形について考えるのが重要である．

(1) すべり変形

金属単結晶に塑性変形を与えると，通常，特定の結晶面と方向において**すべり変形** (slip deformation) が起こる．**すべり面** (slip plane) は，一般に原子密度が最も高い結晶面である．最密面は格子面間隔が最も大きい面であり，すべりに対する抵抗が最も少ない．また，**すべり方向** (slip direction) は必ず最密方向であり，原子間隔が最も小さい．原子密度の高い面と方向は結晶構造によって異なり，すべり面とすべり方向の組み合わせを**すべり系** (slip system) と呼ぶ．表 3.2 に代表的な金属結晶のすべり系を，図 3.11 にそれらのすべり面とすべり方向をそれぞれ示す．Cr, Fe, Mo などの bcc 格子では，最密面の {110} 面が 6 個あり，それぞれの面内に最密方向の ⟨111⟩ 方向が 2 個含まれるのですべり系は 12 個となる (同図 (a))．この他に常温の Fe では {112} ⟨111⟩ と {123} ⟨111⟩ すべり系もある．Al, Ni, Cu などの fcc 格子では，独立な最密面の {111} 面は 4 個あり，それぞれの面内に最密方向の ⟨110⟩ 方向が 3 個あるので全部で 12 個のすべり系となる (同図

表 3.2　各結晶格子におけるすべり系の数

結晶構造	原子密度の最大の面（すべり面）	原子密度の最大の方向（すべり方向）	すべり系の数	
体心立方格子	{011}	⟨111⟩	6× {011} 2× ⟨111⟩	12
面心立方格子	{111}	⟨011⟩	4× {111} 3× ⟨011⟩	12
稠密六方格子	(0001)	⟨2$\bar{1}\bar{1}$0⟩	1× (0001) 3× ⟨2$\bar{1}\bar{1}$0⟩	3

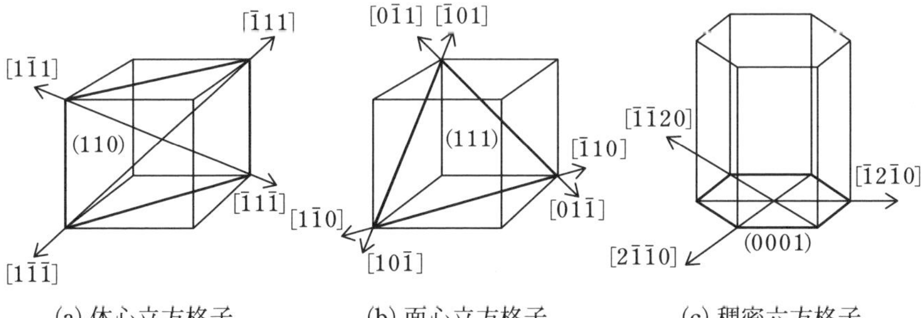

(a) 体心立方格子　(b) 面心立方格子　(c) 稠密六方格子

図 3.11　各結晶格子のすべり面とすべり方向

(b))．Mg, Ti, Zn などの hcp 格子では，最密面が底面の (0001) 面内に，その対角線方向である最密方向の $\langle 2\bar{1}\bar{1}0 \rangle$ 方向が 3 個含まれる．hcp 格子のすべり系の数はこの 3 つしかなく，この種の金属材料は一般に室温での塑性変形が困難である (同図 (c))．

(2) 分解せん断応力

円筒形の金属単結晶に引張力を加えると，特定の結晶面と方向においてすべり変形が開始する．図 3.12 はこの場合の様子を示したものであり，引張方向とすべり方向の間の角度を λ とすると，すべり方向に働く分力は $F\cos\lambda$ である．また，引張方向とすべり面の法線方向の間の角度を θ とすれば，すべり面の面積（網掛部）は $A/\cos\theta$ となる．したがって，すべり方向成分のせん断応力 τ を求めると

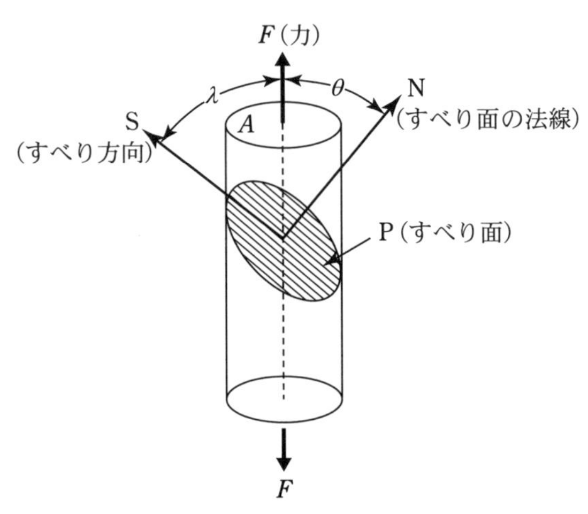

図 3.12　金属単結晶すべり変形

$$\tau = \frac{F}{A}\cos\lambda\cos\theta \tag{3.3}$$

となり，これを**分解せん断応力** (resolved shear stress) と呼ぶ．また，式中の $\cos\lambda\cos\theta$ を**シュミット因子** (Schmid factor) といい，絶対値で 0〜0.5 の値をとる．金属単結晶の各すべり系のうち，最も大きなシュミット因子を持つすべり系いわゆる**主すべり系** (primary slip system) が最初に活動し，τ が**臨界分解せん断応力** (critical resolved shear stress，略して CRSS) τ_{CRSS} に達すると降伏が起こる．これを**シュミットの法則** (Schmid's low) といい，単結晶の降伏応力 σ_y は

$$\sigma_y = \frac{\tau_{CRSS}}{\cos\lambda\cos\theta} \tag{3.4}$$

で表すことができる．

(3) 双晶変形

塑性変形のもう 1 つの方式は，双晶によるものである．単結晶の双晶変形について一般に fcc 格子では起こりにくく，常温において hcp 格子の Mg, Zn や bcc 格子の Fe, W などでも認められる．図 3.13 は，bcc 格子の双晶変形における原子の移動を示したものである．双晶面は紙面に垂直で，これを境にして原子配列は鏡面対称になる．双晶変形についても表 3.3 に示すように結晶学的に特定な双晶面，双晶方向がある．また，すべりで変形するか双晶によって変形するかは結晶方位にも依存し，温度を下げて変形速度を増加させると一般に双晶変形が現れやすくなり，レンズ状を呈した変形域が観察される．

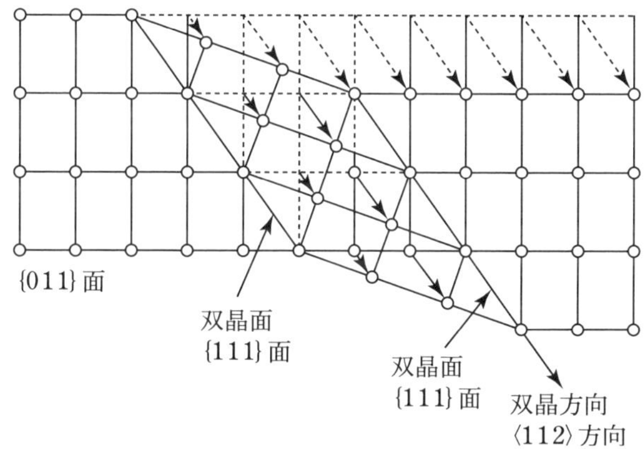

図 3.13　体心立方格子における双晶変形の模式図

表 3.3　各単位格子の双晶面と双晶方向

結晶構造	双晶面	双晶方向
体心立方格子	{112}	⟨111⟩
面心立方格子	{111}	⟨112⟩
稠密六方格子	{1012}	⟨1011⟩

3.3　転位の基本的性質

(1) 転位の運動

転位線に外力が作用すると転位は動くことができる．刃状転位線に垂直な外力 F が作用したとき，図 3.14 (a) (b) (d) のように転位線が動いて結晶表面に抜け，バーガース・ベクトル $\boldsymbol{b}$ と同じ大きさの段差ができる．転位線が動く面 abcd が**すべり面** (slip plane) である．同図 (b) の途中過程では，A の部分に原子面 1 枚が余分に挿入され，E–E′ に線状の刃状転位が形成される．しかし，らせん転位では同図 (a) (c) (d) のようにバーガース・ベクトルの方向が転位線と平行であるので，同図 (c) の途中過程では S–S′ に線状のらせん転位が形成される．この場合，何らかの障害によってすべりが途中で止められると交差する他の面上をすべることも可能であり，これを**交差すべり** (cross slip) という．いま，すべり面上にある転位において，転位線に垂直にすべり面に沿ってせん断応力 τ が作用したとき，その単位長さが受ける力 F は

$$F = \tau b \tag{3.5}$$

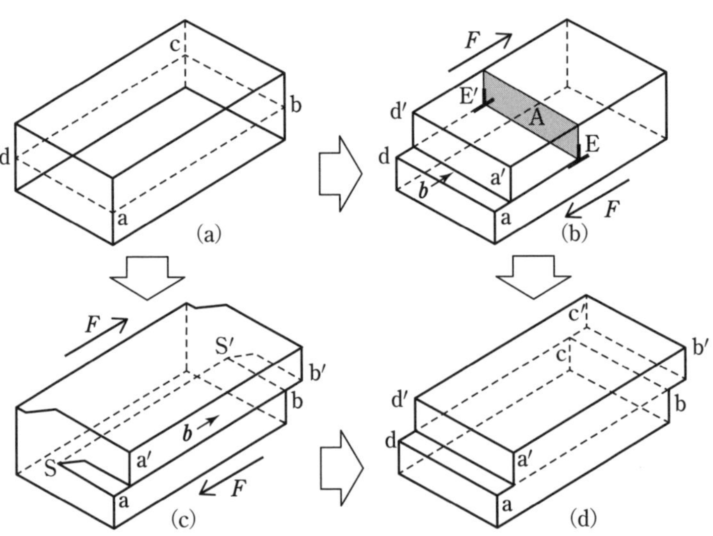

図 3.14　刃状転位およびらせん転位の運動によるすべり変形

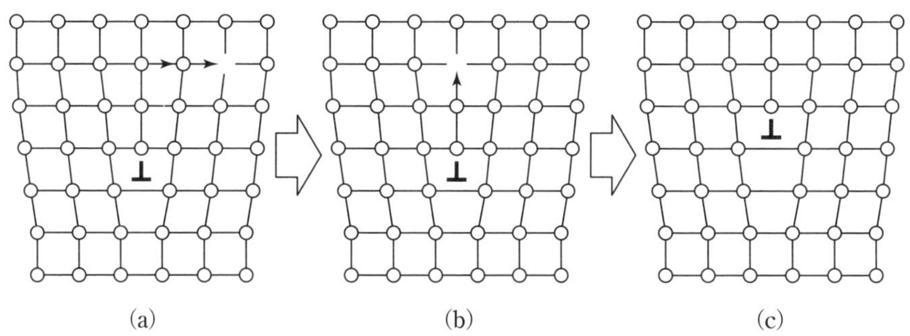

図 3.15　刃状転位の上昇運動

によって与えられる．ここで，b はバーガース・ベクトルの大きさである．

刃状転位は，一般的にすべり面に垂直な方向へ移動できない．しかし，図3.15 (a) ~ (c) のように空孔が原子と位置を交換して転位線のところへ移動してくると，すべり面に垂直に上昇することができる．これを刃状転位の**上昇運動**(climbing motion) という．ここでは転位を主体に上昇運動を考えたが，空孔を主体にみると，刃状転位は空孔の発生場所と消滅場所のいずれにもなる性質があるが，らせん転位ではこのような現象は起こり得ない．また，式 (3.1) より高温では原子空孔濃度が高くなり，しかも原子の位置交換も容易になるので，金属が高温に加熱された状態では上昇運動が頻繁に起こる．

(2) 転位の応力場とエネルギー

転位の周りでは原子配列が乱れて結晶格子がひずんでいる．このひずみには応力を伴い，その作用範囲を転位の応力場とすれば，ここでは周りに比べて余分のひずみエネルギーを持っており，これが転位のエネルギーとなる．転位線の中心(芯) 部分の応力場とそのエネルギーは，原子配列が非常に乱れているので簡単には求められないが，芯から離れたところでは弾性論から求まる．

まず，らせん転位を考えてみるために図 3.16 のようにらせん転位線を z 軸にとり，円柱座標を用いてその周りに半径 r の領域を考える．円柱の表面から中心まで xz 面に沿って切り込みを入れ，z 軸方向に b だけずらした形に等しく，このときのせん断ひずみ γ およびせん断応力 τ は

$$\gamma_{\theta z} = \gamma_{z\theta} = \frac{b}{2\pi r} \qquad (3.6a)$$

$$\tau_{\theta z} = \tau_{z\theta} = G\gamma = \frac{Gb}{2\pi r} \qquad (3.6b)$$

となる．ここで，$\gamma_{\theta z}$，$\tau_{\theta z}$ は r と z 方向を含む面内で z 方向に働くせん断ひずみと応力，$\gamma_{z\theta}$，$\tau_{z\theta}$ は z 軸に垂直な面内で r に垂直に作用するせん断ひずみと応力，G は**剛性率** (rigidity) または**横弾性係数** (modulus of transverse elasticity) である．このようにらせん転位の周りには一様なせん断応力が作用しており，その大きさは転位からの距離に逆比例する．

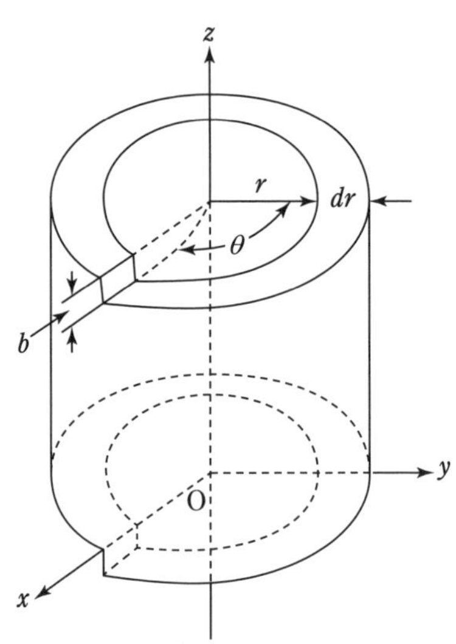

図 3.16　らせん転位の周りのひずみ

単位体積当たりの弾性エネルギーは，ひずみと応力の積の 1/2 に等しい．いま，半径 r の外側に微小幅 dr を持った単位高さの微小体積 dV における微小エネルギー dE に注目する．転位の応力場では芯の部分を弾性論的に取り扱えないため，その部分（半径 r_0）を取り除いて r_0 から r までの積分範囲 ($r_0 \ll r$) で，らせん転位の単位長さ当たりの弾性エネルギー E を求めると

$$dE = \frac{G\gamma_{\theta z}^2 dV}{2} = \frac{Gb^2}{4\pi}\frac{dr}{r} \qquad (3.7a)$$

$$E = \int_{r_0}^{r} \frac{Gb^2}{4\pi}\frac{dr}{r} = \frac{Gb^2}{4\pi}\ln\frac{r}{r_0} \qquad (3.7b)$$

になる．一般に，転位芯の半径は $r_0 \approx 5\,b$ として扱われる．

一方，刃状転位については円柱の軸を z 軸にとり，xz 面に沿って中心まで切り込みを入れたのち，x 方向に b だけずらしたものに等しい．らせん転位のように簡単には計算できないが，その応力成分 σ は，ν をポアッソン比とすると

$$\sigma_{xx} = -\frac{Gb}{2\pi(1-\nu)}\frac{y(3x^2+y^2)}{(x^2+y^2)^2} \qquad (3.8a)$$

$$\sigma_{yy} = \frac{Gb}{2\pi(1-\nu)} \frac{y(x^2 - y^2)}{(x^2 + y^2)^2} \tag{3.8b}$$

$$\sigma_{zz} = \nu(\sigma_{xx} + \sigma_{yy}) \tag{3.8c}$$

$$\tau_{xy} = \tau_{yx} = \frac{Gb}{2\pi(1-\nu)} \frac{x(x^2 - y^2)}{(x^2 + y^2)^2} \tag{3.8d}$$

によって与えられる．ここで，σ_{xx} は x 軸に垂直な面に x 方向に作用する垂直応力であり，τ_{xy} は x 軸に垂直な面で y 方向に働くせん断応力である．転位線の芯部分を取り除いて求めた単位長さの刃状転位に働く弾性エネルギーは

$$E = \frac{Gb^2}{4\pi(1-\nu)} \ln\frac{r}{r_0} \tag{3.9}$$

である．多くの金属は $\nu \approx 0.3$ であるので，刃状転位はらせん転位の約 1.4 倍の弾性エネルギーを持つ．

転位の全エネルギーは転位線が長いほど大きい．したがって，転位線が湾曲しているときには直線になって長さを縮小しようとする傾向がある．この**線張力** (line tension) T は

$$T = \frac{Gb^2}{2} \tag{3.10}$$

で近似的に与えられる．

(3) 転位の増殖

金属結晶が塑性変形すると，その表面にすべり線が現れる．これは転位線が結晶表面に抜け出て，バーガース・ベクトルと同じ大きさの段差が集積したものであり，光学顕微鏡でも容易に観察できる．多数の転位がすべり面を移動して表面に抜け出たことを意味するが，初めから多数の転位が結晶内部に存在しているとは考えにくい．そこで，同一すべり面上に多数の転位ができるような機構，すなわち塑性変形中における転位の**増殖機構** (multiplication mechanism) を考えなければならない．

結晶中の転位は立体的に結ばれており，それは同じすべり面上にあることが普通であるが，他のすべり面上の転位と結ばれている場合もある．図 3.17 (a) にお

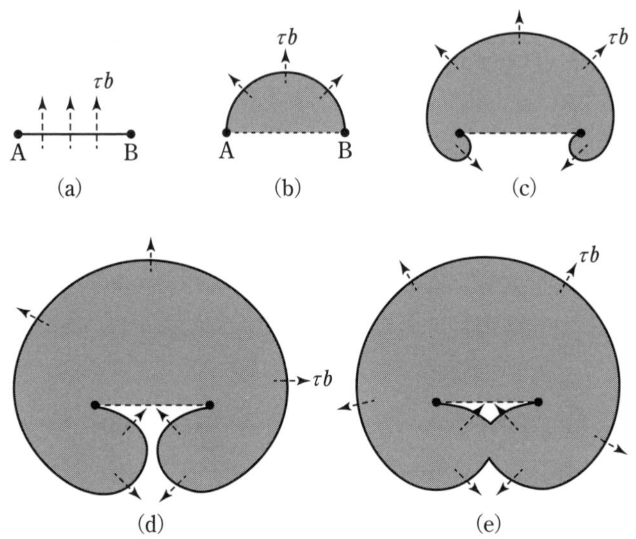

図 3.17　フランク・リード源からの転位の増殖機構

いて転位線の両端 A, B はすべり面外の転位と結ばれているため，動くことができない．この場合，転位線 A, B にせん断力が作用すると同図 (b) のように弓形に広がる．さらに力が大きくなれば同図 (c)，(d) のように経過して，1 つの転位ループを生み出して初めの状態に戻る．最後の同図 (e) のところでぶつかった転位が消えるのは，元の転位を刃状転位とすれば，一方が右巻き，他方が左巻きのらせん転位というように反対記号の転位となるためである．この過程の繰り返しによって多数の転位ループが形成されるのであり，このような増殖作用をする転位源を**フランク・リード源** (Frank-Read source) という．

(4) 転位のジョグ

転位の増殖機構が多数のすべり面で作用する場合，あるすべり面上の転位が他の交差するすべり面上の転位と出会うことがある．対象のすべり面と交差する他のすべり面上の転位群を**林転位** (forest dislocation) という．図 3.18 は，あるすべり面上を運動している刃状転位およびらせん転位が林転位と交差する様子を示している．ここでは林転位についても刃状転位とらせん転位を考え，短い矢印は各

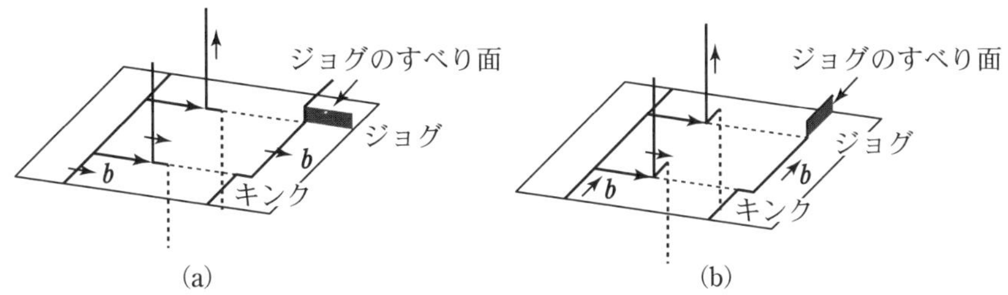

図 3.18　転位同士の交差によって形成されるキンクとジョグ

転位のバーガース・ベクトル $\boldsymbol{b}$ である．転位が交差するとどの転位でもステップが生じ，このステップの大きさと方向は交差した相手の転位のバーガース・ベクトルに等しい．このようなステップについて，元のすべり面に乗っているものを**キンク** (kink)，元にすべり面に乗っていないものを**ジョグ** (jog) という．同図 (a) のジョグ部は刃状転位であり，そのすべり面はジョグ部の転位線方向とバーガース・ベクトルの方向の双方を含む面である．この面上のジョグ部の運動方向は，移動した刃状転位の他の部分の運動方向と平行なので，このジョグ部は転位の運動に対する抵抗が小さい．これに対して同図 (b) は，刃状転位であるジョグ部のすべり面とその上の運動方向は，移動したらせん転位の他の部分の運動方向と平行でないため，このジョグ部は転位の運動に対する抵抗が大きい．

【演習問題】

3.1　bcc 格子のすべり系は {110} 〈111〉 である．これらを全て図示せよ．

3.2　図 3.12 において，θ を固定したとき λ の取り得る最小値が $(\pi/2-\theta)$ であることを考慮してシュミット因子の最大値を求めよ．

3.3　Fe 単結晶を [010] 方向に引っ張ったとき，(110) $[\bar{1}11]$ すべり系が活動し，降伏応力が 64 MPa であった．このすべり系の臨界分解せん断応力を求めよ．

3.4　転位線に垂直なせん断応力 τ が作用するとき，式 (3.5) のように転位線の単位長さ当たりが受ける力が $F=\tau b$ であることを証明せよ．

3.5　Cu 結晶中における刃状転位の平均間隔が 10^{-6} m であるとき，転位の単位長さ当たりのエネルギーを求めよ．ただし，剛性率 $G=4.5\times10^{10}$ N/m^2，ポアッソン比 $\nu=0.37$，$b=2.6\times10^{-10}$ m，$r_0\approx5\,b$ とする．

第4章　拡　散

材料の各種処理において重要な反応や行程の多くは，固体中または液体や気体あるいは別の固体からの物質移動を伴い，この移動が**拡散**(diffusion)である．すなわち，拡散は原子の運動による**移動現象**(transport phenomena)であり，気体，液体，固体のいずれにも起こる．特に，固体金属中における他の元素の移動拡散は工業的にも重要であり，鋼の熱処理や表面処理など全て固体金属中の元素の拡散に関係している．ここでは，拡散が起こる原子的機構，拡散の数学的処理やその影響因子などの基本的な事項を学ぼう．

4.1　拡散現象

拡散という現象は，2つの異なる金属表面を互いに密着した拡散対を用いて説明できる．図 4.1 (a) は Cu と Ni の拡散対である．これを両金属の融点より低い

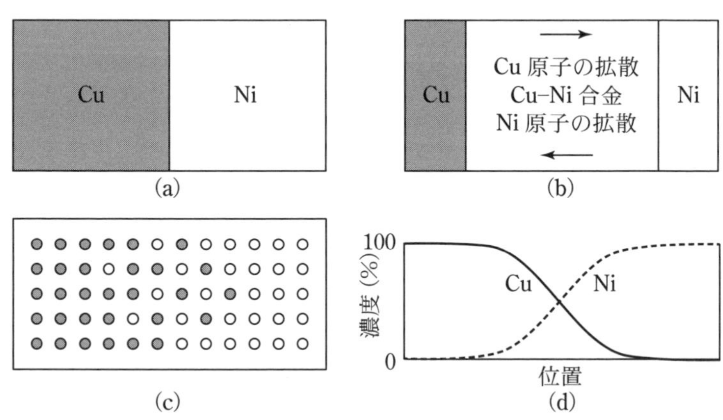

図 4.1　Cu–Ni 拡散対による拡散現象の説明図

高温度で任意の時間加熱すると，同図 (b) のように拡散対の両端は純 Cu と純 Ni であり，両金属が混合した中央部の合金領域で分けられる．これは同図 (c) のように Cu 原子が Ni 中へ，Ni 原子が Cu 中へと同時に移動すなわち拡散したことを意味する．この過程は，ある金属の原子が別の金属の中に拡散していることから，**相互拡散** (interdiffusion) または**不純物拡散** (impurity diffusion) と呼ばれる．このような相互拡散は，同図 (d) のように拡散対を横切る位置の関数で表した各原子の濃度変化により識別される．原子の正味の移動は，原子の高い濃度領域から低い濃度領域へと行われる．また，純金属中の拡散は**自己拡散** (self-diffusion) と呼ばれ，これは原子位置を交換するだけで通常は濃度変化が観察されることはない．

拡散現象は拡散の経路によって図 4.2 のように分類される．結晶格子内で起こる拡散は，**格子拡散** (lattice diffusion) または**体拡散** (volume diffusion) と呼ばれる．これに対して転位，結晶粒界，表面に沿って起こる拡散は，それぞれ**転位芯拡散** (dislocation pipe diffusion)，**粒界拡散** (grain boundary diffusion)，**表面拡散** (surface diffusion) という．これらの線欠陥や面欠陥に沿った拡散は，格子拡散より低い温度でも原子の移動が速やかになる．

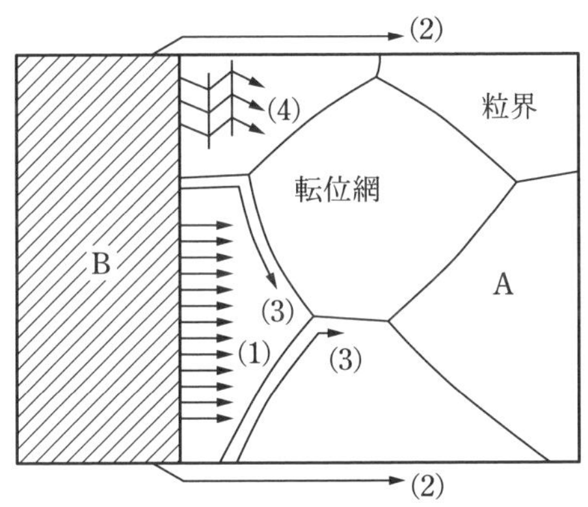

図 4.2　金属 A から金属 B への拡散経路
(1) 格子拡散 (体拡散)　(2) 表面拡散
(3) 粒界拡散　(4) 転位芯拡散

4.2　拡散機構

結晶格子内で起こる拡散は，任意の格子や格子間の位置からそれぞれ隣接する同一位置への原子の移動である．このような原子が絶えず移動するためには，① 空の隣接位置がなければならないし，②原子は隣接原子との結合を切り，また移動中に格子ひずみを引き起こすので，それに打ち勝つだけの十分なエネルギーを持たねばならない．本質的には，原子の振動エネルギーによって原子が運動を行うことができるのであり，この割合は温度上昇とともに増加する．結晶格子中の原子の動きについて，図 4.3 に示すように 2 つの主要な拡散機構が提唱されている．

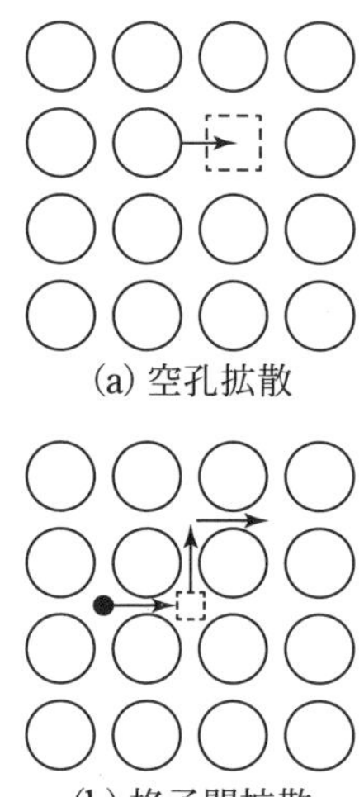

図 4.3　主要な拡散機構

(1) 空孔拡散

正規の格子位置にある原子が，同図 (a) のように隣接した空の格子位置すなわち原子空孔へ入れ替わるものであり，**空孔拡散** (vacancy diffusion) と呼ばれる．これは金属結晶において最も可能性が大きく，実際に高温の金属中には著しく高い濃度で原子空孔が存在している．拡散する原子と空孔は位置を交換するので，ある方向の原子の拡散は反対方向の原子空孔の動きに対応する．自己拡散と相互拡散のいずれもこの拡散機構で起こり，後者では不純物原子が主であるホスト原子と置換されることになる．

(2) 格子間拡散

格子間位置にある原子が，同図 (b) のように隣接する格子間位置に移動する拡散機構もあり，これを**格子間拡散** (interstitial diffusion) という．格子間位置に入るぐらいに十分に小さな原子半径の H，C，N，O のような不純物の相互拡散に見られる．ホスト原子や置換型の不純物原子はほとんど格子間原子とならず，通常この拡散機構では拡散しない．多くの合金において格子間原子は小さくて動きやすいため，格子間拡散は原子空孔の関与する空孔拡散よりも素早く起こる．また，原子空孔に比べてより多くの空の格子間位置が存在するため，格子間原子の動きの可能性は空孔拡散の場合よりもかなり高くなる．

4.3　フィックの法則

拡散は時間依存の過程であり，任意の元素中を移動するある元素の量は時間の関数である．どのぐらい速く拡散が起こるのか，すなわち物質移動の速度を知る必要があり，この速度を**拡散束** (diffusion flux) という．単位時間に固体の単位断面積を垂直に通過する場合の拡散束Jは，次式のように定義される．

$$J = \frac{M}{At} \tag{4.1}$$

ここで，Mは拡散種の物質量，Aは拡散に関与する断面積であり，tは経過時間である．また，Jの次元は［物質量 /（面積・時間)］であり，物質量とは質量，原子数やモル数などを意味する．

(1) 定常状態拡散

拡散束が時間で変化しない場合は定常状態の拡散であり，具体例として極薄の金属板を通過するガス原子の拡散が考えられる．図 4.4 (a) はこの様子を示したものであり，濃度cを固体中の位置xに対して図示した同図 (b) の濃度プロファイルにおいて，任意の点での傾きである濃度勾配はdc/dxで表される．濃度プロファイルが直線的に変化すると仮定すると，濃度勾配は$\Delta c/\Delta x = (c_A - c_B)/(x_A - x_B)$となる．

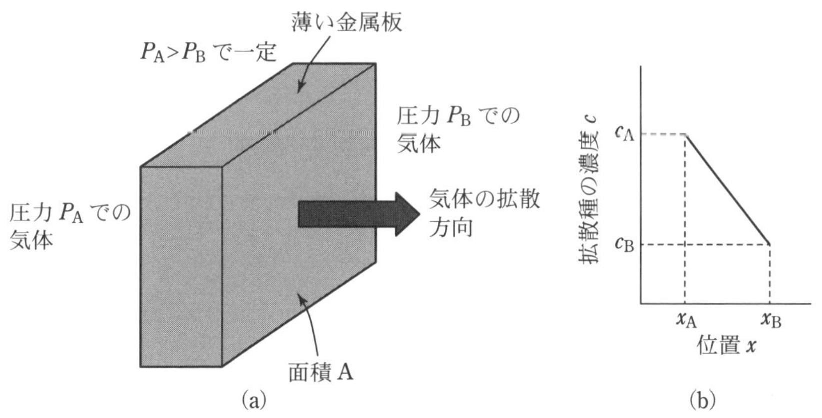

図 4.4　濃度が直線的に変化する拡散挙動

1 次元方向 (x) の定常状態における拡散の式は比較的簡単であり，そこでは拡散束 J が濃度勾配 dc/dx に比例して次式のように表される．

$$J = -D\frac{dc}{dx} \tag{4.2}$$

ここで，比例係数 D は**拡散係数** (diffusion coefficient) と呼ばれる．これは［(長さ)^2/時間］の次元を持ち，単位の濃度勾配により単位面積を通して，単位時間に拡散する溶質の量を表す．式 (4.2) は**フィックの第 1 法則** (Fick's first law) といい，負の符号が付くのは，濃度勾配 dc/dx が正のとき x の負の方向に拡散が生じるためである．フィックの第 1 法則では濃度の時間変化を考慮せず，濃度勾配が拡散という反応の**駆動力** (driving force) となる．

(2) 非定常状態拡散

実際の拡散は大半が非定常の状態である．すなわち，固体中のある点での拡散束と濃度勾配が時間とともに変化し，結果として拡散種の蓄積あるいは消耗が起こる．いま，図 4.5 に示す単位断面積の棒状試料において，x および x 位置より微小距離 dx だけ離れた位置の 2 枚の平板を考える．これらによって仕切られた

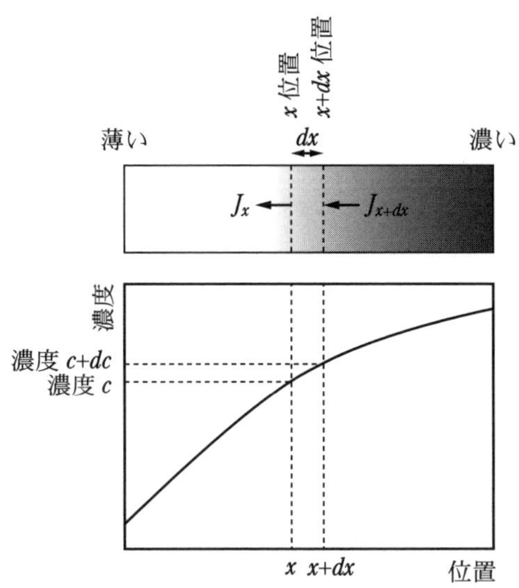

図 4.5　濃度勾配が時間と場所に依存して変化する拡散挙動

厚さ dx の平板内への溶質原子の流入と流出を考えよう．x 位置の濃度を c，$x+dx$ 位置の濃度を $c+dc$，$\partial c/\partial x>0$ と仮定すると，拡散は負の方向となり，面 x における拡散束 J_x はフィックの第1法則から次式の

$$J_x = -D\left(\frac{\partial c}{\partial x}\right)_x \tag{4.3}$$

となり，面 $x+dx$ における拡散束は

$$J_{x+dx} = -D\left(\frac{\partial c}{\partial x}\right)_{x+dx} = -D\left(\frac{\partial c}{\partial x}\right)_x - \frac{\partial}{\partial x}\left\{D\left(\frac{\partial c}{\partial x}\right)_x\right\}dx = J_x + \left(\frac{\partial J}{\partial x}\right)_x dx \tag{4.4}$$

となる．J_x と J_{x+dx} との差は，厚さ dx の平板における拡散原子濃度の変化する速さであるので，単位時間に体積 $dx\times 1$ の微小部分に集まる拡散原子の量 $(\partial c/\partial t)\cdot dx$ となり，次式が得られる．

$$J_x - J_{x+dx} = -\left(\frac{\partial J}{\partial x}\right)_x dx = \frac{\partial}{\partial x}\left(D\frac{\partial c}{\partial x}\right)dx = \left(\frac{\partial c}{\partial t}\right)dx \tag{4.5}$$

したがって，ある場所での濃度の時間変化を表す**フィックの第2法則**（Fick's second law）が得られ，次式のように表される．

$$\frac{\partial c}{\partial t} = \frac{\partial}{\partial x}\left(D\frac{\partial c}{\partial x}\right) \tag{4.6}$$

拡散係数 D が濃度に依存せず一定の場合は式（4.7）となる．

$$\frac{\partial c}{\partial t} = D\frac{\partial^2 c}{\partial x^2} \tag{4.7}$$

ここで，偏微分を用いた理由は，ある時間 t において濃度 c が位置 x により変化することと，ある位置 x において濃度 c が時間 t とともに変化することを区別するためである．

（3）拡散係数の決定

2種類の金属A, Bを図4.6（a）に示すように接触させて高温で互いに拡散を起こさせる場合を考えよう．ここで，拡散物質の濃度 c は境界面から距離 x，時間 t および拡散係数 D によって変化する．いま，拡散係数が濃度に依存しないと仮定すれば，これらの間には式（4.7）が成立する．この偏微分方程式を解くことは容易でないが，後述の誤差関数を用いて求めることができる．同図（b）のように

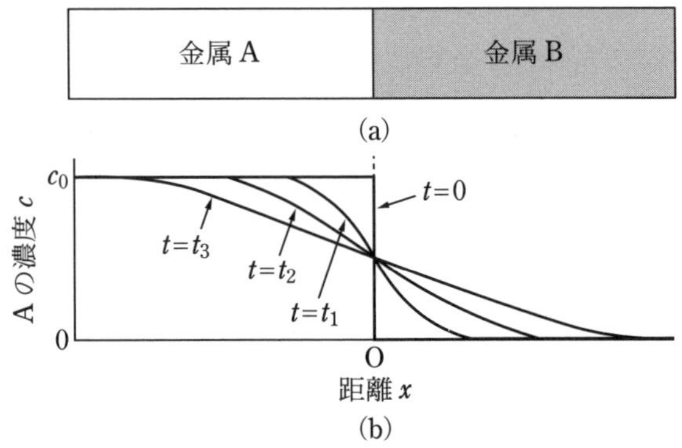

図 4.6　接触する異種金属間の拡散

金属 A と金属 B の接触面を原点にとり，その面に垂直な軸を x 軸とする．金属 A の濃度 c に対する初期条件は，すなわち拡散開始直前である $t=0$ における境界条件は $x<0$ で $c=c_0$，$x>0$ で $c=0$ となる．この条件下で同式を解くと，ある場所 x の時間 t における金属 A の濃度 $c(x, t)$ として次式が得られる．

$$c(x,t)=\frac{c_0}{2}\left\{1-\mathrm{erf}\left(\frac{x}{2\sqrt{Dt}}\right)\right\} \tag{4.8}$$

ここで，大括弧中の第 2 項は**ガウスの誤差関数**（=erf (z)，Gauss's error function）と呼ばれ，次式で表される．

$$\mathrm{erf}(z)=\mathrm{erf}\left(\frac{x}{2\sqrt{Dt}}\right)=\frac{2}{\sqrt{\pi}}\int_0^{\frac{x}{2\sqrt{Dt}}} e^{-y^2}dy \tag{4.9}$$

この値は $z\left(=x/2\sqrt{Dt}\right)$ の値に対して数値表で与えられており，その一部を表 4.1 に示す．このようにして求めた濃度分布曲線は金属 A, B の接触面に対して対称的であり，時間 $t=0$ から t_1，t_2，t_3，……と変化し，最後（$t=\infty$）には均一濃度 $c_0/2$ になる．

以上は異種金属を接触させた場合の拡散であるが，いずれか一方の金属を接触させた自己拡散の場合は，D は濃度に依存しないので，式 (4.7) を用いることができ，それより**自己拡散係数**（self-diffusion coefficient）が決定できる．しかし，異種金属を接触させた場合の相互拡散の場合には，フィックの第 2 法則を用いて求めた濃度分布曲線が必ずしも実験結果と一致しない場合が多い．したがっ

表 4.1　ガウスの誤差関数の値

z	erf (z)	z	erf (z)	z	erf (z)
0	0	0.55	0.5633	1.3	0.9340
0.025	0.0282	0.60	0.6039	1.4	0.9523
0.05	0.0564	0.65	0.6420	1.5	0.9661
0.10	0.1125	0.70	0.6778	1.6	0.9763
0.15	0.1680	0.75	0.7112	1.7	0.9838
0.20	0.2227	0.80	0.7421	1.8	0.9891
0.25	0.2763	0.85	0.7707	1.9	0.9928
0.30	0.3286	0.90	0.7970	2.0	0.9953
0.35	0.3794	0.95	0.8209	2.2	0.9981
0.40	0.4284	1.0	0.8427	2.4	0.9993
0.45	0.4755	1.1	0.8802	2.6	0.9998
0.50	0.5205	1.2	0.9103	2.8	0.9999

て，同図 (b) のように接触面を境とする対称性が失われるため拡散係数が濃度に依存することになり，フィックの第 2 法則は式 (4.6) を適用することになる．この場合の拡散係数を**相互拡散係数** (interdiffusion coefficient) という．この評価に当たっては，一般に異種金属接触面における正味の拡散束が 0 となる位置を座標軸の基準面 ($x=0$) とし，相互拡散係数を決定する．この界面は**俣野界面** (Matano interface) と呼ばれ，金属 A と金属 B の自己拡散係数 D_A, D_B が異なっていると，俣野界面は最初の接合界面と一致しなくなる．したがって，接合界面に不溶性のマーカーを埋め込むと，拡散後にこのマーカーが移動する現象が認められる．この現象は**カーケンドール効果** (Kirkendall effect) と呼ばれ，拡散機構が原子空孔によるものか否かを判定する確実な実験方法として知られている．

4.4　拡散の影響因子

(1)　拡散種

拡散係数の大きさは，原子が拡散する速さを表す目安となる．代表的な金属材料における自己拡散係数および相互拡散係数を表 4.2 に示す．母材だけでなく拡散種も拡散係数に影響する．たとえば，500℃において bcc 構造である α-Fe 中の自己拡散と C の相互拡散には拡散係数の大きさに著しい違いがあり，前者の自己拡散係数は 3.0×10^{-21} m^2/s，後者の相互拡散係数は 2.4×10^{-12} m^2/s である．こ

表 4.2　金属における自己拡散係数および相互拡散係数

拡散種	母金属	振動数因子 D_0 (m^2/s)	活性化エネルギー Q (kJ/mol)	計算値	
				T (℃)	D (m^2/s)
Fe	α-Fe (bcc)	2.8×10^{-4}	251	500	3.0×10^{-21}
				900	1.8×10^{-15}
Fe	γ-Fe (fcc)	5.0×10^{-5}	284	900	1.1×10^{-17}
				1100	7.8×10^{-16}
C	α-Fe	6.2×10^{-7}	80	500	2.4×10^{-12}
				900	1.7×10^{-10}
C	γ-Fe	2.3×10^{-5}	148	900	5.9×10^{-12}
				1100	5.3×10^{-11}
Cu	Cu	7.8×10^{-5}	211	500	4.2×10^{-19}
Zn	Cu	2.4×10^{-5}	189	500	4.0×10^{-18}
Al	Al	2.3×10^{-4}	144	500	4.2×10^{-14}
Cu	Al	6.5×10^{-5}	136	500	4.1×10^{-14}
Mg	Al	1.2×10^{-4}	131	500	1.9×10^{-13}
Cu	Ni	2.7×10^{-5}	256	500	1.3×10^{-22}

のような比較から，拡散機構の違いによって拡散の速さの違いがわかる．なお，自己拡散は空孔を媒介として起こり，Fe 中の C の拡散は格子間拡散である．

(2) 温　度

拡散係数は温度に最も強く影響を受け，これは対象とする原子の移動できる隣接数（配位数）やその原子の熱振動数に関係する．原子が移動できる隣接数が多くて熱による振動数が大きいほど，原子移動に必要な**活性化エネルギー** (activation energy) の山を越えることが容易となり，この過程を**熱活性化過程** (thermal activation process) という．熱活性化過程は温度が高いほど，また時間が長いほど起こりやすい．拡散係数の温度依存性は次式によって表される．

$$D = D_0 \exp\left(-\frac{Q}{RT}\right) \tag{4.10}$$

ここで，D_0 は**振動数因子** (frequency factor, m^2/s, または**頻度因子**)，Q は格子拡散の活性化エネルギー (J/mol)，R は気体定数 (8.314 J/(mol·K))，T は絶対温度 (K) である．表 4.2 にはいくつかの拡散系における D_0, Q の値も載せている．なお，Q の単位は結晶を構成する原子 1 mol 当たりに割り付けられた活性化エネルギーであり，E を原子1個当たりの活性化エネルギー (J) とすると，拡散係数 D は気体定数 R をアボガドロ数 $N_A=6.02\times10^{23}$ で除したボルツマン定数 $k(=R/N_A)$ (J/K) を用いて次式のように表される.

$$D=D_0\exp\left(-\frac{E}{kT}\right) \tag{4.11}$$

当然ながら $Q=N_AE$ であり，式 (4.10) の自然対数をとると

$$\ln D=\ln D_0-\frac{Q}{RT} \tag{4.12}$$

となり，$\ln D$ が温度 T の逆数に比例することがわかる．ここで，比例定数は $-Q/R$ である．したがって，種々の温度での D 値を調べることで D_0 と Q を求めることができる．図4.7に示すようなデータ整理の手法を**アレニウス・プロット** (Arrhenius plot) と呼び，活性化エネルギーを求める一般的な手法として用いられる.

金属中における原子の拡散係数の温度依存性を図4.8に示す．拡散係数の対数と温度の逆数の間には直線関係が認められ，同じ Fe でも結晶構造が異なると拡散係数に差が認められる．すなわち，bcc 構造である α-Fe 中の原子の拡散係数の方が，fcc 構造である γ-Fe 中の原子のそれに比べて大きい．これは原子の充填率に関連しており，隙間の多い bcc 格子中の原子の移動がより容易になる.

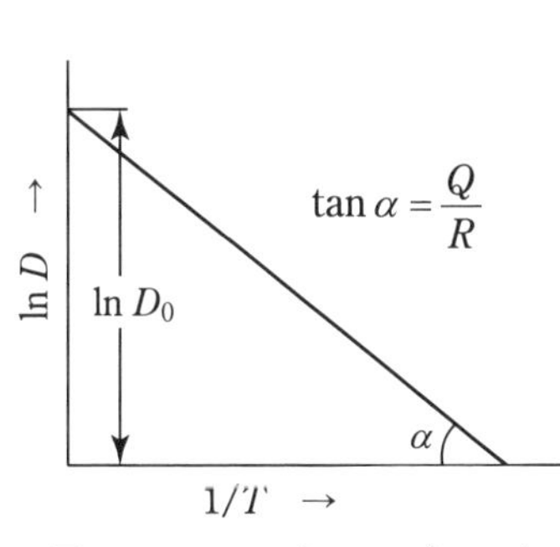

図 4.7 アレニウス・プロット

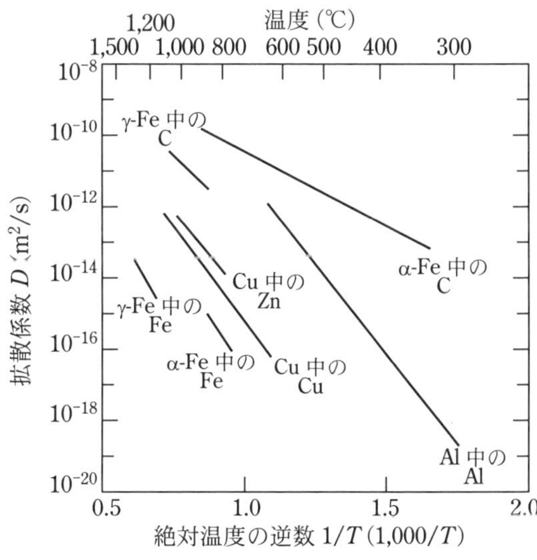

図 4.8 金属原子における拡散係数の温度依存性

【演習問題】

4.1 結晶格子内で起こる原子拡散の機構を説明するとともに，これに及ぼす温度および結晶粒界の影響についても述べよ．

4.2 いま，ガスに存在するA原子が半無限体の金属B端面に接して内部へ拡散していく場合，次の設問に答えよ．

(1) 拡散前は金属B中のA原子の濃度 c_0，拡散中の端面は常にその濃度 c_s に保持されるとき，t 秒後の端面から距離 x でのA原子の濃度 $c(x, t)$ を求めよ．

(2) 0.3% Cを含む炭素鋼を1,273 Kで10 h浸炭した場合，表面から1 mmの位置における鋼内のC濃度を求めよ．ただし，浸炭時の鋼表面C濃度は常に1.3%に保持され，浸炭時のCの拡散係数を 1.0×10^{-10} m^2/sとする．

4.3 Al中のCuの拡散係数は500℃および600℃でそれぞれ 4.8×10^{-14} m^2/s，5.3×10^{-13} m^2/sとする．いま，600℃で8 hの熱処理で生じた拡散を500℃で生じさせるための保持時間を求めよ．

4.4 カーケンドール効果について説明せよ．

4.5 1,073 Kの α-Fe (bcc構造) 中におけるCの拡散係数 D (m^2/s) を求めよ．ただし，気体定数 R を8.314 J/(mol·K)とする．

4.6 いま，Ni中のFeの拡散係数が付表4.1のように与えられたとき，活性化エネルギー Q と振動数因子 D_0 を求めよ．

付表 4.1　Ni中のFeの拡散係数 D と温度 T の関係

	温度 T (K)	
	1,273	1,473
拡散係数 D (m^2/s)	9.4×10^{-16}	2.4×10^{-14}

第５章　熱力学と相変化

金属とその合金の状態を学ぶためには，**熱力学** (thermodynamics) の基礎と物質の状態についての基礎知識が必要である．物質の状態は原子個別の性質としてではなく，**相** (phase) の状態として取り扱うと都合がよい．相とは全て均一な性質を有し，その状態により**気相** (gas phase)，**液相** (liquid phase)，**固相** (solid phase) に区別できる．物質は温度または圧力によって相変化が起こり，これらは熱力学的条件の影響を強く受けるので，まずは熱力学の基本法則について学んで相変化や凝固などの理解を深めよう．

5.1　熱力学の基本法則

(1) 熱力学第１法則

ある閉じた系の中でのエネルギーの総量は，常に一定であって保存される．これを**熱力学第１法則** (first law of thermodynamics) または**エネルギー保存則** (law of energy conservation) といい，外部から系に加えた熱エネルギー dQ が内部エネルギー dE と仕事 dW の和として蓄えられ，次式で表される．

$$dQ = dE + dW \tag{5.1}$$

ここで，d は微小な量であることを示す添字である．エンジンのシリンダーに熱エネルギーを加えてピストンが運動するように，系が外に対して純粋な機械仕事のみを行い，圧力 P の外界と接する系の体積 dV だけ変化する場合を考えると，次式のように表される．

$$dQ = dE + PdV \tag{5.2}$$

ここで，この式の dQ，P および dV は測定可能であり，ある閉じた系において初期状態から最終状態までどのような経路や過程をたどったとしても，系の吸収した熱エネルギーと系のなした仕事を測定すれば，dE は経路に係りなく一定である．

(2) 熱力学第 2 法則

エネルギーの移動の方向とその質に関する**熱力学第 2 法則** (second law of thermodynamics) は，**エントロピー増大則** (law of entropy increase) ともいう．系に加えた熱エネルギーを dQ，絶対温度を T とすると，**エントロピー** (entropy) S は次式のように定義される．

$$dS = \frac{dQ}{T} \tag{5.3a}$$

$$S = \int_0^T \frac{dQ}{T} \tag{5.3b}$$

ここで，積分は各温度で流入または流出した熱エネルギー dQ を絶対温度 T で割ったものの総和であり，これがエントロピー S である．エントロピーは，物質や熱の拡散の程度を表すパラメーター（無秩序の度合いを表す量）であり，同じエネルギー dQ が導入されても温度が高いほど dS は小さい．熱力学第 2 法則は，可逆過程を除きエントロピーが不可逆的に増大することを示しており，式 (5.3a) は次式のように表される．

$$dS \geq \frac{dQ}{T} \quad \text{(等号：可逆過程，不等号：不可逆過程)} \tag{5.4}$$

たとえば，透過性の壁に仕切られた図 5.1 のような水槽を考えると，最初は A と B の水位差があるが，時間の経過とともに C の状態に移行する．水位差がある状態をエントロピーが小さいといい，水位差がない平衡状態が最大のエントロピーに相当する．要するに，エントロピー増大則の結論は変化に方向性があり，その逆は決して起こらないことを意味する．

(3) 熱力学第 3 法則

すべての完全結晶は，絶対零度においてエントロピーが零である．これを**熱力**

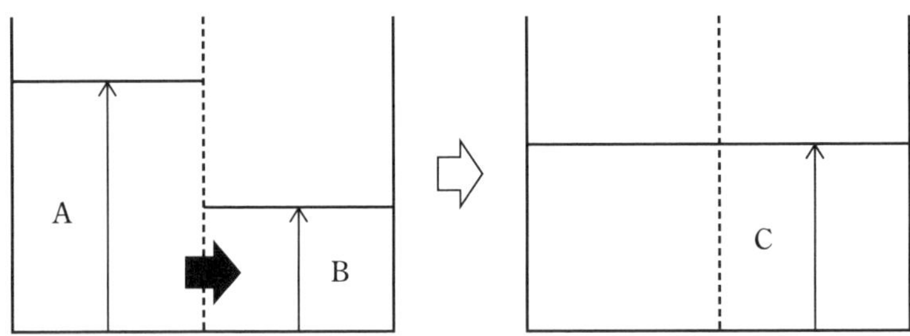

図 5.1　A と B の水位差が仕切板を介して C の水位に変化

学第 3 法則 (third law of thermodynamics) といい，式で表すと

$$|S|_{T=0} = 0 \tag{5.5}$$

となる．これはエントロピーの基準値を決めることであり，絶対零度ではどんな物質でもエントロピーが零になるという法則である．

5.2　平衡状態と自由エネルギー

ある物質からなる系において外界の条件を一定に保ったとき，系の状態が時間とともに変化しないならば，その状態は**平衡状態** (equilibrium state) であるという．熱力学第 1 法則の式 (5.2) と第 2 法則の式 (5.4) を結合すると，次式のような関係式が得られる．

$$dE + PdV - TdS \leq 0 \tag{5.6}$$

熱力学の立場で物質の平衡状態を扱う場合，**自由エネルギー** (free energy) という考え方がある．この自由エネルギーについて，式 (5.6) を定温定容と定温定圧の系に当てはめ，それぞれ**ヘルムホルツの自由エネルギー** (Helmholtz free energy) F と**ギブスの自由エネルギー** (Gibbs free energy) G を求めると，次式のように表される．

$$F = E - TS \tag{5.7}$$

$$G = E + PV - TS = H - TS \tag{5.8}$$

ここで，H は**エンタルピー** (enthalpy) であり，内部エネルギー E と圧力がなす仕事 PV の和である．温度と容積を一定に保った系のヘルムホルツの自由エネルギー，温度と圧力を一定に保った系のギブスの自由エネルギーは，いずれも減少する方向に変化が進むが，一般的には圧力一定の系での変化を取り扱うことが多いため，ギブスの自由エネルギーを用いることが多い．

いま，金属の高温相を β 相，低温相を α 相として，β → α の相変化を考えよう．図 5.2 は，α 相と β 相のギブスの自由エネルギーの温度依存性を示す．自由エネルギーが減少する方向に変化が進む．したがって，α 相の自由エネルギーが β 相のそれに比べて低い温度域では α 相が安定であり，逆に β 相の自由エネルギーが α 相のそれに比べて低い温度域では β 相が安定である．β 相と α 相の自由エネルギーの差は β 相から α 相への相変態における**駆動力** (driving force) となり，自由エネルギーの差が零である状態では両相は平衡状態で共存する．

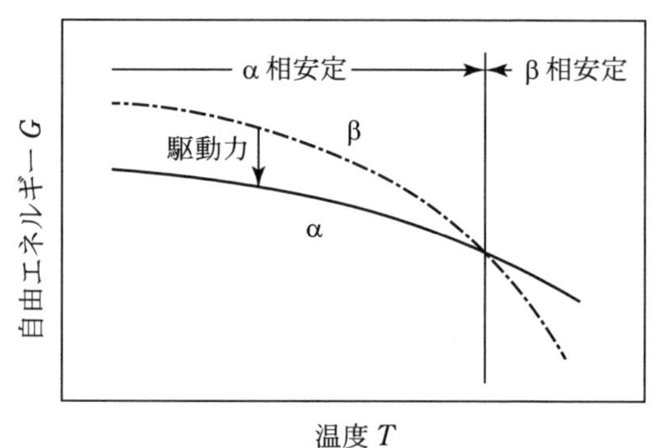

図 5.2　α 相と β 相の自由エネルギーの温度依存性

5.3　相律と変態

物質の状態は熱力学的変数によって表され，これは系の巨視的な性質を示す状態量である．温度，圧力および組成のように系に存在する物質量に無関係な**示強変数** (intensive variable) と，質量，体積やエネルギーなどのように物質量に比例する**示量変数** (extensive variable) に分けられる．2 つ以上の相からなる物質系において，それらの相が共存し，全体として熱力学的に相が平衡状態にあるときは示強変数を指定する必要があり，次式のような相平衡に必要な条件が成り立つ．

$$f=n-p+2 \tag{5.9}$$

ここで，fは自由に選べる変数の数すなわち自由度，nは組成の数，pは共存する相の数であり，この関係式を**ギブスの相律** (Gibbs' phase rule) という．自由度$f=0$の場合は，nとpを変化せずに系の状態を変えられないことから**不変系** (invariant system) と呼ぶ．

自由に選べる変数とは示強変数の温度，圧力および組成を指すが，金属および合金に対しては，一般に液体と固体だけを扱い，気体状態は取り扱わないので状態変数から圧力を除外して差し支えない．したがって，金属およびその合金に対する自由度は次式で示される．

$$f=n-p+1 \tag{5.10}$$

純金属は一元系 ($n=1$) であるので，式 (5.10) より自由度は$f=2-p$で与えられる．図 5.3 に示す純金属の加熱冷却曲線において，凝固金属あるいは溶融金属のみが存在する場合 (区間 a～b，c～d) には相の数 $p=1$ で自由度$f=1$となるので，温度は自由に選ぶことができる．純金属で相が 2 つの場合，すなわち溶融金属と凝固金属が共存する場合 (区間 b～c) では，$f=0$となって温度を自由に選ぶことができない．これが**溶融** (melting) あるいは**凝固** (freezing) であり，純金属の**融点** (melting point) や**凝固点** (freezing point) は一定の温度で示される．このように固相から液相，液相が固相へと相変化が起こることを**変態** (transformation) といい，変態が起こる温度を**変態点** (transformation point) という．したがって，溶融も凝固も変態現象であり，融点と凝固点

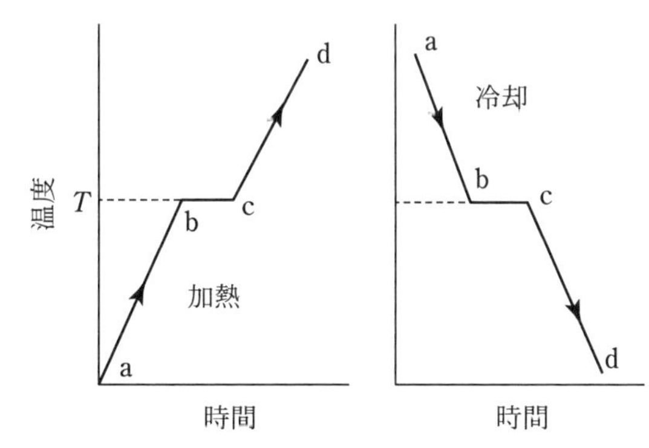

図 5.3　純金属の加熱冷却曲線

はいずれも変態点である．ここで相変態するときに放出あるいは吸収される熱を**潜熱** (latent heat) といい，固相→液相の際には吸熱が，逆に液相→固相の際には発熱が起こる．そのため，凝固時には潜熱の発生や固相–液相間の原子のやり取りが起こり，さまざまな組織や機械的特性が現れる．また，純金属において固体金属のみが存在し，しかも 2 相共存する場合 ($p=2$) には，自由度 $f=0$ となるので共存状態は特定の温度に限られ，この温度でのみ 1 つの相から他の相へ変化する．固体金属でも特定の温度を境にして生じる変態を**同素変態** (allotropic transformation) といい，その代表的な純金属として Fe, Ti や Zr などが挙げられる．

5.4　金属の凝固と組織

(1) 凝固過程

ギブスの相律によれば，純金属では固相と液相が平衡に存在するとき，ある特定の温度となる．すなわち，凝固点や融点は液相と固相におけるギブスの自由エネルギーが等しい温度として定義でき，両相の自由エネルギーの温度依存性を図 5.4 に示す．高温側では固相より液相状態の自由エネルギー G_L が低く，逆に低温側では固相状態の自由エネルギー G_S が低い．そして融点 T_M では両相の自由エネルギーが等しくなり，次式で表される．

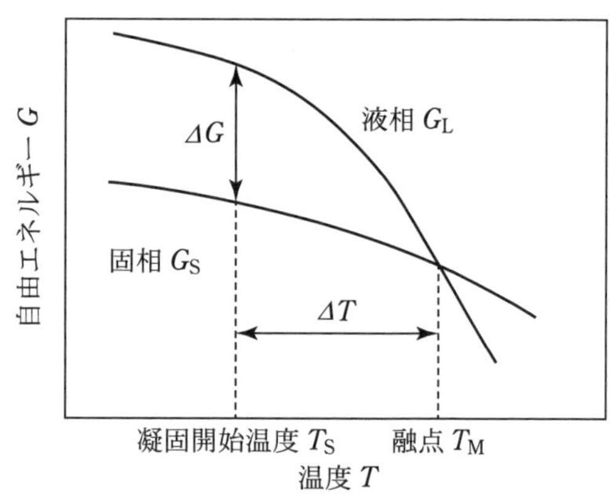

図 5.4　固相と液相の自由エネルギーの温度依存性

$$G_L = G_S \tag{5.11}$$

ここで，自由エネルギーの差 ΔG は相変化 (液相→固相) の駆動力である．また，本来の凝固点 ($=T_M$) と**過冷却** (supercooling) の状態にある凝固開始温度 T_S の差

ΔT (= T_M − T_S) は**過冷度** (degree of supercooling) であり，次に詳しく説明する．

実際の凝固中における温度の経時変化は，**熱分析曲線** (thermal analysis curve) を用いて評価できる．純金属の凝固時における熱分析曲線を図 5.5 に示す．理想的には，ギブス相律による自由度 f=0 のため同図 (a) のように凝固点 T_M に達して一定温度になる．しかし，実際には同図 (b) のように T_M に達しても凝固は開始せず，ある程度温度が低下した過冷却状態で初めて凝固が開始し，やがてその温度が上昇しながら凝固点において凝固が完了する．金属の凝固は，物質全体で一度に起きるのではない．模式的な金属の凝固過程を図 5.6 に示す．液相中に小さな固相の**核生成** (nucleation) が起こり，それが徐々に**成長** (growth) してやがては全ての液相が固相に置き換わる．上述の図 5.4 において，液相を徐冷すると過冷度 ΔT が小さいため核生成が困難になり，わずかな数の固相核から凝固が開始して組織は粗大化する．逆に，液相を急冷して過冷度 ΔT を大きくすれば，小さな固相核でも安定かつ数密度を増やすことが可能であり，これは凝固後の結晶粒

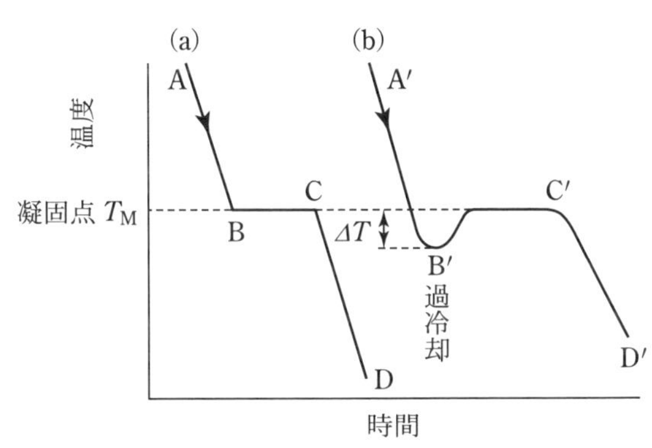

図 5.5　純金属の凝固時における熱分析曲線
(a) 理想的な場合 (b) 過冷却の場合

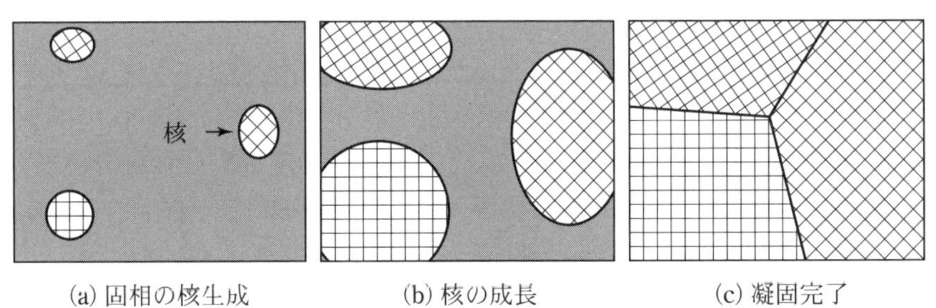

(a) 固相の核生成　(b) 核の成長　(c) 凝固完了

図 5.6　模式的な金属の凝固過程

の微細化を促す．凝固点 T_{M} より低い温度 T_{S} において液相中に固相が核生成する場合，系には新たに固液界面が発生し，これに伴い**界面エネルギー** (interfacial energy) の分だけ系の自由エネルギーが上昇する．半径 r の球状固相核 1 個が形成するときの界面エネルギー増加分 ΔG_{S} は正の値であり，次式で与えられる．

$$\Delta G_{\mathrm{s}} = 4\pi r^2 \gamma \tag{5.12}$$

ここで，γ は単位面積当たりの界面エネルギーである．融点より低い温度 T_{S} において，半径 r の球状固相核 1 個が形成したときの相変態によるエネルギー減少分 ΔG_{T} は負の値であり，次式で与えられる．

$$\Delta G_{\mathrm{T}} = \frac{4}{3}\pi r^3 \Delta G \tag{5.13}$$

ここで，ΔG は相変態に伴う単位体積当たりの系全体の自由エネルギー変化であり，おおよそ次式のように表される．

$$\Delta G \cong \alpha (T_{\mathrm{M}} - T_{\mathrm{S}}) = \alpha \Delta T \tag{5.14}$$

ここで，α は材料定数であり，ΔT は過冷度である．したがって，半径 r の球状固相核 1 個が形成したとき，単位体積当たりの系全体の自由エネルギー変化 ΔG は次式のように表される．

$$\Delta G = \Delta G_{\mathrm{S}} - \Delta G_{\mathrm{T}} = 4\pi r^2 \gamma - \frac{4}{3}\pi r^3 \alpha \Delta T \tag{5.15}$$

いま，得られた ΔG_{S}, ΔG_{T} および ΔG を粒子半径 r の関数として図 5.7 に示す．ΔG は r の増加とともに最初は増加し，臨界半径 r^* で最大値 ΔG^* をとり，その後は減少する．一般に，自由エネルギーがより低い状態に向かって変化が起こるので，$r < r^*$ における凝固粒子はその大きさが減少して消滅し，これを**エンブリオ** (embryo，または**胚**) と呼ぶ．逆に $r > r^*$ における凝固粒子は成長し，その後も安定に成長を続ける．このように臨界半径 r^* 以上の凝固粒子を**核** (nucleus) と呼ぶ．なお，r^* と ΔG^* は dG/dr=0 より次式でそれぞれ与えられる．

$$r^* = \frac{2\gamma T_{\mathrm{M}}}{\Delta H_{\mathrm{f}} \Delta T} \tag{5.16}$$

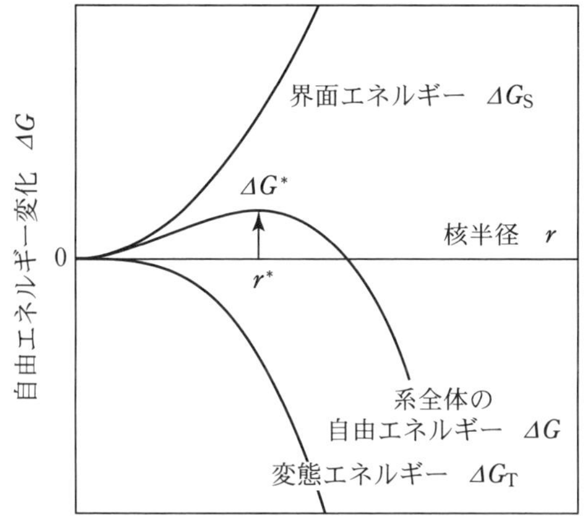

図 5.7　金属凝固時の自由エネルギー変化

$$\Delta G^* = \frac{16\pi\gamma^3}{3(\alpha\Delta T)^2} \tag{5.17}$$

ここで，ΔH_f は凝固の潜熱，ΔG^* は臨界核の形成エネルギーであり，過冷却がないとき ($\Delta T=0$) には r^* と ΔG^* は非常に大きくなって核生成が不可能となる．そのため，凝固点以下に冷却して $\Delta T>0$ となったときのみに固相核は生成できる．

(2) 凝固組織

溶融金属が凝固の際に呈する樹枝状の結晶を**デンドライト** (dendrite，または**樹枝状晶**) と呼び，その模式図を図 5.8 に示す．冷却速度が非常に大きくなると過冷却が進み，固相よりそれを取り囲む液相の温度が逆に低くなる．このような状態では，固相の一部が急速に液相中に成長して幹の部分を形成し，これに枝が付いて樹枝状のデンドライト組織が形成される．この樹枝状の結晶が成長する方向は結晶構造によって決まっており，たとえば fcc 構造の金属では〈100〉方向であり，枝分かれの方向もこの方向になる．

上述のデンドライト組織は純金属凝固組織の基本であるが，鋳型に液体金属を鋳込んで凝固させたときには熱的な条件が複雑になるので，それに応じて図 5.9

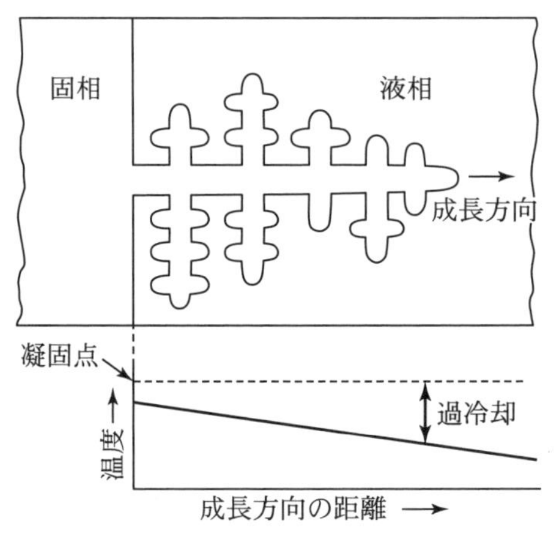

図 5.8　デンドライトの形成過程

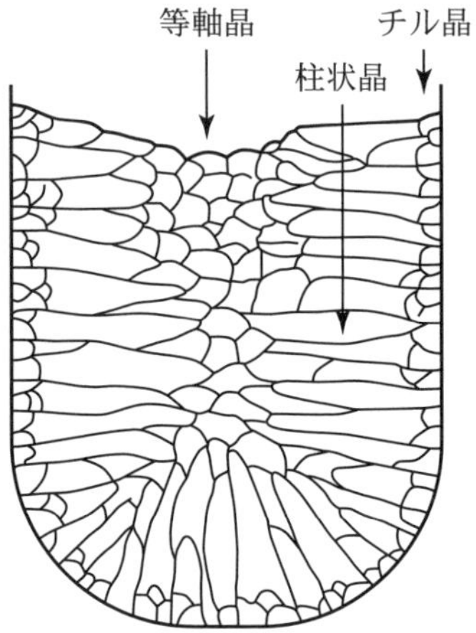

等軸晶
チル晶
柱状晶

図 5.9　金属の凝固組織

に示す特有な凝固組織が現れる．鋳型に接する外周部では，急速に冷却されるので多数の核成長が生じて微細な粒状晶の**チル晶** (chill crystal) が形成される．チル晶の中で結晶の優先成長方向に近いものが他の結晶より優先して成長し，**柱状晶** (columnar crystal) が現れる．そして最後に凝固する中心部ではさらに過冷度が小さくなり，粗大な粒状の**等軸晶** (equiaxed crystal) が形成される．

【演習問題】

5.1 熱力学第 1～3 法則の基本式を示し，それぞれ具体的な例を挙げながら簡単に説明せよ．

5.2 ギブスの自由エネルギーの式を書き，それに用いた記号の意味を考察せよ．また，温度と圧力を一定に保った系のギブスの自由エネルギーはどのようになる方向に変化が起こるかについても答えよ．

5.3 純金属を凝固する際の 3 段階に分かれる冷却曲線を描け．また，それぞれの段階における自由度を求め，冷却曲線で融点が停滞する理由を考察せよ．

5.4 凝固点より ΔT だけ低い温度で凝固が進行したとき，固相核が安定に存在し得る臨界半径 r^* を導け．

5.5 次の設問に答えよ．

(1) Cu の液相と固相の界面エネルギー γ は 1.44×10^{-1} J/m^2，凝固の潜熱 ΔH_f は 1.88×10^{9} J/m^2，融点 T_M は 1,356 K である．1,073 K での核の臨界半径 r^* を求めよ．

(2) 上述の Cu 核形成において，核の中の原子数を求めよ．ただし，Cu の格子定数 a=0.36 nm とする．

第6章　合金の平衡状態図

物質は外的条件から独立して状態を変化させることができる．外界から容易に区別できる1つあるいはそれ以上の物質の集合を**系**(system)といい，系を構成する物質の種類は**成分**(component)と呼ぶ．なお，成分の数が1, 2, ……の系を一元系，二元系，……という．2成分以上の系において，成分の量比を**組成**(composition)，あるいは1つの成分割合に着目して**濃度**(concentration)という．物質の温度，圧力や系の組成などの状態変数に応じて相変化が起こり，ここでは熱力学的に最も安定な"系の自由エネルギーが最小の状態"である**平衡状態**(equilibrium state)についての基本を学ぼう．

6.1　基本的事項

(1) 合金の形態

単一の金属元素からなる純金属に他の元素を混ぜたものを**合金**(alloy)という．一般に，金属材料は純金属ではなく合金として用いられることが多く，この純金属中に合金元素を添加すると相の状態は次の3種類に分けられる．

固溶体(solid solution)：母相元素の溶媒原子中に添加元素の溶質原子が分散して1つの相となり，原子レベルで溶質原子が母相と混合した状態をいう．固溶体には，図6.1のように溶媒原子の格子点に溶質原子が置き換わった**置換型**(substitutional)と，溶質原子が溶媒原子の格子間に入り込んだ**侵入**

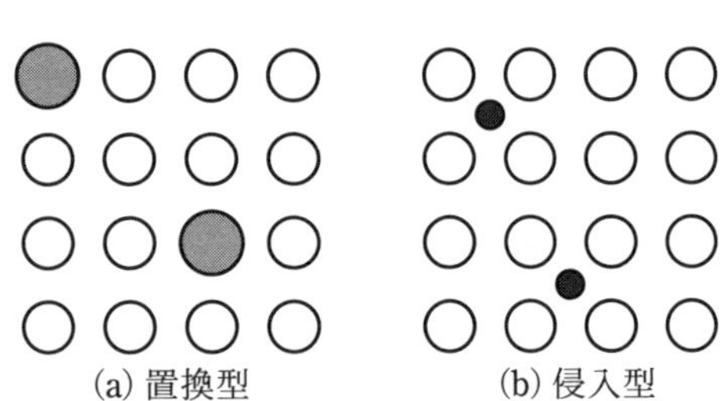

図6.1　固溶体の形態

型(interstitial) の 2 種類がある．溶質原子の原子半径が小さい場合には侵入型となり，同程度(原子半径の違いが約 15%以内)であれば置換型となることが多い．この経験則を**ヒューム・ロザリーの 15%則**(Hume-Rothery's 15% rule) という．

金属間化合物(intermetallic compound)：2 種類以上の金属原子からなり，それらが規則正しく配列した構造を有し，図 6.2 に示す NiAl, Ni_3Al などの例がある．金属間化合物は金属光沢を有するが，その結合方式は金属結合ではなくイオン結合や共有結合であるため，金属に比べて硬くて脆い．W の炭化物(WC)を主体とした超硬工具などは，金属間化合物の硬いという性質を利用した事例である．

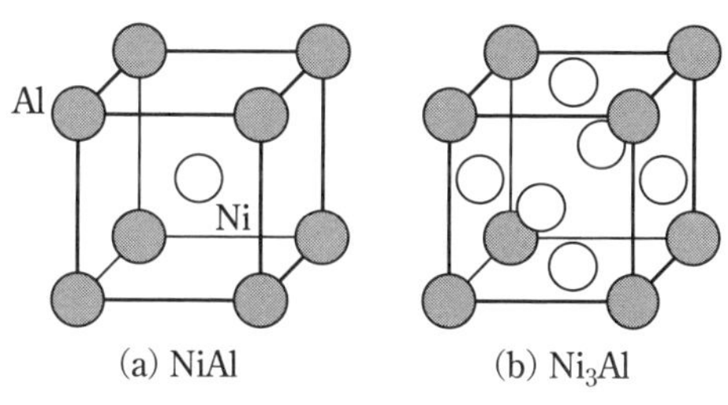

図 6.2　金属間化合物の構造

遊離相(free phase)：合金における合金元素が，単体として分離存在する状態をいう．溶融状態では溶け合うが，凝固状態では全く溶け合わないか，あるいは一部しか溶け合わない場合には余分な元素は単体として遊離する．鋳鉄中の黒鉛などが遊離相の例であり，これらは光学顕微鏡レベルで容易に判別できる．

(2) 合金の組成表示法

一般に**二元系合金**(binary alloy) の平衡状態は組成と温度によって決まり，図示したものを**平衡状態図**(equilibrium phase diagram，または単に**状態図** phase diagram) という．合金の組成は，一般に成分の含有率である**質量百分率**(mass%) で示す．A–B 二元系合金について，A 成分の含有率を C_A, B 成分のそれを C_B とすれば，

$$C_A + C_B = 100\% \tag{6.1}$$

となり，二元系合金の組成は 1 成分の含有率のみで表すことができる．

A–B 二元系合金の状態図は，図 6.3 のように横軸に組成を示す線分 AB を，縦軸に温度をとっており，これにより二元系合金の状態を完全に表すことができる．まず合金組成を図示するには，横軸の線分 AB 上に含有率を示す P 点をとれば良

い．ここでA点とB点をそれぞれA100％，B100％の組成として，B成分の組成はb_0，A成分のそれはa_0の長さで与えられる．このA, B両成分の含有率はそれぞれAP/AB, PB/ABに相当するので，次のような関係が成立する．

$$\text{A成分の質量}/\text{B成分の質量} = \text{PBの長さ}/\text{APの長さ} \qquad (6.2)$$

この関係は，P点を支点とする天秤のA端にA成分の質量を掛け，B端にB成分の質量を掛けたときの天秤の釣り合いに相当するので，これを**天秤の法則**（lever rule，または**梃子の関係** lever relation）という．

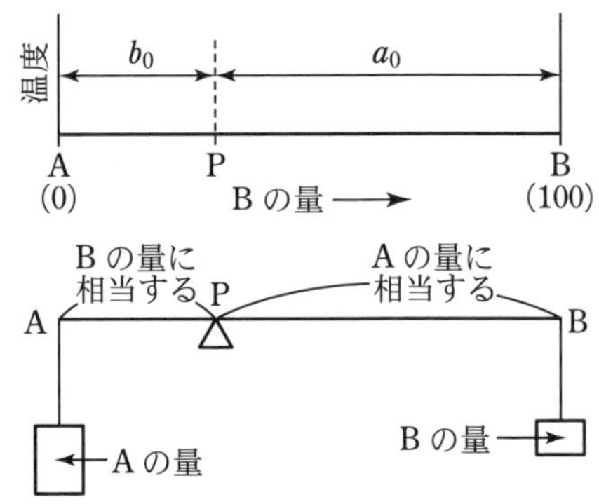

図 6.3　天秤の法則と組成表示法の説明

(3)　液相線と固相線

A–B二元系合金について，ゆっくり冷却すなわち徐冷した場合の凝固開始および終了点の変化を考える．図6.4（a）は純金属A, Bとその

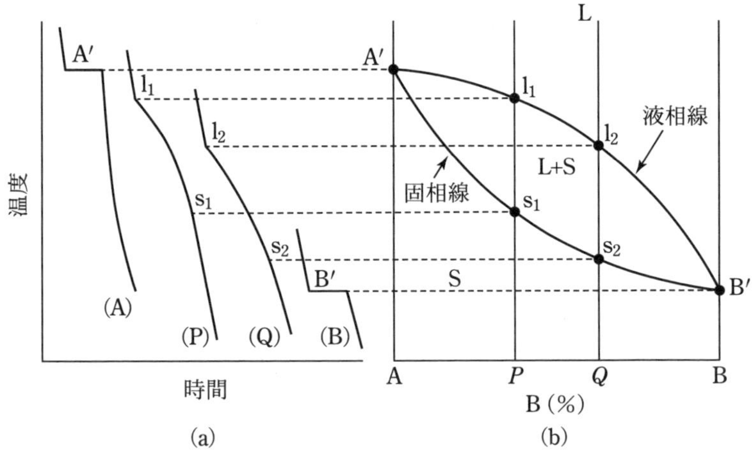

図 6.4　熱分析曲線と液相線，固相線

合金の熱分析曲線から得られた凝固開始・終了点の変化を示しており，純金属A，Bの融点はそれぞれA′，B′であり，ギブスの相律より一定温度で凝固が終了する．しかし，合金の場合には凝固開始温度と終了温度は一致せず，A–P%B合金の凝固開始点はl_1，終了点s_1であり，またA–Q%B合金の凝固開始点はl_2，終了点はs_2である．これらの純金属および合金の凝固開始点と終了点を状態図上に描き込んで結んだのが同図(b)であり，それぞれ曲線$A'l_1l_2B'$，曲線$A's_1s_2B'$が得られる．凝固開始点を結んだ曲線$A'l_1l_2B'$は，全ての合金の凝固開始温度を示すもので**液相線**(liquidus line)といい，この曲線より上の領域は合金の溶融状態を意味する．一方，曲線$A's_1s_2B'$より下の領域は全て合金の凝固が完了していることを意味し，この曲線を**固相線**(solidus line)という．なお，両曲線に囲まれた領域は固相(S相)と液相(L相)が共存しており，凝固が進行している区間となる．

(4) 二相分離

上述のA–P%B合金を溶融状態から徐冷し，図6.5のように液相線に達すると凝固が始まって**二相分離**(two-phase separation)を起こす．温度t_0のp点では固相(S相)と液相(L相)の二相共存状態にある．分離された両相の組成と各相の質量比は，p点を通り横軸に平行な直線を描き，固相線と液相線の交点をそれぞれs_0, l_0から与えられる．すなわち，組成S_0の固相と組成L_0の液相に分離することを表しており，両相の質量比は天秤の法則から求められる．同図中の温度t_0ではp点を支点として全量をs_0l_0線の長さとする天秤を考え，pl_0線の長さが固相量，ps_0線の長さが液相量に相当する．

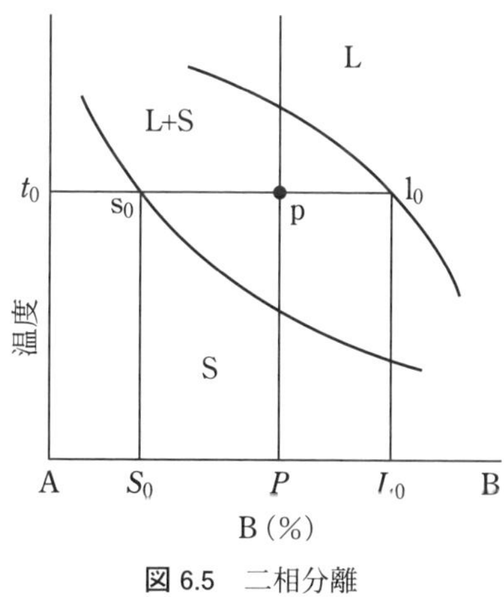

図6.5　二相分離

(5) 溶解度曲線

A–B二元系合金において両成分A，Bが互いに溶け込む場合，相互の溶解度には①AとBが完全に溶け合う，②AとBの溶解度には限度がある，の2通りが考えられる．図6.6はこれらの関係を図示したものである．曲線Ma_3a_2Oは溶媒Aの中に溶け込める溶質Bの**溶解度曲線**（solubility curve）であり，曲線Ob_2b_3Nは溶媒Bの中に溶け込める溶質Aの溶解度曲線である．同図のように両曲線がO点で一致している場合は**相互溶解度曲線**（mutual solubility curve）と呼ばれ，O点以上の領域Ⅲでは A と B は完全に溶け合う．左側の曲線Ma_3a_2Oの領域Ⅰでは，溶媒A中に溶質Bが溶け込んだ均一な相であり，これをα相と呼ぶ．同様に右側の曲線Nb_3b_2Oの領域Ⅱでは，溶媒B中に溶質Aが完全に溶け込んだ均一な相であり，これをβ相という．このような関係はAとBが液相（融液）や固相（固溶体）の場合でも同様である．

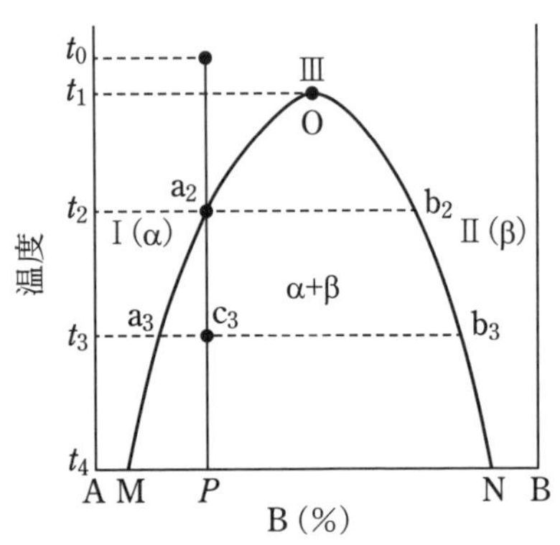

図 6.6　溶解度曲線

次に，上述の溶解度曲線$Ma_3a_2Ob_2b_3N$の内側を理解するために，A–P% B合金を温度t_0からt_1, t_2, ……と徐冷したときの相変化を考える．温度t_0からt_2までは，溶解度曲線の上側にあるので均一なα固溶体となる．α相が溶解度曲線上の温度t_2に達すると，A成分中に固溶しているB成分が飽和状態になり，その温度より下がるとα固溶体より溶質成分のβ相が**析出**（precipitation，一般に固相から別の固相が現れる現象）する二相分離の状態となる．このβ相の組成は，βの溶解度曲線上のb_2点で示される．温度が$t_2 \rightarrow t_3 \rightarrow t_4$と低下するにつれてα相からβ相の析出が進み，その際のα相の組成は溶解度曲線上$a_2 \rightarrow a_3 \rightarrow$ Mと，β相の組成も$b_2 \rightarrow b_3 \rightarrow$ Nと変化する．α相と析出したβ相の量比は，梃子の法則から求められる．すなわち，温度t_3ではc_3を支点として全量をa_3b_3線の長さとする天秤を考えれば，c_3b_3線の長さがα相の量，c_3a_3線の長さがβ相の量に相当する．常温ではM組成のα相とN組成のβ相が共存し，同様に全量をPM線の長さとすると，PN線の長さがα相の量，PMの長さがβ相の量に相当する．

6.2　二元系合金の平衡状態図

A–B 二元系合金の凝固状態において二成分 A, B の状態には，①完全に溶け合う，②一部が溶け合う，③全く溶け合わない，の 3 つの場合がある．しかし，溶融状態において①の状態の合金を徐冷して凝固状態にすると，①，②，③の 3 つの場合が起こり得る．溶融状態において②の状態の合金では，凝固状態において②，③の 2 つの場合だけである．また，溶融状態において③の状態の合金では，凝固状態でも③の場合だけである．したがって，二元系合金では溶融状態と凝固状態との組み合わせにより 6 種類の平衡状態図ができるが，ここでは基本となる代表的な状態図について述べる．

(1) 全率固溶体型状態図

二元系合金が全ての組成 (全率) において，溶融あるいは凝固状態でも成分元素が完全に溶け合う場合がある．Cu–Ni 系，Ag–Au 系，Bi–Sb 系合金などの状態図がこれに当たり，**全率固溶体型状態図** (isomorphous phase diagram) と呼ばれる．図 6.7 に A–B 二元系合金の全率固溶体型状態図を示す．同図中にはこの合金の凝固過程における組織変化の概要も示している．各領域は溶融状態 (L)，溶

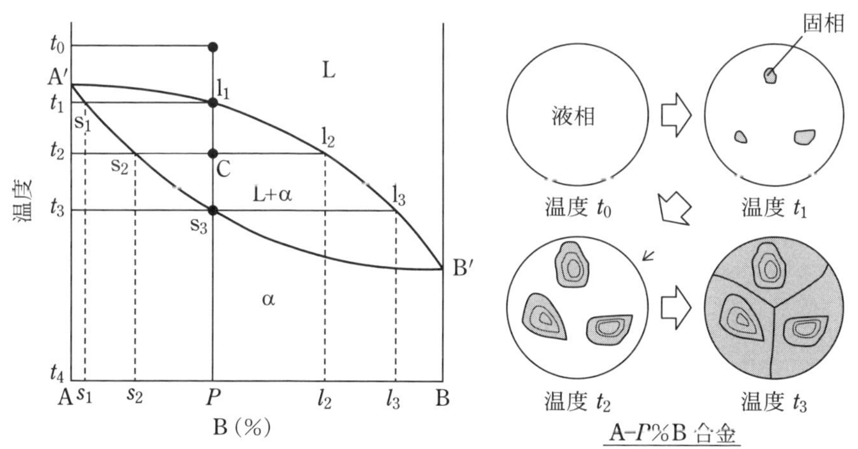

図 6.7　全率固溶体型状態図と冷却による組織変化

融金属とα固溶体（L+α），α固溶体（α）に分けられる．いま，A–P%B合金を溶融状態の温度t_0からゆっくり冷却して温度t_1で固相線上のl_1点に達すると凝固相が**晶出**（crystallization，一般に液相から固相の結晶が現れる現象）し，このときの凝固相（α固溶体）の組成はl_1点を通り横軸に平行な直線を描き，固相線上のs_1点で示される．温度が$t_1 \rightarrow t_2$と下がりC点に達すると，溶融相からの晶出が続き，その組成は液相線上の点$l_1 \rightarrow l_2$，凝固相の組成も固相線上の点$s_1 \rightarrow s_2$と変化する．天秤の法則により凝固相と溶融相の量比も求められ，C点を支点として全量をs_2l_2線の長さとする天秤を考えれば，Cl_2線の長さが凝固相の量，Cs_2線の長さが溶融相の量に相当する．さらに温度が$t_2 \rightarrow t_3$と低下して固相線に達すると，S相の組成はPに，L相の組成はl_3となって凝固が完了する．いずれにせよ，このような状態図は平衡状態の相の変化であり，実際の凝固時のように冷却速度が速いと状態図通りの平衡関係に達することは少なく，成分の不均一が生じることがあり，これを**偏析**（segregation）という．A–P%B合金は温度t_1のs_1点の結晶核が発生し，凝固終了までの結晶組成は点$s_1 \rightarrow s_2 \rightarrow s_3$，融液組成は点$l_1 \rightarrow l_2 \rightarrow l_3$と変化し，最後に凝固相は組成$P$の固相となる．したがって，冷却速度が速いと凝固相内では原子の拡散が不十分になるため，晶出した部分の後先により偏析が生じて組成の不均一な組織となる．

(2)　共晶型状態図

溶融状態では成分元素が完全に溶け合うが，凝固状態では全く溶け合わない合金がある．Pb–Sn系，Al–Si系合金などの状態図がこのタイプであり，**共晶型状態図**（eutectic phase diagram）と呼ばれる．すなわち，高温で単一相であった合金が一定温度で二相に分離する，「融液→固相A＋固相B」のような凝固であり，これを**共晶反応**（eutectic reaction）という．

A–B二元系合金の両成分が別々に晶出し，部分固溶範囲を有しない共晶型状態図を図6.8に示す．E点を**共晶点**（eutectic point），その温度を**共晶温度**（eutectic temperature），CED線を**共晶線**（eutectic line）という．A′, B′点はそれぞれ純金属A, Bの融点，A′EB′線は液相線，共晶線のCED線は固相線に対応する．共晶型合金の組織は組成によって異なるので，A–B二元系合金の成分Bが共晶点の組成Pと同じ**共晶合金**（eutectic alloy），共晶点の組成Pより少ない**亜共晶合金**

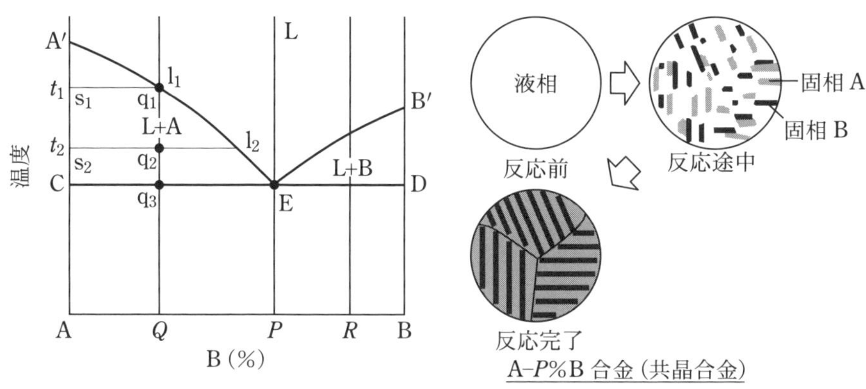

図 6.8　部分固溶範囲を有しない共晶型状態図と共晶反応による組織変化

(hypoeutectic alloy)，逆に多い**過共晶合金** (hypereutectic alloy) の 3 種類に分類できる．ここでは，共晶型状態図に部分固溶範囲を有しない場合とそれを有する場合の各凝固過程について考える．

a．部分固溶範囲を有しない場合

上述の図 6.8 に示したように，部分固溶範囲を有しない A–B 二元系合金の共晶型状態図には，共晶合金の凝固過程における組織変化の概要も示している．共晶合金の A–P%B 合金では，溶融状態から徐冷すると共晶点 E で凝固が開始する．この凝固過程では，成分 A と成分 B の結晶核が同時に発生・成長するため，次のような反応が起こる．

$$\text{液相 L}\ (P\ \text{組成}) \rightarrow \text{固相 A} + \text{固相 B} \tag{6.3}$$

共晶反応による凝固組織は前述の固溶体とは異なり，成分 A, B が混在した特有な組織を呈するので**共晶組織** (eutectic structure) という．なお，共晶点での凝固中はギブスの相律より自由度 $F=n-p+1=2-3+1=0$ となり，温度は変化しない．共晶反応が完了した時点では全て凝固組織になり，天秤の法則により固相 A と固相 B の量比が求められる．すなわち，E 点を支点として全量を CD 線の長さとする天秤を考えれば，ED 線の長さが固相 A の量，CE 線の長さが固相 B の量に相当する.

亜共晶合金のA–Q%B合金（組成$Q<P$）では，溶融状態から徐冷すると温度t_1でA'E線とq_1点で交わり，ここで融液から成分Aの晶出が始まる．温度$t_1 \rightarrow t_2$の範囲では成分Aの晶出が続き，それに対応して融液の組成は$l_1 \rightarrow l_2$と変化する．このような合金では最初に晶出する成分Aの結晶は，さらに低い温度で晶出するそれと区別するために**初晶**（primary crystal）と呼ばれる．温度t_2における初晶A（S相）と組成l_2の融液（L相）の量比は天秤の法則により求められ，q_2点を支点として全量をs_2l_2線の長さとする天秤を考えれば，q_2l_2線の長さがS相の量，q_2s_2線の長さがL相の量に相当する．温度t_2→共晶線（CE）の範囲では初晶Aの量が増加し，その間の融液の組成はl_2→Eと変化する．温度が共晶線CEに達すると，初晶Aと融液の全量はCE線の長さに相当し，q_3E線の長さに相当する初晶A量と，q_3C線の長さに相当する量の融液が共存する．ここで，残りの融液は組成Pであり，上述の共晶反応を起こして共晶Aが形成されるため，成分Aの全量は初晶A+共晶Aとなる．

過共晶合金のA–R%B合金（組成$R>P$）の冷却過程については，液相線EB′に達すると初晶として成分Bの晶出が始まり，温度の低下とともに凝固が進行し，共晶線（ED）に達すると共晶凝固が始まる．この合金の組織は初晶Bと共晶組織が混合した組織であり，成分Bの全量は初晶B+共晶Bとなる．

b. 部分固溶範囲を有する場合

A–B二元系合金の両成分がある範囲において，部分固溶範囲を有する共晶型状態図を図6.9に示す．成分Aの中に成分Bが，または成分Bの中に成分Aが若干溶け込み，それぞれがα固溶体，β固溶体となり，かつα相とβ相の共晶型を形成する合金である．このような状態図は，全率固溶体型と共晶型と溶解度曲線を組み合わせたもので，液相線はA′EB′線，固相線はA′CEDB′線である．また，共晶点はE点，共晶線はCED線であり，溶解度曲線はCF線とDG線に対応する．これらの各線で区分された領域は溶融状態（L），溶融金属とα固溶体（L+α），α固溶体（α），溶融金属とβ固溶体（L+β），β固溶体（β），α固溶体とβ固溶体（α+β）に分けられる．ここでも成分Bの組成が異なるA–$P_{1\sim4}$%B合金の各凝固過程を考えよう．

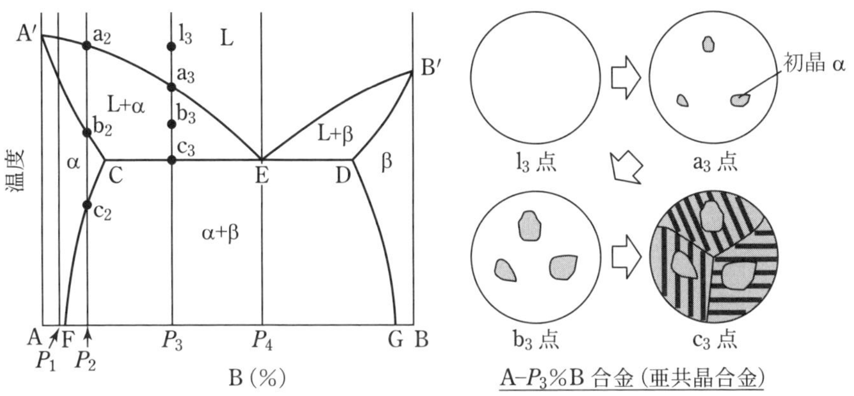

図 6.9　部分固溶範囲を有する共晶型状態図と冷却による組織変化

亜共晶合金の A–P_1%B 合金は，全率溶固体型状態図を示す合金の冷却過程と同じであり，凝固後は均一な α 固溶体となり，常温まで冷却される．A–P_2%B 合金を溶融状態から徐冷すると，a_2 点で凝固が始まり，b_2 で凝固が終了し，均一な α 固溶体となる．b_2, c_2 間は α 固溶体のまま温度が低下するが，c_2 点は溶解度曲線上にあるので，それ以下では α 固溶体から β 相の析出が始まる (図 6.6 参照)．また，同図中には A–P_3%B 合金の凝固過程における組織変化の概要も示している．A–P_3%B 合金の冷却では，a_3 点で α 相の晶出が始まり，a_3～c_3 間では α 相の晶出が続き，その間の溶融相の組成は液相線上の a_3 → E と変化する．冷却温度が c_3 点に達すると，C 点の組成に対応する α 相と E 点の組成に対応する溶融相の二相共存となる．両相の量比は天秤の法則で求められ，c_3 を支点として全量を CE 線の長さとする天秤を考えれば，c_3E 線の長さが α 相量，c_3C 線の長さが溶融相の量に相当する．この溶融相は，「E 組成の溶融合金→ C 組成の α 固溶体+D 組成の β 固溶体」のような共晶反応を進んで凝固が終了する．この反応は液相，α 相，β 相の三相共存であり，ギブスの相律より自由度 f=0 となるので，一定温度で凝固が終了する．凝固終了後の α 相と β 相の組成は，相互溶解度曲線上の C 点と D 点に対応するので，温度が低下すれば α 相 (初晶 α+共晶 α) の組成は CF 線に沿って変化し，また β 相 (共晶 β) の組成は DG 線に沿って変化して常温に至る．

共晶合金の A–P_4%B 合金は，共晶組成であるため E 点で次のような共晶反応が起こる．

液相 L (E 組成) →固溶体 α (C 組成) + 固溶体 β (D 組成)　(6.4)

凝固後は C 組成の α 相と D 組成の β 相の二相となり，その後の冷却過程は上述と同様である．

過共晶合金については，α 相と β 相を読み替えれば同様な凝固過程をたどるのでここでは省略する．

(3) 包晶型状態図

A–B 二元系合金の溶融状態では完全に溶け合うが，凝固状態では一部だけが溶け合う**包晶反応** (peritectic reaction) が起こる．α 固溶体の外側から融液が作用し，これを周りから包み込むように β 固溶体に変化する．包晶反応は三相共存の反応であるので，共晶反応と同様にギブスの相律より一定温度で進行する．このような反応が起こる**包晶型状態図** (peritectic phase diagram) を図 6.10 に示

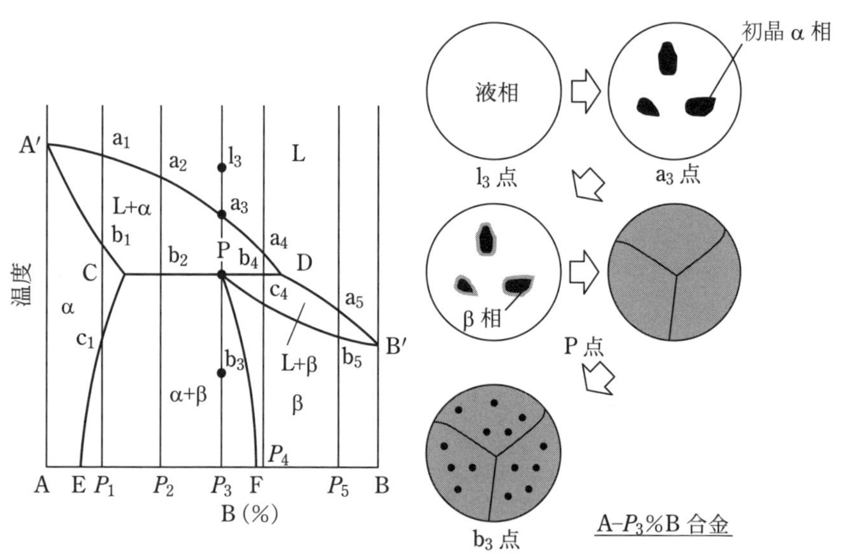

図 6.10　包晶型状態図と包晶反応による組成変化

すが，Co–Cu系，Pb–Sn系合金などの状態図はこれに属する．A′D線とA′C線で囲まれた領域とDB′線とPB′線に囲まれた領域はそれぞれ全率固溶体型状態図の一部であり，CE線とPF線の各線は溶解度曲線である．CPD線は**包晶線**(peritectic line)，P点は**包晶点**(peritectic point)，その温度を**包晶温度**(peritectic temperature)という．同図中の各領域は，溶融状態(L)，溶融相とα固溶体(L+α)，α固溶体(α)，溶融相とβ固溶体(L+β)，β固溶体，α固溶体とβ固溶体(α+β)に分けられる．ここでは，組成Bの含有率が異なる5種類のA–$P_{1\sim5}$%B合金の冷却過程を考えよう．

A–P_1%B合金については，前掲の図6.9におけるP_2組成の場合と同じである．すなわち，溶融状態から徐冷するとa_1点で凝固が開始してα相が晶出し，b_1点で凝固が終了して均一なα固溶体となり，c_1点でα固溶体からβ相が析出して常温に至る．

次のA–P_2% B合金に触れる前に，A–P_3%B合金の冷却過程で起こる包晶反応について考える．上述の図6.10中には，この合金の凝固過程における組織変化の概要も示している．l_3の溶融状態から徐冷してa_3点に達すると，凝固が開始してα相が晶出する．P点に達したときは，D点の組成に対応する融液とC点の組成に対応するα相が共存し，次式のようなP_3組成のβ相が生じる包晶反応が起こる．

融液L(D組成)+α固溶体(C組成)→β固溶体(P組成)　(6.5)

反応中の温度は，ギブスの相律より一定である．凝固が終了したP_3組成のβ固溶体は，溶解度曲線上のP点に位置する．温度が下がり始めると，P_3組成のβ固溶体はPF線に沿ってα相を析出しながらその濃度が変化する．常温ではF組成のβ固溶体を母相とし，E組成のα相を析出相とする組織となる．

A–P_2%B合金の冷却過程では，温度がa_2点に達すると初晶αが晶出する．包晶線上のb_2点に達したときの初晶αと融液の量比は，天秤の法則で与えられる．b_2点を支点として全量をCD線の長さとする天秤を考えれば，b_2C線の長さが融液の量，b_2D線の長さが初晶αの量に相当する．この融液と初晶のα相が包晶凝固するが，包晶点より左側ではα相量の方が融液量より過剰であるので，α相の全部がβ相には変態せず，未変態のα相が残留する．包晶反応後は凝固が終了するが，凝固終了後は溶解度曲線上のC点に対応するα相と，P点に対応するβ相の二固相となり，それぞれが溶解度曲線上に沿って変化して常温に至る．

A-P_4%B合金の冷却過程おいて，包晶線上の包晶反応後は，凝固が終了せずにP組成のβ相とD組成の融液が残留する．P組成のβ相はPc_4線に沿って濃度を変え，未凝固の残液はDB′線に沿ってβ相を晶出しながらその組成が変化し，c_4点で凝固が終了する．

A-P_5%B合金の冷却過程はP_1組成の合金と同じ考え方で，a_5点で融液中からβ相の晶出が始まり，b_5点で凝固が終了して均一なβ固溶体となる．

(4) その他の状態図

以上のように二元系合金の全率固溶体型，共晶型および包晶型状態図について述べたが，それ以外の基本型状態図を図6.11～図6.16に示して簡単に説明する．

図6.11の共析型状態図は，固相γが固相αとβの二相に相変態することがあり，共晶反応に類似しているが，固体から固体への反応であるため**共析反応**(eutectoid reaction)と呼ぶ．この共析反応としては，γ相(オーステナイト)がα相(フェライト)とFe_3C(セメンタイト)に分解する反応がよく知られており，第10章のFe–C系平衡状態図において詳述する．

図6.12の包析型状態図は，2つの固相から全く別の固相が生成する**包析反応**(peritectoid reaction)を含んでおり，Cu–Si系，Co–Mn系合金などの状態図に見られる．

図6.13の偏晶型状態図は，液相状態においてある成分に他の一部しか溶解しない合金系において，液相がL_1, L_2の二相に分離することがある．液相が二相に分離して液相と固相に分解する**偏晶反応**(monotectic reaction)があり，Cu–Pb系合金などの状態図に見られる．

図6.14は，全率固溶体型合金が凝固後，さらに冷却途中で二相分離を起こす場合である．すなわち，高温で一相であった固相が，低温になると別の固相を析出する二固相分離型状態図であり，固相中に溶解度曲線が加わった形となる．

図6.15に示す中間相形成型状態図のように，中間相として図6.16のような金属間化合物を形成する合金系もある．このような状態図は二元系状態図を2つ合わせた形になり，Mg–Si系，Al–Ni系，Al–Ti系合金などの状態図に見られる．

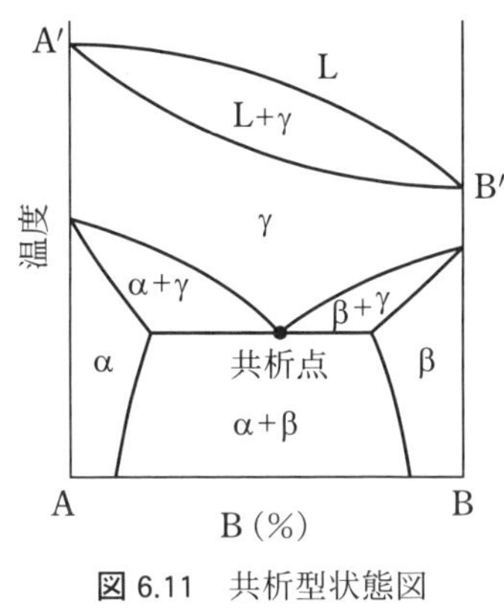

図 6.11　共析型状態図

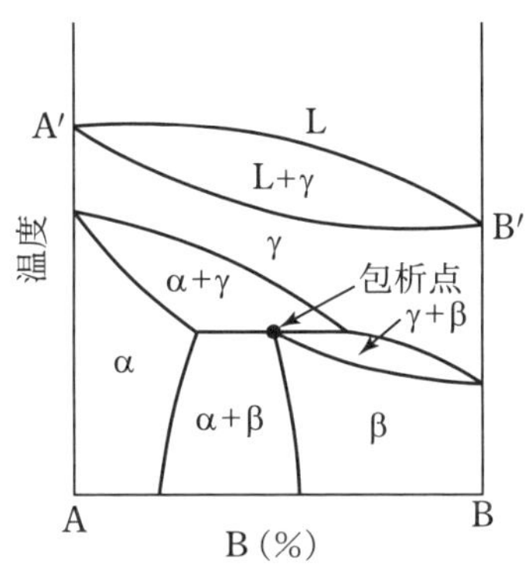

図 6.12　包析型状態図

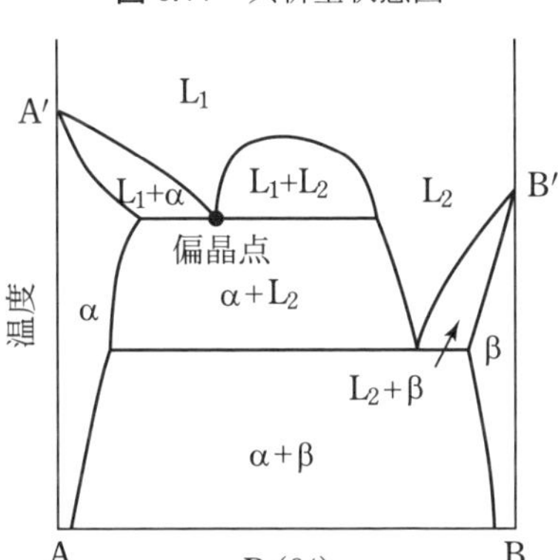

図 6.13　偏晶型状態図

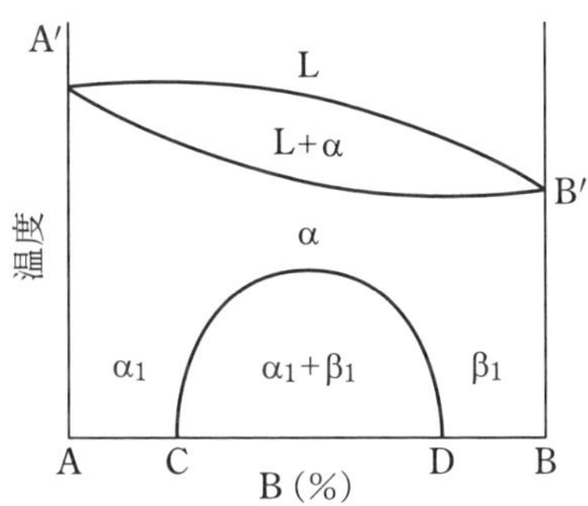

図 6.14　二固相分離型状態図

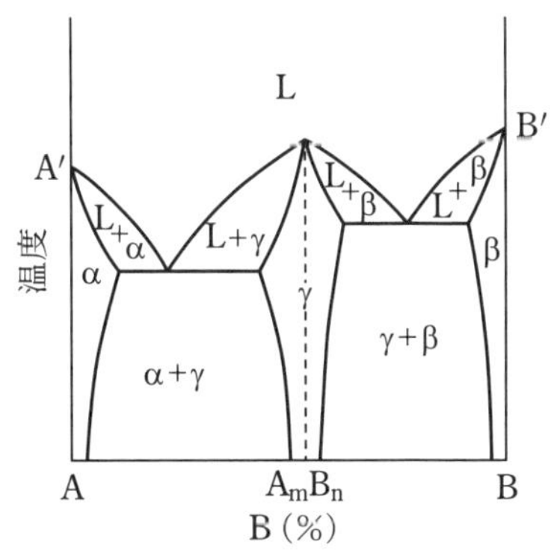

図 6.15　中間相形成型状態図

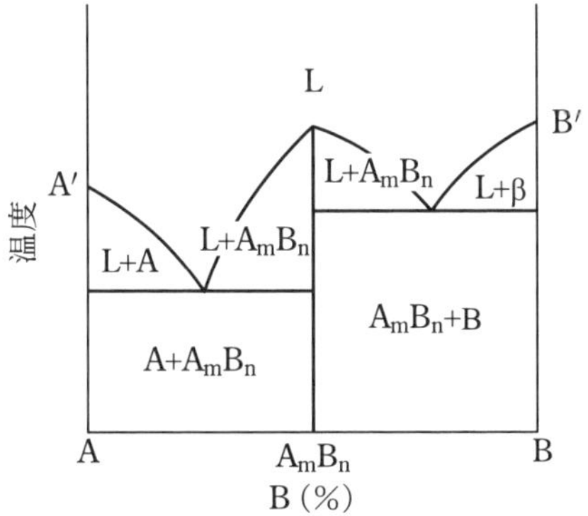

図 6.16　化合物形成型状態図

6.3　三元系合金の平衡状態図

三元系合金における平衡状態図は，図 6.17 のように A, B, C の 3 成分からなる組成を正三角形で表示し，この場合の温度軸は，正三角形による組成平面上の各頂点に立てた垂線で表示し，正三角柱の立体構造となる．そのため，ある温度における相生成や境界および共存領域を判断することは容易ではない．そこで，一般的には正三角柱の上部から液相面を投影した液相面図，正三角柱を一定温度にて切断した等温断面図，および正三角柱を温度軸に平行な面で切断した垂直断面図などで表示される．

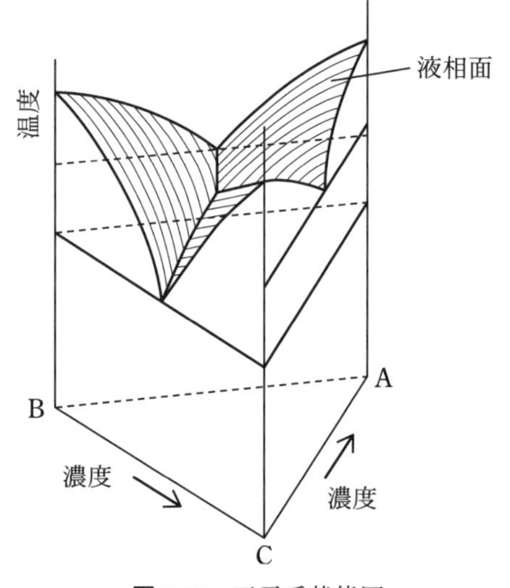

図 6.17　三元系状態図

ここでは，図 6.18 に示すような等温断面図の濃度表示法について考える．正三角形による組成図の三辺は A–B 合金，B–C 合金，C–A 合金の組成を示すものであり，同図中の p 点で示される三元合金の組成の求め方について述べる．p 点を通り各辺 AB, BC, CA に平行な線を引き，各辺との交点をそれぞれ d, e, f とする．pd は A 成分，pe は B 成分，pf は C 成分のそれぞれの割合を示し，pd+pe+pf の長さは正三角形の一片の長さに相当する．したがって，一片の長さをそれぞれ 100％とし，e 点は A 成分，f 点は B 成分，d 点は C 成分の各組成（％）を示す値である．A, B, C の各点を純金属

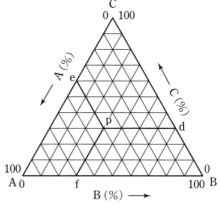

図 6.18　三元系状態図における濃度表示

A, B, C の組成を示すとすれば，p 点で示される三元合金の組成は 40%A, 30%B, 30%C となる．

【演習問題】

6.1 固溶体は固溶の仕方によって 2 種類に大別できる．両者を図示して説明せよ．

6.2 97 mass%Al, 3 mass%Cu からなる合金の組成を at% で表せ．ただし，Al および Cu の原子量は，それぞれ 26.98, 63.55 である．

6.3 平衡状態図に関する下記の記述について，括弧内に適切な語句を入れるとともに設問に答えよ．

(1) 多くの二元系合金は溶融状態において完全に溶け合う．固相状態で完全に溶け合うものを (①) 型合金，全く溶け合わないものを (②) 型合金と呼ぶ．

(2) 次の説明に合う A–B 二元系合金の状態図を描け．

A–B 二元系合金は液相状態で完全に溶け合い，固相状態では全く溶け合わない (②) 型合金であり，純金属 A の融点は 600℃，純金属 B の融点は 800℃である．(②) 点の組成は A:B=3:1 であり，その温度は 450℃である．

(3) 上述の (2) で描いた状態図において，A–50%B 合金を完全に溶融し，常温まで徐冷した．そのときの示差熱分析曲線 (冷却温度–時間曲線) はどのような変化が生じるか，模式図で示してその理由も簡単に述べよ．

6.4 A–B 二元系合金の部分固溶範囲を有する共晶型状態図を描け．また，この過共晶合金を溶融状態から共晶線を通りながら徐冷した．この場合の凝固過程における組織変化を図示せよ．

6.5 本文中の図 6.10 に示した包晶型状態図において，組成 P_4 の合金を溶融状態から常温まで徐冷したときの状態変化を説明せよ．

第 7 章　機械的性質と材料試験

材料に外力（荷重）が作用すると変形や破壊に対する抵抗力などが生じ，これが材料の**機械的性質**（mechanical property）に対応するものであり，その化学的，物理的性質とともに材料選択に際して考慮すべき重要な性質である．したがって，あらかじめ**材料試験**（material testing）により**強さ**（strength，または**強度**）や**硬さ**（hardness，または**硬度**）などの機械的性質を調査し，コストパフォーマンスを考慮して仕様に適合する材料であるかを調べておく必要がある．ここでは代表的な材料試験について学び，機械的性質との関係を理解しよう．

7.1　引張試験

材料の機械的性質を知る必要があるとき，最初に行う代表的な材料試験が**引張試験**（tensile test）である．引張試験では，材料の弾性的性質に加え，強度特性や延性などの多くの情報が得られる．試験方法，試験機および試験片についてはそれぞれ JIS Z 2241，JIS Z 7721，JIS Z 2201 を参照されたい．

(1)　公称応力-ひずみ曲線

試験片に単軸引張荷重を加えると，小さな荷重では弾性的挙動を示し，大きい荷重では塑性変形が起こり，やがては破断に至る．引張試験で得られる情報は引張荷重と伸びの関係であるが，寸法や形状の異なる試験片相互の比較のため，**公称応力**（nominal stress）と**公称ひずみ**（nominal strain）の関係に変換し，**公称応力-ひずみ曲線**（nominal stress-strain curve）を作成する．すなわち，初期断面積 A_0，標点距離 l_0 の試験片を荷重 P で単軸引張を加え，その標点距離が l に変化すると，公称応力 σ と公称ひずみ ε は次式で表される．

$$\sigma = \frac{P}{A_0} \tag{7.1}$$

$$\varepsilon = \frac{l - l_0}{l_0} \tag{7.2}$$

一例として，炭素鋼のような鉄鋼材料の公称応力–ひずみ曲線を図 7.1 に示す．ここで，同図中の各点は次のような意味がある．

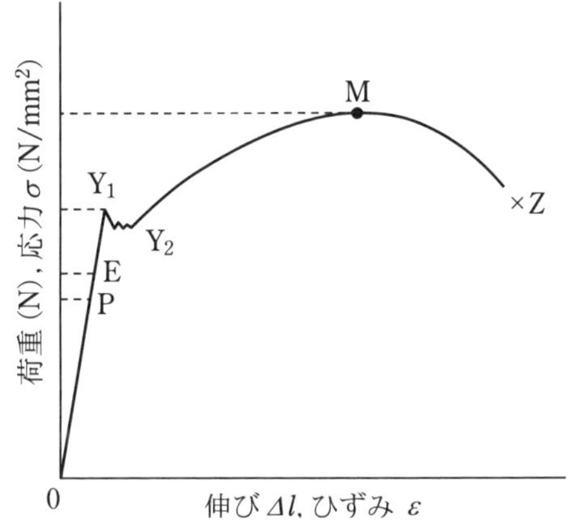

図 7.1　炭素鋼の公称応力–ひずみ曲線

比例限 (proportional limit) σ_p：E 点に対応する応力値であり，ここでは次式の**フックの法則** (Hooke's law)

$$\sigma = E \cdot \varepsilon \tag{7.3}$$

が成立する応力の上限値であり，E は**ヤング率** (Young's modulus，または**縦弾性係数** modulus of longitudinal elasticity) と呼ばれる材料定数である．

弾性限 (elastic limit) σ_e：P 点であり，除荷すればひずみが零に戻る応力の上限値を示す．ここで，σ_e と σ_p の値はほぼ等しい．

上降伏点 (upper yield point) σ_{uy}：上述の弾性限を超えて最大応力を示す Y_1 点をいう．

下降伏点 (lower yield point) σ_{ly}：上降伏点以降の Y_2 点までの平均的な応力をいう．明瞭な降伏点が現れる場合 (例えば炭素鋼)，降伏が進行中には部分的に帯状に変形した領域の**リューダース帯** (Lüders band) が観察される．この領域では，塑性変形が集中して最大せん断応力方向 (引張軸に対して 45° 方向) に起こり，それが未変形領域へ進展していく．なお，降伏点を示さないアルミニウムなどの非鉄金属材料の場合は，一定の塑性ひずみ (通常は0.2%) を生じる応力を**耐力** (proof stress) と呼び，降伏応力と見なす．

引張強さ (tensile strength) σ_B：同図中の M 点であり，降伏点を超えると加工硬化により応力が増加して現れる最大値を指す．さらに負荷すると試験片断面に局部収縮が生じ，応力が低下しながら Z 点において破断に至る．

一方，材料の延性に関しては次のような事項が挙げられる．

破断伸び (elongation，または単に**伸び**) δ：試験片が破断するまでの Z 点に対応する全伸び量であり，次式で定義される．

$$\delta = \frac{l_f - l_0}{l_0} \times 100 \ (\%) \tag{7.4}$$

ここで，l_f は破断後の標点距離である．破断伸びは，局部収縮を開始するまでの**均一伸び** (uniform elongation) と局部収縮の開始から破断までの間に起こる**局部伸び** (local elongation) に分けられる．

絞り ϕ (reduction of area，または**断面収縮率** contraction percentage of area)：破断後の原断面積の減少率を指し，次式で定義される．

$$\phi = \frac{A_0 - A_f}{A_0} \times 100 \ (\%) \tag{7.5}$$

ここで，A_f は試験片の破断後の断面積である．

(2) 真応力-ひずみ曲線

材料の公称応力は (荷重 / 原断面積) であるので，引張時の変形を無視している．変形中の実際の応力を知りたい場合には，**真応力** (true stress) σ_t と**真ひずみ** (true strain) ε_t が用いられ，変形中の断面積 A，標点距離 l として体積変化が起こらない ($Al=A_0l_0$) とすれば，それぞれ次式で示される．

$$\sigma_t = \frac{P}{A} = \sigma(1+\varepsilon) \tag{7.6}$$

$$\varepsilon_t = \int_{l_0}^{l} \frac{dl}{l} = \ln\left(\frac{l}{l_0}\right) = \ln(1+\varepsilon) \tag{7.7}$$

図 7.2 に模式的な**真応力-ひずみ曲線** (true stress-strain curve) を公称応力-ひずみ曲線と比較して示す．公称応力の特性値 A, B, C について真応力では低下せず，A, B′, C′ へと変化する．降伏が始まって局部収縮が起こるまでの一様伸びの範囲では，次式の関係が成立する．

$$\sigma_t = K\varepsilon_t^n \tag{7.8}$$

ここで K, n は材料定数であり，材料の種類および状態（加工や熱処理など）に大きく依存する．n は材料の延性を示すパラメータで 1 以下（多くが 0.10〜0.50）の値をとり，**ひずみ硬化指数**（strain hardening exponent）という．このような関係が成立する材料では，最高荷重点での真ひずみ ε_t とひずみ硬化指数 n は一致し，n の大きい材料ほど一様伸びが大きいことを意味する．

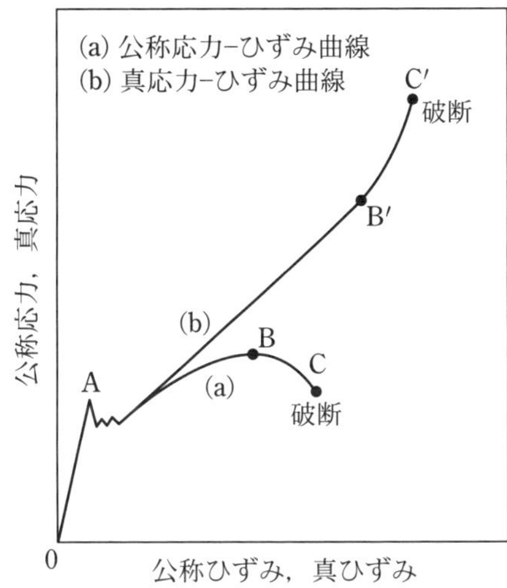

図 7.2　公称応力-ひずみ曲線と真応力-ひずみ曲線の比較

7.2　硬さ試験

材料の**硬さ試験**（hardness test）は試験部位が局所的であり，製品の直接検査が可能で測定方法も比較的容易であるため幅広く活用されている．硬さ試験には様々なタイプがあり，次のように大きく 3 つに大別できる．

押し込み式（indentation type）：硬質の球，円錐，角錐などを一定荷重で試験片に押し込み，その圧痕（凹み）の深さや面積が小さいほど硬いと評価する．この種の硬さは変形に対する抵抗の大小を評価基準にしており，後述のように多くの測定法が提案されている．

衝撃式（impact type）：ダイヤモンドをはめ込んだ衝撃槌を一定の高さから試験片に落下させ，その反発高さが高いほど硬いと評価する．**ショア硬さ**（Shore hardness, JIS Z 2246）はその代表であり，初期高さと反発高さの差は主に打撃部分の塑性変形に要したエネルギーの大小に依存するため，大きな弾性ひずみを有する非金属材料（たとえばゴムなど）では逆に硬く測定されるので注意が必要である．

引っ掻き式（scratch type）：歴史的に有名な**モース硬さ**（Mohs hardness）として知られ，標準物質（1 滑石，2 石膏，3 方解石，4 蛍石，5 燐灰石，6 正長石，7 石英，8 黄玉石，9 剛玉石，10 金剛石）により試験片に傷を付けて評価する．この方法は変形と破壊が同時に含まれる評価基準であるため，脆い材料では硬さが低くなる傾向がある.

以上のように硬さという概念を定量的に定義することは不可能であり，そのために基準となる絶対的な尺度は存在しない. ここでは，押し込み式の硬さ試験を中心に述べる.

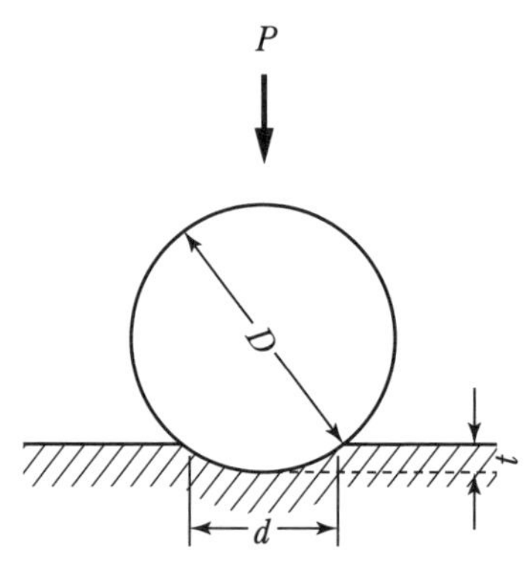

図 7.3　ブリネル硬さの原理

(1) ブリネル硬さ

図 7.3 は**ブリネル硬さ** (Brinell hardness, JIS Z 2243) *HB* の測定原理を示している. 鋼球または超硬合金球の圧子に荷重を加えて圧痕を作り，加えた荷重と圧痕の表面積 (圧子の接触面積) から次式によりブリネル硬さを定義する.

$$HB = \frac{P}{\pi D t} = \frac{2P}{\pi D\left(D - \sqrt{D^2 - d^2}\right)} \tag{7.9}$$

ここで，P は圧子に加えた荷重 (kgf)，D は圧子の直径 (mm)，t は圧痕の深さ (mm)，d は圧痕の直径 (mm) である.

(2) ビッカース硬さとヌープ硬さ

図 7.4 に示すように対面角 136° のダイヤモンド製正四角錐の圧子に荷重を加えて圧痕を作り，接触面の単位面積当たりの応力の数値で**ビッカース硬さ** (Vickers hardness, JIS Z 2244) *HV* を定義する.

$$HV = \frac{2P\sin(\alpha/2)}{d^2} \tag{7.10}$$

ここで，α は正四角錐の対面角 (=136°)，P は圧子に加えた荷重 (kgf)，d は圧痕 (正方形) の対角線の長さ (mm) である. 特に小さ

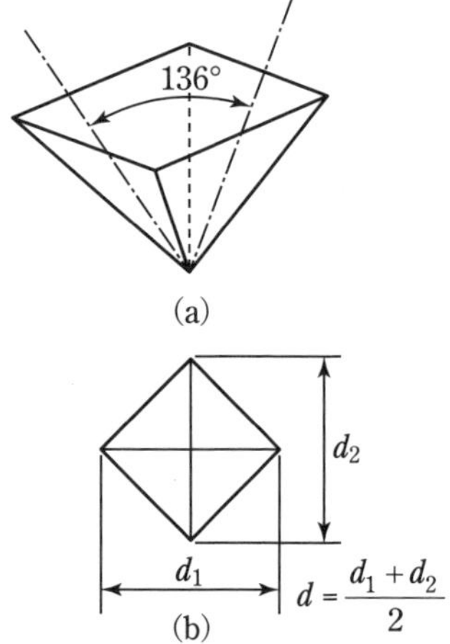

図 7.4　ビッカース硬さの原理

い圧痕を付けて局部的な硬さを調べる場合には，圧子の荷重を 1 kgf 以下にすることが可能なマイクロビッカース硬さ試験機を用いる．この硬さ試験機は，通常，圧子を交換することが可能であり，**ヌープ硬さ** (Knoop hardness, JIS Z 2251) *HK* が測定できる．図 7.5 はこの場合の圧子の形状を示しており，圧痕の深さは長軸対角線長さの 1/30 であり，極めて浅い．数 gf 程度の小荷重で圧痕を付けて硬さを測定する．

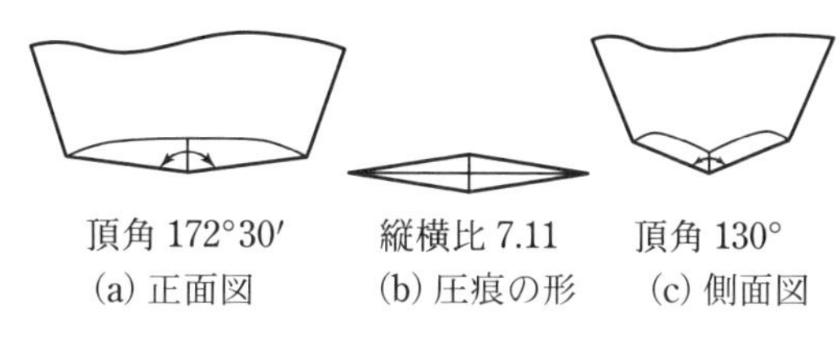

図 7.5　ヌープ圧子の詳細

$$HK = \frac{14.22P}{l^2} \tag{7.11}$$

ここで，P は圧子に加えた荷重 (kgf)，l は圧痕の長軸対角線長さ (mm) である．

(3) ロックウエル硬さ

ダイヤモンド円錐，鋼球または超硬合金球の圧子を用いて，試験片を 2 段階の荷重 (初期荷重の後，全荷重 (= 初期荷重 + 追加荷重) を負荷) で押し込んで再び初期荷重に戻し，圧痕の深さから**ロックウエル硬さ** (Rockwell hardness, JIS Z 2245) *HR* を求める．図 7.6 に測定原理を示す．ロックウエル硬さ試験では圧子の種類および荷重の大きさにより九種類のスケールがあり，通常は B スケールと C スケールが多く使用されている．

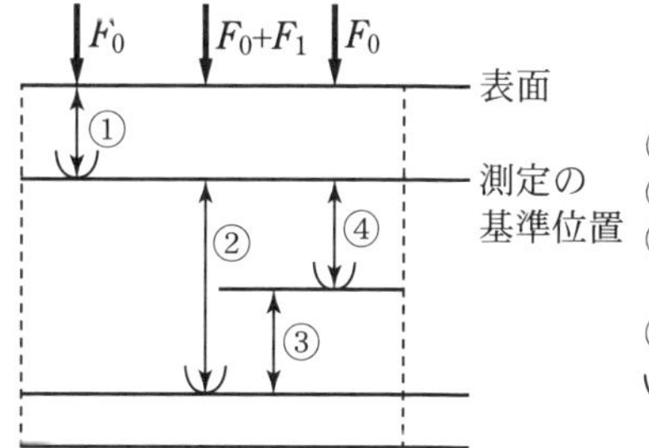

図 7.6　ロックウェル硬さの測定原理

(4) 硬さと機械的性質

上述の押し込み硬さは，引張試験で得られる引張強さと同様に材料の塑性変形に対する抵抗力の目安である．たとえば，ビッカース硬さ *HV* やブリネル硬さ *HB* は，材料の引張強さ σ_B を用いると経験的に次のような関係が成立する．

$$\sigma_B \approx 3.45HV \tag{7.12}$$

$$\sigma_B \approx (0.28 \sim 0.31)HB \tag{7.13}$$

これらの関係は材料の加工硬化や引張強さを推定する際によく用いられるが，わずかな変形で破断するような脆性材料に対しては適用されない．

7.3　衝撃試験

静的な荷重で材料が高い強度を示しても，動的（衝撃的）な荷重に対しては逆に脆くなり，容易に破壊することがある．また，常温では**延性**（ductile）を示す材料でも、低温では**脆性**（brittle）の様相を呈しながら破壊することがある．これらの現象は，荷重条件や試験温度などによって材料のねばり強さ，すなわち**靭性**（toughness）が変化することを意味する．材料の靭性を評価するためには，**衝撃試験**（impact test）が用いられる．

(1) シャルピー・アイゾット衝撃試験

衝撃試験には，**シャルピー衝撃試験**（Charpy impact test, JIS Z 2242）と**アイゾット衝撃試験**（Izot impact test, JIS K 7110）の 2 種類がある．図 7.7 に示すように，前者は中央に U あるいは V 形の切欠を有する試験片の背面をハンマーで打撃して破壊するタイプ（同図 (a)）であり，試験片の取り扱いが容易であるため広く用いられている．これに対して後者は V 形切欠試験片の一端を確実に固定し，他端の前面を打撃して破壊するタイプ（同図 (b)）であるものの，高温や低温下での試験には適さず最近ではあまり用いられない．いずれも破壊に要したエネルギーすなわち**吸収エネルギー**（absorbed energy）*U* は次式で与えられる．

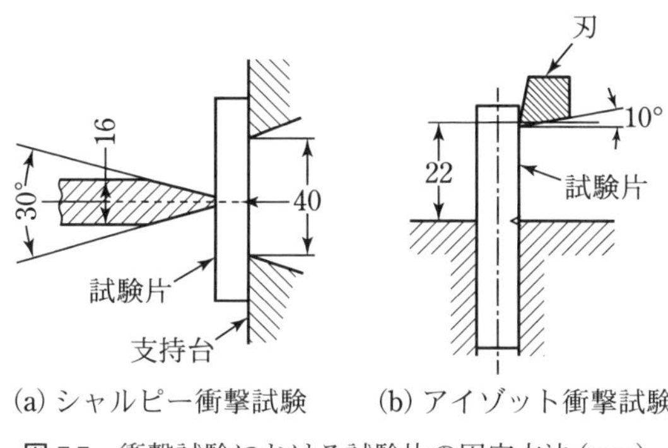

図 7.7　衝撃試験における試験片の固定方法 (mm)

$$U = WR(\cos\beta - \cos\alpha) \qquad (7.14)$$

ここで，W はハンマー重量，R はハンマーの回転中心から重心までの距離，α はハンマーの持ち上げ角，β は破断後のハンマーの振り上げ角である．実際には，この吸収エネルギーを切欠き部初期断面積で除した値をシャルピー衝撃値として靱性の尺度とする．

(2) 遷移温度

シャルピー衝撃試験では，試験片を事前に所定の温度に冷却して吸収エネルギーの温度依存性を調べることができる．図 7.8 にその模式図を示す．低温側で吸収エネルギーが急激に低下して破壊する現象を**低温脆性** (cold brittlement) という．明瞭に低温脆性が認められる bcc 格子や hcp 格子などの金属材料では，この温度を境にして破壊

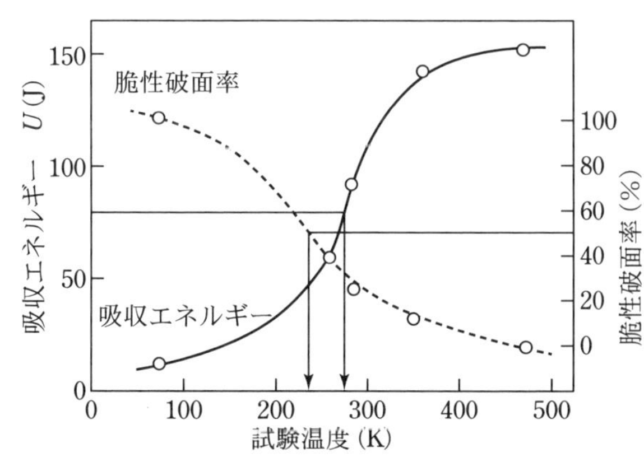

図 7.8　吸収エネルギーの温度依存性と遷移温度の定義

形態も**延性破壊**（ductile fracture）から**脆性破壊**（brittle fracture）に大きく変化し，これを**延性–脆性遷移温度**（ductile-brittle transition temperature，または単に**遷移温度** transition temperature）という．なお，fcc 格子の場合にはこのような変化が乏しく，遷移温度の定義には 2 つの方法がある．1 つは上述の吸収エネルギーが延性破壊時の値の 1/2 になる温度であり，これを**エネルギー遷移温度**（energy transition temperature）という．他の 1 つは，脆性破面の占める面積が全破面の 1/2 になる温度であり，これを**破面遷移温度**（fracture appearance transition temperature）という．また，シャルピー衝撃試験による吸収エネルギーによって，き裂状欠陥を有する部材の静的な破壊強度も推定することができ，詳細は次節で述べる．

7.4　破壊靱性試験

一般に，き裂先端近傍における弾性応力場を表す力学パラメータとして**応力拡大係数**（stress intensity factor）K がある．また，き裂先端において大規模降伏を生じる場合には応力拡大係数が有効でなく，非線形弾性や弾塑性状態での破壊の評価に用いられるに ***J* 積分**（J integral）J がある（第 9 章参照）．いずれもき裂を起点として不安定破壊の条件は，次式のように表される．

$$K \geq K_C \tag{7.15}$$

$$J \geq J_C \tag{7.16}$$

ここで，K_C および J_C はいずれも材料の破壊を生じる限界の特性値であり，**破壊靱性**（fracture toughness）と呼ばれる．

(1)　平面ひずみ破壊靱性

き裂に作用する応力場が**モード I**（mode I，または**開口型** opening mode）で，試験片幅がき裂先端の塑性域寸法に対して十分大きい平面ひずみ状態のときは**平面ひずみ破壊靱性**（plane strain fracture toughness，JIS G 0564）K_{IC} と呼ばれ，材料固有の値で破壊抵抗の指標となる．

K_{IC} 試験には，図 7.9 に示す鋭い疲労予き裂を $0.45\,W < a < 0.55\,W$ の範囲に付与

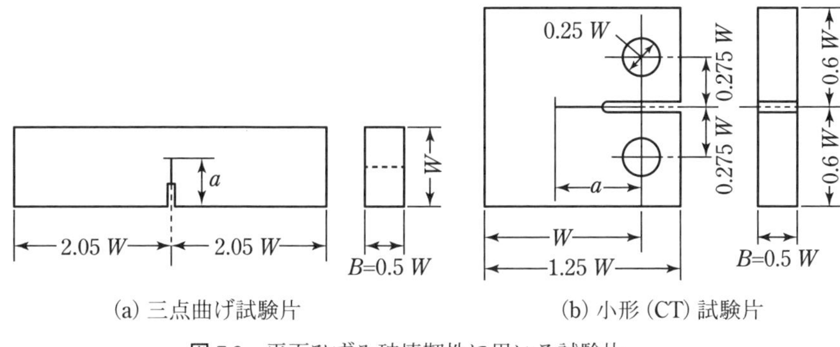

図 7.9　平面ひずみ破壊靭性に用いる試験片

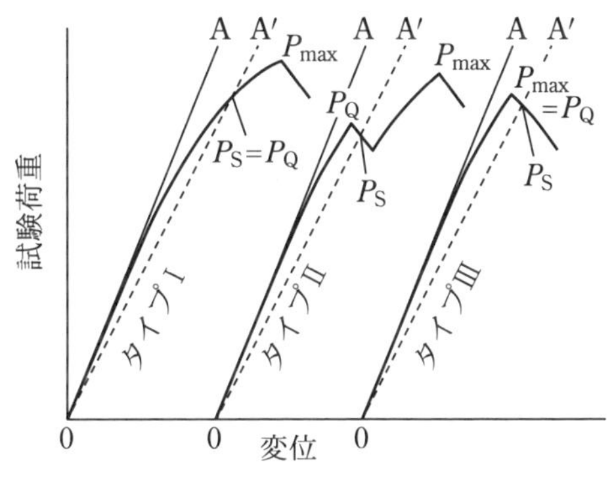

図 7.10　切欠き先端部の開口変位

した三点曲げ試験片および小形 (CT) 試験片を用い，それぞれ静的な曲げおよび引張荷重 P を作用して切欠端の開口変位 δ を測定する．このとき得られる荷重–変位曲線は，図 7.10 のように 3 つのタイプに大別できる．ここで，それぞれの曲線の初めの直線部 OA において 95％の傾斜を持つ直線 OA′ とする．曲線と直線 OA′ との交点を P_S とし，OA と OA′ に挟まれる曲線状の最高荷重点 P_Q をき裂進展開始に対応する荷重とする．このときのき裂進展開始に対応する応力拡大係数 K_Q は次式のように表される．

$$K_Q = \frac{P_Q S}{BW^{3/2}} \cdot f\left(\frac{a}{W}\right) \quad \text{(三点曲げ試験片)} \tag{7.17}$$

$$K_Q = \frac{P_Q}{BW^{1/2}} \cdot f\left(\frac{a}{W}\right) \quad \text{(小形 (CT) 試験片)} \tag{7.18}$$

ここで，P_Q は荷重，B は板厚，S は支点距離，W は板幅，a はき裂長さである．f は a/W の値に依存する係数で省略するが，K_Q の値が次の条件を満足する必要があり，このときの値を K_{IC} とする．

$$a > 2.5\left(\frac{K_Q}{\sigma_y}\right)^2 \qquad (7.19a)$$

$$B > 2.5\left(\frac{K_Q}{\sigma_y}\right)^2 \qquad (7.19b)$$

$$W > 5.0\left(\frac{K_Q}{\sigma_y}\right)^2 \qquad (7.19c)$$

ここで，σ_y は降伏応力である．上式は，き裂先端の塑性域寸法が試験片寸法に比べて十分小さい小規模降伏を満たすための条件であり，これを満足しない場合には試験片寸法を 1.5 倍にして再試験する．代表的な K_{IC} 値を表 7.1 に示す．

表 7.1　代表的な K_{IC}

材　料	σ_y (MPa)	K_{IC} (MPa$\sqrt{m}$)
炭素鋼	235	217
Ni–Cr–Mo 鋼	1815	47
Ti 合金 (6 Al-4V)	1099	38
Al 合金 (7075)	540	29
(2014)	451	28

上述のように，K_{IC} 値は静的な引張や曲げ荷重を負荷する破壊靭性試験により求められるが，試験片寸法，き裂状欠陥の導入法や試験手順などに十分注意する必要がある．そこで，試験が簡単なシャルピー衝撃試験による吸収エネルギーを用いて，簡易的に平面ひずみ破壊靭性を推定する方法がある．遷移温度領域の推定に用いられる **Rolf の実験式** (Rolf's experimental formula) を次式に示す．

$$K_{IC} = 0.833\sqrt{E}\cdot U_V^{0.75} \qquad (7.20)$$

ここで，E はヤング率 (kgf/mm^2)，U_V はV 形切欠試験片の吸収エネルギー (kgf·m) である．破壊靭性試験とシャルピー衝撃試験では，ひずみ速度が静的か動的か，切欠きがき裂かV 形か，測定量が応力かエネルギーかの違いがあるものの，遷移温度域を示すような低温脆性という現象を評価する際に有効である．

(2) 弾塑性破壊靭性

実際の大型構造物における破壊は，平面ひずみ条件を満足しても小規模降伏条件が成立せず，大規模降伏を生じることがある．このような場合にはモードⅠの

弾塑性破壊靱性 (elastic-plastic fracture toughness, JIS Z 2284) J_{IC} によって評価される.

J_{IC} 試験には K_{IC} 試験の場合と同じ試験片が用いられ, 切欠き先端に鋭い疲労予き裂 $a/W>0.5$ を入れる. 試験方法には, R 曲線法, ストレッチゾーン法, 除コンプライアンス法, 電位差法や AE 法などがあるが, ここでは R 曲線法について説明する.

まず複数の試験片にそれぞれ異なる変位を与え, 荷重−荷重点変位の関係を求める. そして除荷後, き裂進展量 Δa を識別するためのマーキングを施してから試験片を静的に破断する. 試験片厚さ B の 3/8 ～ 5/8 の範囲内で B を等分割した 3 点以上の位置でき裂進展量 Δa を測定し, その平均値を Δa とする.

$$J=\frac{A}{Bb}f\left(\frac{a}{W}\right)=\frac{A}{Bb}\cdot\frac{2(1+\alpha)}{1+\alpha^2} \tag{7.21a}$$

$$\alpha=\left\{\left(\frac{2a_0}{b}\right)^2+2\left(\frac{2a_0}{b}\right)+\frac{1}{2}\right\}^{\frac{1}{2}}-\left(\frac{2a_0}{b}+1\right) \tag{7.21b}$$

ここで, A は荷重−荷重点変位曲線で囲まれる面積, B は試験片厚さ, $b(=W-a)$ はリガメント長さ, $a=a_0+\Delta a$ (a_0 はき裂長さ) である. この J 値とき裂進展量 Δa の関係を図 7.11 のようにプロットして R 曲線 AB を実測し, これと直線近似した鈍化曲線 OA の交点の J 値を求める. このとき下記の条件を満足しているならば, この J 値をき裂進展開始時の限界値 J_{IC} とする.

$$B>\frac{25J}{\sigma_{fs}} \tag{7.22a}$$

$$b>\frac{15J}{\sigma_{fs}} \tag{7.22b}$$

$$\sigma_{fs}=\frac{1}{2}(\sigma_y+\sigma_B) \tag{7.22c}$$

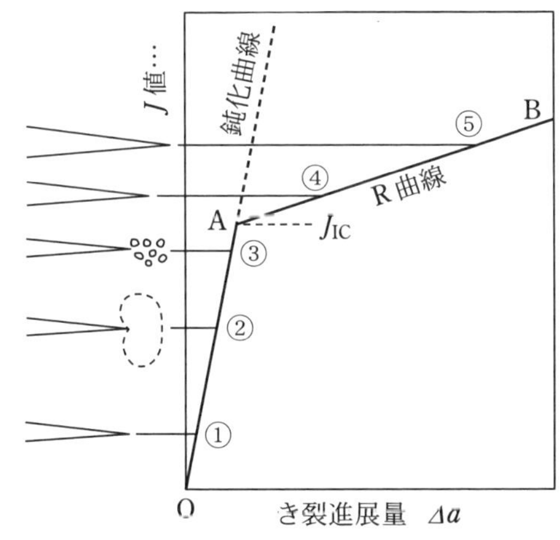

図 7.11　J_{IC} を求める R 曲線法

ここで，σ_y は降伏強さ，σ_B は引張強さである．代表的な J_{IC} 値を表 7.2 に示す．

表 7.2　代表的な J_{IC} 値

材　料	σ_y (MPa)	J_{IC} (kN/m)
SM490	441	358
HT60	617	204
HT80	789	295
Al 合金 (2024)	432	21.5

以上のように，J_{IC} 試験は小型試験片でも高靭性材料の破壊評価に適用でき，K_{IC} 試験のように厳しい試験条件はなく，また次式のように J_{IC} 値から K_{IC} 値を直接求められる利点がある．

$$K_{IC}=\sqrt{\frac{EJ_{IC}}{1-\nu^2}} \tag{7.23}$$

ここで，E はヤング率，ν はポアソン比である．

7.5　非破壊試験

材料，部品や構造物など試験の対象物に対して直接傷を付けたり，あるいは破壊したりしないでそれらの性質，状態や内部構造などを調べる方法を**非破壊試験** (non-destructive testing, または**非破壊検査** non-destructive inspection) と呼ぶ．この技術は，材料の物理的性質が内部組織の異常や欠陥の存在によって変化することを利用する試験法であり，表 7.3 のような種類が挙げられる (JIS Z 2300)．

放射線透過試験 (radiographic testing)：X 線，γ 線や中性子などの放射線は物体を透過する性質があり，その透過能力は放射線の種類やエネルギーに依存する．

表 7.3　非破壊検査試験の種類と長所・短所

	欠陥箇所	長　所	短　所
放射線透過試験	内部	高精度	装置高価・X 線取扱必要
超音波探傷試験	表面・内部	欠陥・形状把握可能	解析困難・乱反射あり
磁粉探傷試験	表面・表層	簡単・確実・安価	強磁性体のみ検査可能
渦電流探傷試験	表面	前処理・後処理不要	非導電体は検査不可能
浸透流探傷試験	表面	簡単・確実・安価	開口キズのみ検査可能
アコースティックエミション試験	表面・内部	破壊予知・モニタリング可能	危険度の定量化困難

そのため物体内部に欠陥が存在すれば放射線の透過線量が異なり，影響の有無，位置や程度によって欠陥を識別する．

超音波探傷試験 (ultrasonic testing)：超音波を利用した試験法にはパルス反射法，透過法や共振法などがあり，現在，最も広く用いられているパルス反射法を指す．この方法は，試験体に持続時間が 0.5～5 μs 程度の極めて短い超音波パルスを伝播させ，裏面や欠陥から反射してくる超音波を受信するまでの伝播時間を測定して試験体の厚さや欠陥の大きさや位置を調べる方法である．

磁粉探傷試験 (magnetic particle testing)：強磁性材料を直流または交流で磁化するとき，表面に欠陥があれば漏洩磁束が生じて磁束と直交する欠陥の両側に磁極が現れる．これに酸化鉄などの微粉末を散布すると，漏洩磁束のあるところに吸着されるので欠陥を検出できる．

渦電流探傷試験 (eddy current testing)：コイルの作る交流磁束が導体を貫くと，導体の内部に電磁誘導作用により渦電流が誘導される．導体内に割れなどの傷が存在すれば渦電流の流れが変わることから，コイルのインピーダンス変化を検出すると傷の有無を知ることができる．このような渦電流を利用した探傷試験をいう．

浸透流探傷試験 (penetrant testing)：表面に開口している欠陥に特殊な液体を浸透させ，水または溶剤を含む洗浄液で表面に付着している浸透液を除去する．次いで表面に現像処理を施すと，ストーリー欠陥中に残留していた浸透液を吸い出されて拡大指示模様が形成される方法である．この方法は，欠陥の検出方法として比較的手軽であり，材料を問わないので広く利用されている．

アコースティックエミッション試験 (acoustic emission testing，略して AE 試験)：外力により材料内部に変形やき裂が生じると弾性波が発生し，材料内部を伝播する．この AE 弾性波の機械的振動をチタン酸ジルコン酸鉛 (PZT) などの圧電素子を用いて電気信号に変換して捉える技法であり，破壊の予知やモニタリングなどに利用される．

【演習問題】

7.1　炭素鋼の一般的な公称応力-ひずみ曲線を描け．また，弾性限，比例限，降伏点や引張強さなど描いた曲線を理解する上で必要な情報を加えよ．

7.2　公称ひずみεと絞りϕの間には$(1+\varepsilon)(1-\phi)=1$，真応力$\sigma_t$と公称応力$\sigma$の間には$\sigma=\sigma_t(1-\phi)$の関係が成り立つことを示せ．

7.3　シャルピー衝撃試験による吸収エネルギーの温度依存性において，結晶構造の違いによってどのように変化するかを述べよ．

7.4　疲労予き劣 a=27 mm を挿入したCT試験片（板厚B=25 mm，板幅W=50 mm）のAl合金（降伏強さσ_y=490 MPa）について引張試験を行い，付図7.1のような荷重–変位曲線が得られた．本文中の式(7.18)を用いてAl合金の破壊靱性値を求めよ．ただし，同式中の係数$f(a/W)$=10.98とする．

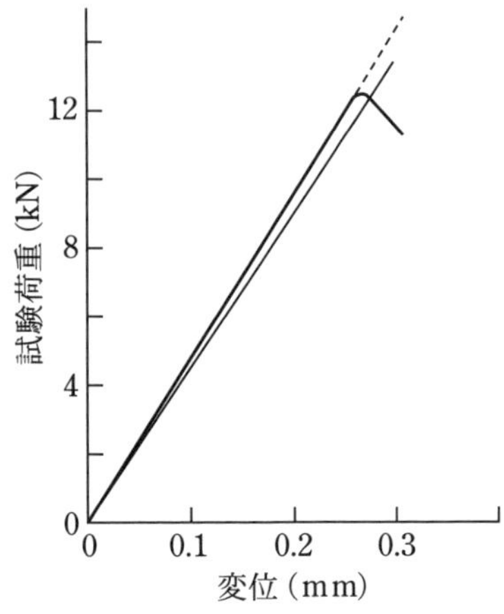

付図 7.1　荷重–変位線図

7.5　非破壊試験にはどのようなものがあるかを3つ挙げ，それぞれの特徴を考察せよ．

第 8 章　材料の強化機構

材料の**強化機構** (strengthening mechanism) を理解するためには，その力学的性質と転位運動の関係を知らなければならない．金属は特有な原子配列，結晶構造を持ち，これに塑性変形を与えると大部分が転位の移動によるすべりが起こる．すなわち，塑性変形能は転位の易動度に大きく依存し，これを低減させると塑性変形を起こすのにより大きな力が必要となり，材料はより硬く強度が上昇する．ここでは，材料の強化機構について基礎的な理解を深めよう．

8.1　加工硬化と回復・再結晶

(1) 転位密度と加工硬化

金属に引張や曲げ変形を与えたとき，塑性変形が進むにつれて外力は増加する．これは変形によって金属が硬化していくことによるもので**加工硬化** (work hardening) と呼ばれる．いま，一辺の長さ L の立方体結晶においてせん断応力 τ の下で，1 本の刃状転位が図 8.1 のようにすべり運動する場合を考える．この転

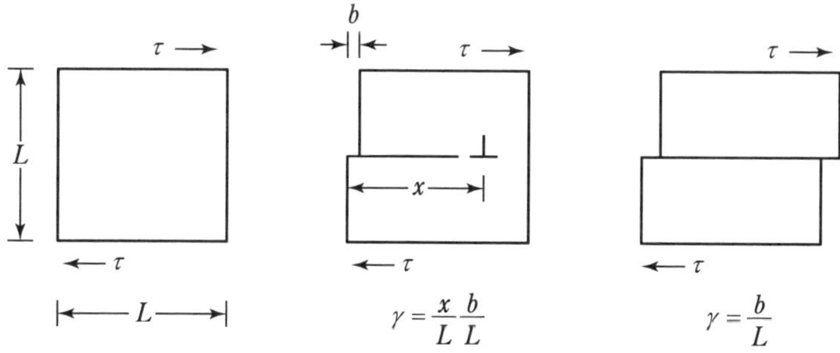

図 8.1　刃状転位のすべり運動とせん断ひずみ

位によって生じるせん断ひずみγは，バーガース・ベクトルの大きさbを用いて

$$\gamma = \frac{b}{L} \tag{8.1}$$

で与えられる．転位が結晶全体を横切らずに距離$x(0 \leqq x \leqq L)$動くとき，せん断ひずみγは

$$\gamma = \frac{x}{L}\frac{b}{L} \tag{8.2}$$

となる．したがって，結晶中のN個の転位が平均距離$\bar{x}$動く場合には

$$\gamma = \frac{N\bar{x}b}{L^2} \tag{8.3}$$

の関係が成り立つ．また，転位がすべて長さLを有していると，式(8.3)は転位密度$\rho = N/L^2$を用いて

$$\gamma = \rho b\bar{x} \tag{8.4}$$

と表される．このせん断ひずみが時間dtの間に$d\gamma$だけ一様に生じたものとすると，せん断ひずみ速度$\dot{\gamma}$については次の関係式が導かれる．

$$\dot{\gamma} = \rho b\bar{v} \tag{8.5}$$

ここで，$\bar{v}$は転位の平均移動速度である．式(8.5)は転位による塑性変形を記述するための基本式である．

一般に，剛性率Gの材料に変形を加えられたときのせん断応力τは

$$\tau = \tau_0 + \alpha G b\sqrt{\rho} \tag{8.6}$$

で与えられること（近似的に引張応力σの1/2）が知られている．ここで，α, τ_0は材料定数であり，せん断応力は転位密度の1/2乗に比例する．すなわち，塑性変形を与えて転位密度が上昇すると加工硬化が起こることがわかる．

(2) 回復と再結晶

金属の多結晶体を融点に比べ低い温度で塑性変形を与えると，力学的性質のみならずミクロ組織や物性などが変化する．これらの特性や組織は，適当な**熱処理**

(heat treatment) を行うことにより加工前の状態に戻る．図 8.2 はこれらの挙動を定性的に説明したものであり，加工材の軟化過程は高温側になると**回復** (recovery) と**再結晶** (recrystallization) という 2 つの過程を経て，その後は**粒成長** (grain growth) が起こる．

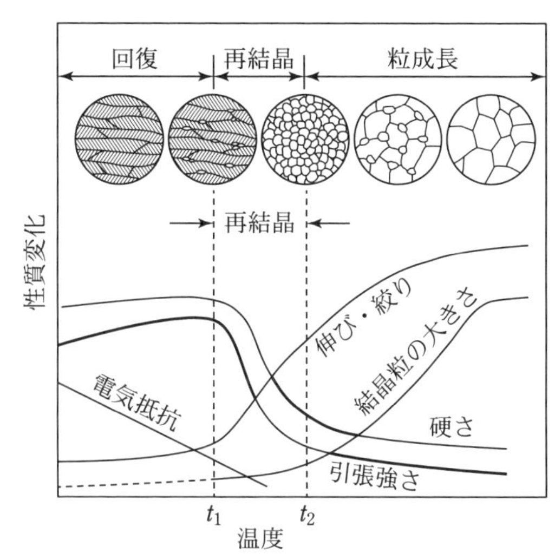

図 8.2　加熱による加工材の軟化過程

回復の過程では，外部応力の付加がなくても高温で活発になった原子拡散によって転位運動が起こり，これによって結晶内に蓄えられていたひずみエネルギーの一部が開放される．また，電気伝導性や熱伝導性などの物理的性質が加工前の状態に戻る．

再結晶の過程では，ひずみエネルギーが比較的高い状態である結晶粒の中にひずみのない新しい結晶が核発生し，全体がひずみのない新しい結晶粒に入れ替わる．再結晶が始まると，諸特性は徐々に冷間加工前の状態に戻る．再結晶が始まる**再結晶温度** (recrystallization temperature) は，実用的に 1 時間で再結晶が完了する温度である．これは純金属やその合金について絶対温度で表した融点 (T_m) の 1/3～1/2 の温度であり，合金の純度や加工度などに大きく依存する．純金属の再結晶温度は通常 0.3 T_m 程度であり，合金の添加元素は再結晶温度を上昇させる効果が大きい．図 8.3 に再結晶後の結晶粒の大きさを加工度 (公称ひずみの百分率) と加熱温度で模式的に整理して示す．再結晶にはある程度の加工度が必要であり，加工度が小さくても高温に加熱すると再結晶が起こり，結晶粒が粗大化する．逆に加工度が大きく加熱温度が低いと，再結晶による結晶粒は微細化する．また，再結晶温度以上で加工すると，直ちに再結晶して軟化するので加工硬化が起こらない．このために再結晶温度以下での加工を**冷間加工** (cold working)，それ以上の加工を**熱間加工** (hot working) という．

粒成長の過程では，再結晶の温度領域を超えて加熱を続けると，結晶粒は次第に隣同士の結晶粒と併合し結晶粒は粗大化していく．第3章で述べたように結晶粒界は粒界エネルギーを有し，結晶粒が大きくなると粒界の総面積が減少して全粒界エネルギーが減少する．これが粒成長の駆動力となる．すなわち，粒成長は粒界移動によって起こり，全ての結晶粒が大きくなるのではなく，小さな結晶粒がより小さくなることで大きな結晶粒がより大きくなる．粒界移動とは，原子が粒界を介して短範囲拡散することであり，粒界移動の方向と原子の運動方向は互いに逆である．

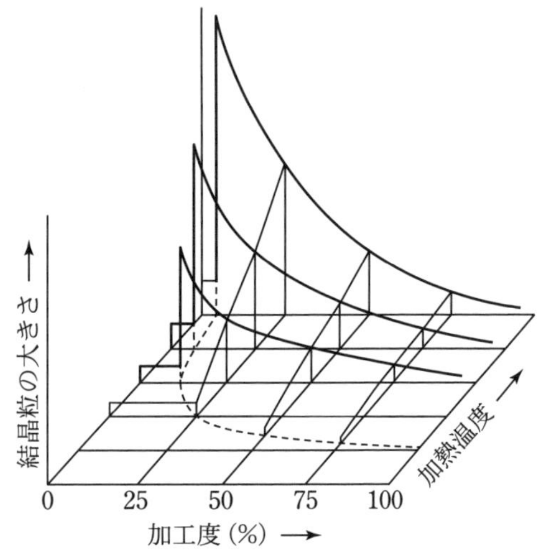

図 8.3　再結晶後の結晶粒の大きさと加工度，加熱温度の関係（模式図）

常温における金属材料の力学的性質は，微細結晶粒の方が高強度で高靭性を示すため，一般的に粗大結晶粒よりも優れている．金属材料の結晶粒が所望よりも大きい場合には，上述のようにまず材料を塑性変形し，次いで再結晶の熱処理を施すことにより微細化することができる．

8.2　結晶粒の微細化

一般に金属は多結晶体であり，多くの結晶粒界が存在する．第3章の図3.7に示した小傾角粒界では，隣接する結晶粒の方位差が小さいのですべりの障害にはならない．しかし，隣接する結晶粒の方位差が大きい結晶粒界では，隣接する結晶粒へ転位が侵入するのにすべり面やその方向を大きく変えなければならず，転位の移動が困難になる．また，結晶粒界では原子配列が乱れているため，すべり面は1つの結晶粒から他の結晶粒へと連続していない．このため，図8.4のように結晶粒界への転位の**堆積** (pile-up) が起こり，後続する転位が動けなくなる．とりわけ**大傾角粒界** (large angle tilt boundary) では，変形中に転位が粒界を通過することは生じず，むしろ転位の堆積によるすべり面前方の応力集中により，隣接する結晶粒内の転位源が活動する．

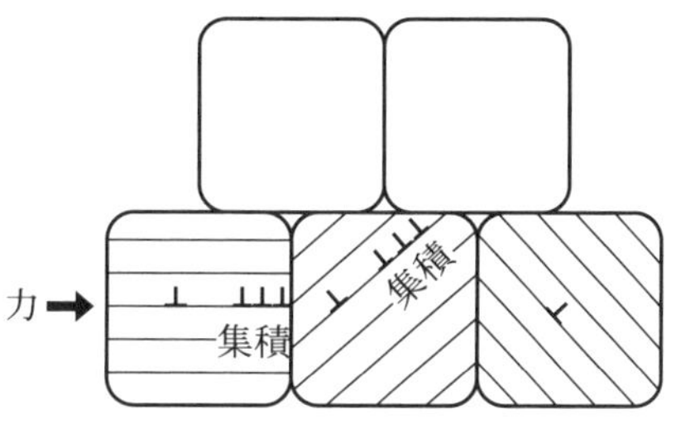

図 8.4　結晶粒界への転位堆積

以上のように，結晶粒界が多い (結晶粒径が小さい) 方が転位の運動に対して障害となるので材料の強度は増加する．図 8.5 は降伏応力と平均粒径の関係を示したものであり，次式のような**ホール・ペッチの関係** (Hall-Petch relation) が成立する．

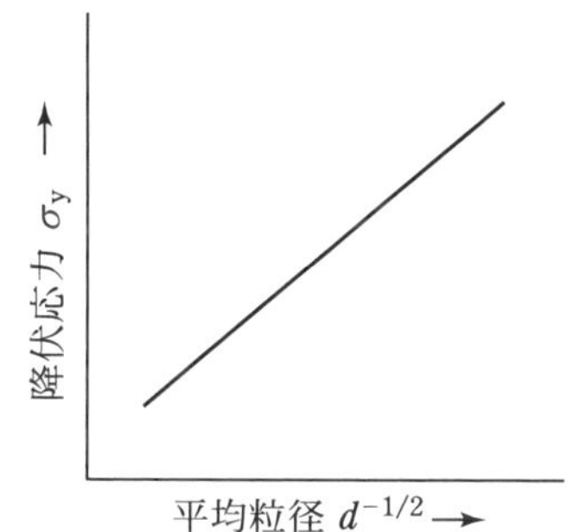

図 8.5　降伏応力と結晶粒径の関係

$$\sigma_y = \sigma_0 + kd^{-1/2} \tag{8.7}$$

ここで d は平均粒径，σ_0，k はいずれも材料定数である．σ_0 はさまざまな方位の単結晶における平均的な降伏応力に相当する定数，k は**ホール・ペッチ係数** (Hall-Petch coefficient) と呼ばれる定数で，粒界が降伏応力を高める効果を表す．上記の関係は，降伏応力だけでなくある一定のひずみ速度における変形応力に対しても成立することで知られている．結晶粒微細化の方法としては，大きな冷間加工を与えて比較的低温の焼鈍で再結晶させる方法 (図 8.3 参照) の他，第 10 章で述べる相変態や加工熱処理などがある．

8.3　固溶強化と転位の固着

(1) 固溶強化

侵入型あるいは置換型固溶体を形成する不純物原子を合金化することによって材料を強化する方法があり，これを**固溶強化** (solid-solution strengthening) とい

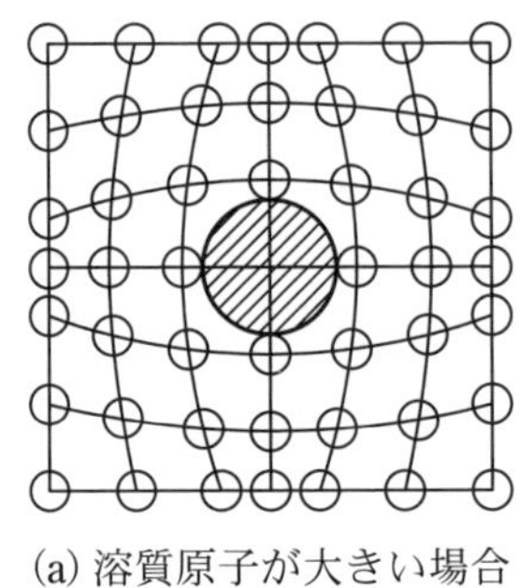

(a) 溶質原子が大きい場合

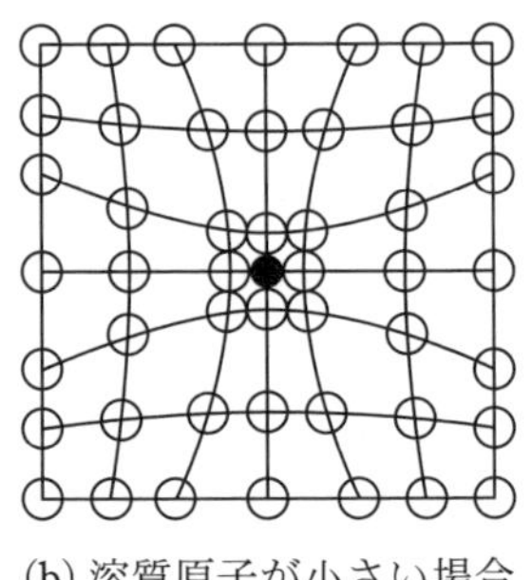

(b) 溶質原子が小さい場合

図 8.6　溶質原子による格子ひずみ

う．純金属は同じ金属をベースにする合金に比べて，多くの場合が軟らかく弱い．合金が純金属より強いのは，固溶体を形成する不純物原子が，周囲のマトリックス原子に格子ひずみを引き起こすためである．すなわち，溶媒原子と不純物原子の大きさが異なる場合には，図 8.6 のように結晶格子にひずみが生じ，このような格子ひずみ場が転位の移動の障害となり，転位の移動には大きな力が必要となる．

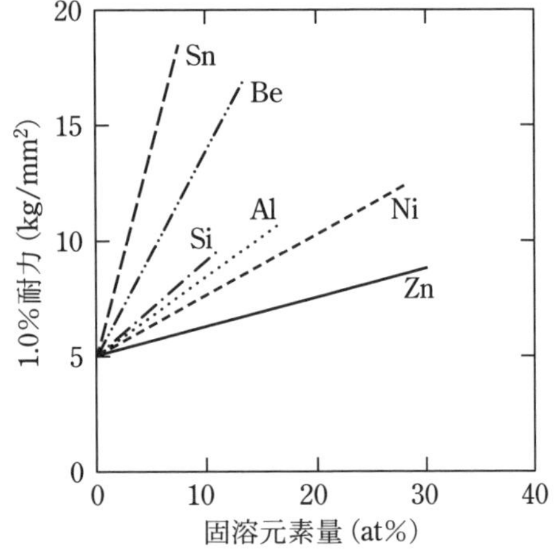

図 8.7　銅合金の 1.0％耐力に及ぼす固溶元素の影響

固溶強化の程度は固溶量が多いほ

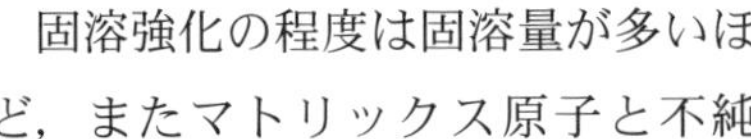

ど，またマトリックス原子と不純物原子の大きさの違いが大きいほど大きくなる．図 8.7 は常温における銅合金の 1.0％耐力に及ぼす固溶元素の影響であり，固溶強化は元素の種類によって異なる．また，いずれも固溶元素量が増加するとほぼ直線的に強度も増加する．

(2) 転位と溶質原子の相互作用

いま，溶媒原子（母相原子）よりも小さい侵入型の溶質原子（非金属原子のような固溶原子）が刃状転位の近くに存在する場合を考える．溶質原子が侵入型で入るときには，図 8.8 のように格子面間隔が広い場所に侵入し，溶質原子（●印）は圧縮応力を受けて刃状転位の下側に引かれ，このような状態が**コットレル雰囲気**(Cottrell atmosphere) と呼ばれる．エネルギー的にも安定であり，溶質原子が刃状転位をピン止めして**固着**(locking，または pinning down) する作用があり，これを**コットレル効果**(Cottrell effect) という．このように刃状転位と溶質原子は弾性的相互作用によって結び付いており，固溶体合金では塑性変形が開始し，それを継続させるのにより大きな負荷応力が必要である．事実，純金属に比べて強度や硬さが増加する．

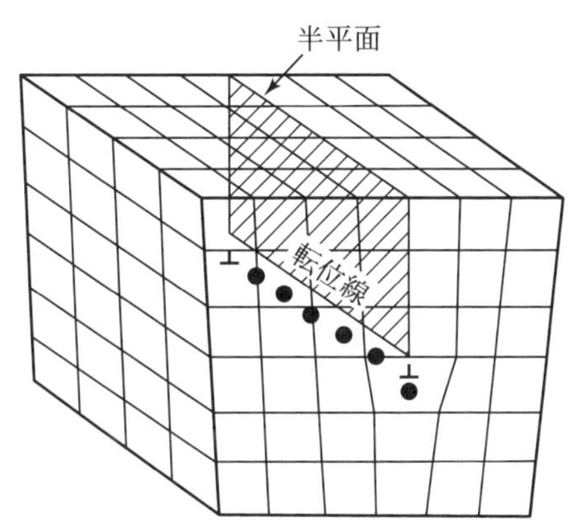

図 8.8　コットレル雰囲気

8.4　析出強化と分散強化

(1) 析出強化

母相中に別の相が分散した二相合金では，分散相が転位の運動に対する障害となり，一般に高強度な特性を示す．この分散相が過飽和固溶体から生じる反応が析出であり，このときの強化作用は**析出強化**(precipitation strengthening) と呼ばれる．これは熱処理による強化法であり，材料の性質が時間の経過とともに変化するので，析出強化を**時効硬化**(age hardening) ともいう．この強化法は，歴史的に Al 合金など非鉄金属材料の強化法として開発されてきた．

時効硬化を起こす合金では，図 8.9 に示す A–B 二元系状態図において添加元素の溶解度が温度とともに大きく変化していることが必要である．析出強化は 2 段階の熱処理で行う．第 1 段の熱処理は**溶体化処理**(solution treatment) であり，α 単相の Q 点で加熱後，急冷して過飽和に溶質原子を固溶した不安定な状態の

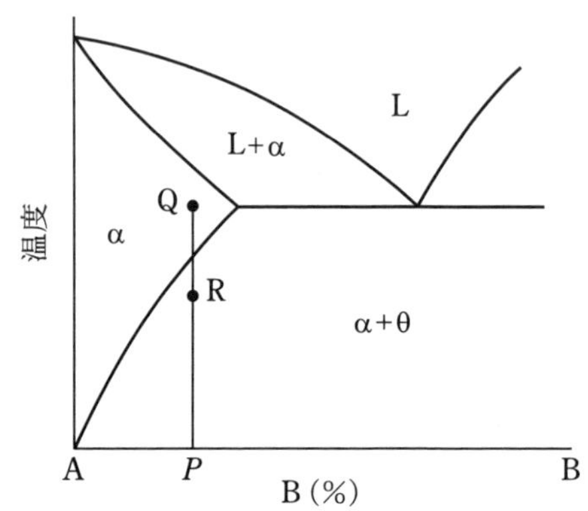

図 8.9　時効析出の可能な合金状態図

α 相にする．第 2 段の熱処理は**時効処理** (aging treatment，または単に**時効**) であり，過飽和固溶体 α 相を常温に放置あるいは R 点まで再加熱して第 2 相の θ 相を析出させる．この場合，直ちに安定析出相の θ 相が生成するのではなく，次のような経過をたどる．まず，①過飽和固溶体の溶質原子が局部的に集中して**ギニエ・プレストンゾーン** (Guinier-Preston zone，または **GP 帯**) が現れる．そして②状態図に示されない状態である中間相 θ′ 相ができ，③中間相 θ′ 相が状態図に示される安定な θ 相に移行して時効が終了する．なお，常温で時効を進行させる方法を**自然時効** (natural aging)，加熱して時効を促進させる方法を**人工時効** (artificial aging) という．このようにして時効により生成した析出物は転位の運動の障害になるため，強度や硬さが上昇する．

一般に時効硬化はその温度や時間に大きく依存し，また析出物の密度が高いほど強度が上昇してやがては飽和する傾向がある．それ以上の時効温度や時間になると析出物が次第に大きくなって逆に軟化が生じ，この現象を**過時効** (over aging) と呼ぶ．

(2)　分散強化

延性に富むマトリックスに比べ，強度の高い微細な第二相の粒子を分散させて材料を強化するのが**分散強化** (dispersion strengthening) である．分散粒子としては高温でも母相に固溶することもなく，粗大化の起こりにくい Al_2O_3 や SiO_2 などの酸化物粒子が代表的であり，他に窒化物や炭化物なども分散粒子として用いられる．分散粒子が転位の運動を妨げる機構については，**オロワン機構** (Orowan mechanism) がある．

母相と分散粒子の界面が，**整合** (coherent) あるいは**非整合** (incoherent) でも転位が貫通できないほど大きくなると，転位は分散粒子を避けて通過する．図 8.10

(a)～(d) に示すように運動する転位が平均粒子間隔 l の分散粒子に近づくと，転位は粒子を切ることができないので粒子間で転位が半円形状に張り出しが起こる (同図 (c))．粒子の前方に張り出した転位はバーガース・ベクトルの大きさ b に等しく，異符号となるため合体する．その後，転位がループになったオロワンループ (Orowan loop) を残して転位は粒子を通過する．この粒子間を転位が通り抜けるのに必要なせん断応力の**オロワン応力** (Orowan stress) τ_{OR} は，次式のように表される．

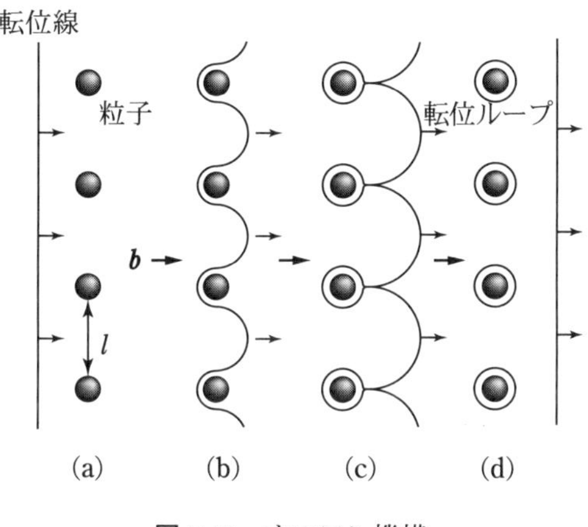

図 8.10　オロワン機構

$$\tau_{OR} = \frac{Gb}{l} \tag{8.8}$$

ここで，l はすべり面上にある分散粒子の平均粒子間隔，G は剛性率であり，分散粒子の間隔が小さいほど分散による強化は大きいことがわかる．なお，平均粒子間隔 l は分散粒子の体積率を V，その半径を $r (\ll l)$ とすると，おおよそ次式のように表される．

$$l \cong r\sqrt{\frac{2\pi}{3V}} \tag{8.9}$$

上述の塑性変形による転位組織，結晶粒の微細化，合金元素の固溶体化，析出粒子や分散粒子は，いずれも転位の運動に対する障害物を材料に導入して強化しようとするものである．これとは別の材料強化法として，古くから用いられてきた鉄鋼材料の相変態が挙げられる (第 10 章参照)．また，2 種類以上の素材を組み合わせて一体化した材料の複合化技術 (第 15 章参照) なども材料の強化法として有効であり，改めて詳しく述べることとする．

【演習問題】

8.1 転位密度 $10^8\ \mathrm{cm}^{-2}$ の転位が平均 10 μm 動いたとき，結晶に生じるせん断ひずみを求めよ．ただし，バーガース・ベクトルの大きさを 0.2 nm とする．

8.2 くさび形断面（a b）の材料を圧延して矩形断面（a b）の形状に加工後，加熱処理を施して再結晶を起こさせた．材料の断面両端 a, b においてどちらの結晶粒径が大きいか，その理由も答えよ．

8.3 純鉄多結晶の降伏応力と結晶粒径の関係はホール・ペッチの関係式で表され，いま，室温において材料定数 σ_0=75 MPa，$k=60\times10^4\ \mathrm{Pa}\sqrt{\mathrm{m}}$ である．降伏強さが σ_{y}=300 MPa のときの平均粒径を求めよ．

8.4 時効処理の温度が高すぎたり時間が長すぎたりすると過時効になるのはなぜか．

8.5 析出強化と分散強化について両機構の違いを説明せよ．

第 9 章　材料の強度と破壊

機械や構造物の**破損** (failure) とは，一般に外力 (荷重) を受けた状態で所定の機能を果たせなくなった状態を指し，多くは材料の**変形** (deformation) や**破壊** (fracture) などによって生じる．特に，短時間で起こる非時間依存型破壊には，**延性破壊** (ductile fracture) と**脆性破壊** (brittle fracture) がある．これに対して比較的長い時間で進行する時間依存型破壊があり，繰り返し荷重，高温や腐食環境下で起こる破壊がこれに相当する．ここでは，破損の原因に関係する材料の強度と破壊について考えよう．

9.1　破壊の基礎

(1)　理論的破壊強度

金属の破壊は，大なり小なり塑性変性を伴うが，ここでは転位などの欠陥を含まない完全結晶を対象に，図 9.1 (a) に示す特定の原子間 (結晶面) における分離破断を考える．引張力 P が作用すれば原子間距離は増し，b_1 のときは原子間に引力 f_1 が働くことになり，原子同士は元の距離 b_0 に戻ろうとする．原子間には原子間距離に応じて引力と斥力が作用し，両者を合成した曲線を同図 (b) に示す．上述の b_0 点近傍における原子間距離と原子間力の関係は直線 AB と見なすことができ，この関係が

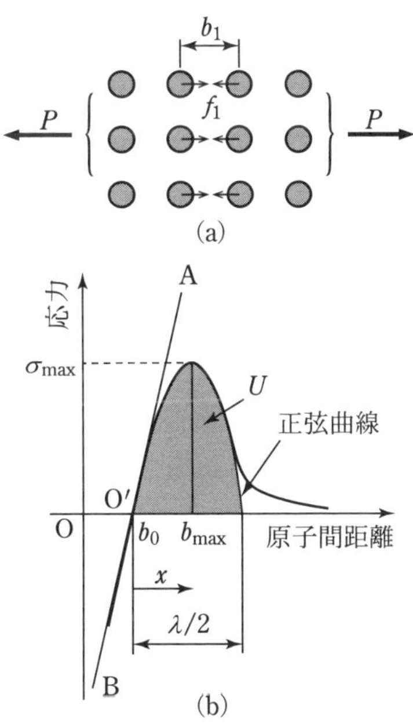

図 9.1　理論的引張強度

フックの法則である．いま，引力と斥力の合成曲線を正弦曲線で近似すれば，原子同士が受ける引張応力 σ は次式で表される．

$$\sigma = \sigma_{max} \sin\left(\frac{2\pi x}{\lambda}\right) \tag{9.1}$$

ここで，λ は正弦曲線の 1 周期，x は原子間距離の変位である．変位 x が小さいとき，フックの法則 $(\sigma = E \cdot x/b_0)$ から次式の最大引張応力 σ_{max} が得られる．

$$\sigma_{max} = \frac{\lambda E}{2\pi b_0} \tag{9.2}$$

ここで，E はヤング率，b_0 は原子間距離である．破壊までに引張力がなす仕事は図中の網掛け部分の面積，すなわち原子間の結合力によって保有されていたエネルギー U は，分離破断によって生じた 2 つの新しい破面が持つ**表面エネルギー** (surface energy) に変わる．ここで，単位面積当たりの表面エネルギーを γ_S とすると，

$$2\gamma_S = \int_0^{\lambda/2} \sigma_{max} \sin\left(\frac{2\pi x}{\lambda}\right) dx = \frac{\lambda \sigma_{max}}{\pi} \tag{9.3}$$

のような関係式が成立し，式 (9.2)，式 (9.3) より次式が得られる．

$$\sigma_{max} = \sqrt{\frac{E\gamma_S}{b_0}} \tag{9.4}$$

このようにして得られた最大引張応力 σ_{max} が理論的引張強度である．

次に，せん断力が作用して特定の原子間（結晶面）における分離破断を考える．図 9.2 (a) は原子配列を球でモデル化したもので，上部の球 (1, 2, 3, …) は下部の球 (a, b, c, …) の谷部に位置する．ここで，上下および左右の原子間距離をそれぞれ a_0, b_0 とする．いま，AA′ 面を境にして上側の球に右向きの力 F を作用させると，上側の球は下側の球の上を乗り越えて移動し，隣の谷部へと向かう．この途中の状態を示す同図 (b) において，上下の原子が左右に x だけずれるときのせん断応力 τ は，周期性を考慮しかつ頂点 P に達したときの最大せん断応力 τ_{max} とすれば，近似的に次式で与えられる．

$$\tau = \tau_{max} \sin\left(\frac{2\pi x}{b_0}\right) \tag{9.5}$$

ここで，x/a_0 はせん断ひずみ γ に対応し，せん断応力 τ とせん断ひずみ γ の間にフックの法則が成り立ち，変位 x が小さい場合には次式が得られる．

$$\tau = G\frac{x}{a_0} \approx \tau_{max}\left(\frac{2\pi x}{b_0}\right) \qquad (9.6)$$

ここで G は剛性率であり，次式が得られる．

$$\tau_{max} = \frac{b_0 G}{2\pi a_0} \qquad (9.7)$$

この最大せん断応力 τ_{max} が理論的せん断強度であり，$a_0 \approx b_0$ とすれば $\tau_{max} = G/2\pi$ となる．

以上のように，完全結晶を対象にした理論的引張強度およびせん断強度が求められたが，いずれも種々の欠陥を含む実用材料の破壊強度より桁違いに大きい．結晶性材料の塑性変形や破壊挙動を検討するためには，第 3 章で述べた転位の概念を導入するなり，潜在き裂を考慮した**破壊力学** (fracture mechanics) による検討などが不可欠であろう．

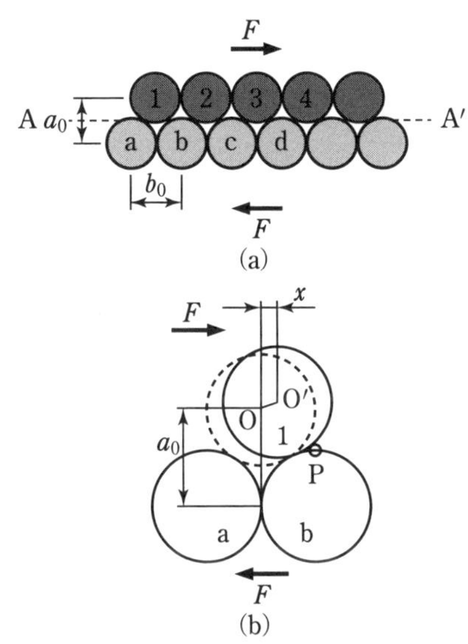

図 9.2　理論的せん断強度

(2) き裂材の破壊力学

図 9.3 に示すように長軸 a，短軸 b の楕円孔の切欠きを有する無限平板に平均応力 σ_0 が作用するとき，長軸端 A の y 方向の最大応力 σ_{max} は次式となる．

$$\sigma_{max} = \sigma_0\left(1 + \frac{2a}{b}\right) \qquad (9.8)$$

最大応力の平均応力に対する比 α を**応力集中係数** (stress concentration factor，または**形状係数** shape factor) と呼び，次式で与えられる．

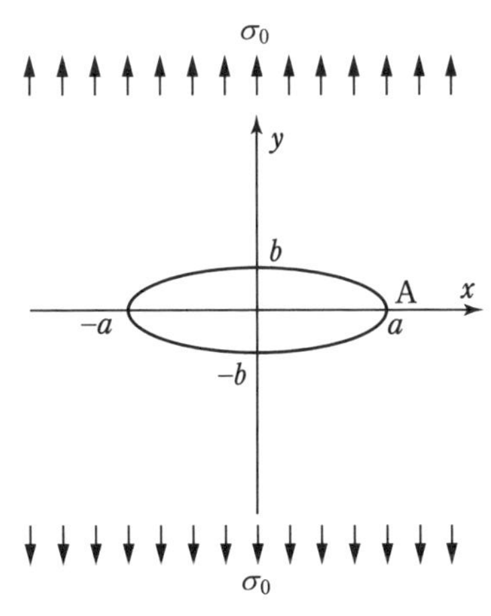

図 9.3　楕円き裂

$$\alpha = \frac{\sigma_{\max}}{\sigma_0} = \left(1 + \frac{2a}{b}\right) \tag{9.9}$$

円孔の場合は $a=b$ であり，応力集中係数は3となる．また，a に比べて b が小さくなるほど長軸端の最大応力は増加して応力集中係数も大きくなり，無限大に近づく．したがって，形状の鋭いき裂先端の応力評価については，この応力集中係数を用いることができないので別の評価法が必要となる．

まず，図9.4に示すき裂近傍の基本的な変形様式を説明しよう．これには外力によってき裂面が開くように変位する同図(a)の**モードⅠ**(mode Ⅰ，または**開口型** opening mode)，き裂が面内でせん断するように変位する同図(b)の**モードⅡ**(mode Ⅱ，または**面内せん断型** sliding mode)，き裂が面外でせん断するように変位する同図(c)の**モードⅢ**(mode Ⅲ，または**面外せん断型** tearing mode)があり，3つの基本的な変形様式に大別される．

き裂長さに比べて塑性域寸法が小さい**小規模降伏**(small scale yielding)下において，**線形破壊力学**(linear elastic fracture mechanics)によるとき裂先端近傍における弾性応力場 σ_{ij} は，き裂先端を原点とする極座標 (r, θ) を用いて次のように表される．

$$\sigma_{ij} = \frac{K}{\sqrt{2\pi r}} f_{ij}(\theta) \tag{9.10a}$$

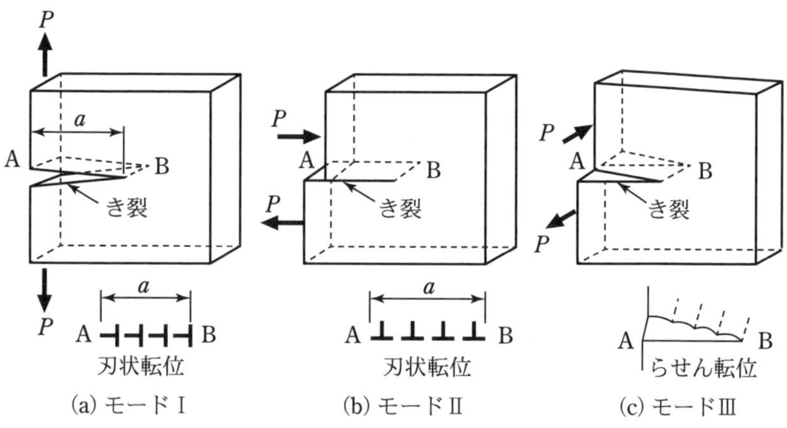

図9.4　き裂の変形様式と転位の集合

$$K = \sigma\sqrt{\alpha\pi a} \tag{9.10b}$$

ここで，σ は負荷応力，α は試験片の形状によって決まる無次元の補正係数，a はき裂長さである．このように，き裂先端近傍の弾性応力場はただ1つの力学パラメータ K によって代表され，これは**応力拡大係数** (stress intensity factor) と呼ばれる．なお，この K はき裂近傍の3つの変形様式に対応してそれぞれ K_{I}, K_{II} および K_{III} があり，詳細は他の成書を参照されたい．

小規模降伏下で成立する応力拡大係数は，後述の**エネルギー開放率** (energy release rate) や**き裂開口変位** (crack tip opening displacement) との間に一定の関係が成立する．しかし，小規模降伏条件の満たされない場合には，線形弾性論で成り立つ応力拡大係数やエネルギー開放率が適用できなくなる．これに対してき裂開口変位はき裂先端の変形状態を表し，小規模降伏条件を満足しなくても**大規模降伏** (large scale yielding) を生じる高靭性材料の破壊評価には有効である．また，このような非線形弾性や弾塑性状態の破壊評価には，き裂開口変位と同じく**J 積分** (J integral) が用いられる．これはき裂先端の応力場およびひずみ場を表すパラメータ J であり，き裂が単位面積進展したときに解放される弾性エネルギー，すなわちエネルギー開放率 ζ と等価である．J 積分値は弾性エネルギー U のき裂長さ a に対する変化率であり，次式で表される．

$$J = \frac{\partial U}{\partial a} = \zeta \tag{9.11}$$

解析的には有限要素法により，実験的にはR曲線法，ストレッチゾーン法，除荷コンプライアンス法，電位差法やAE法などにより求められる．

9.2　破壊様式

破壊は，静的な応力が作用して材料が2つあるいはそれ以上に分離することをいう．このときの負荷応力は，引張，圧縮，せん断，ねじりのいずれでもかまわないが，ここでは単軸引張応力を受けたときの破壊について述べる．非時間依存型破壊である延性破壊と脆性破壊について，両者の微視的あるいは巨視的な破壊様式の違いを図9.5に模式的に示す．延性破壊では，破壊する前に高いエネルギー吸収を伴う大きな塑性変形が起こる．また，変形による損傷域も広く，破壊に至るまでにその検出が比較的容易である．実際の設計においては材料に大きな塑性変形を許容することがなく，むしろ降伏条件が問題になる．これに対して脆性破壊では，通常，ほとんど塑性変形せずにわずかなエネルギー吸収しか生じないような破壊をいう．損傷域が少なく突然に破壊して大事故になりやすいので，機械や構造物の設計においては脆性破壊防止が重要な課題となる．

破壊現象はき裂の発生と進展という 2 つの過程からなり，延性破壊と脆性破壊の両者を対象に破壊のメカニズムを説明する．

(1) 延性破壊

巨視的な延性破壊は，図 9.5 に示すように**カップアンドコーン破壊** (cup and cone fracture)，**せん断破壊** (shear fracture) および**チゼルポイント状破壊** (chisel

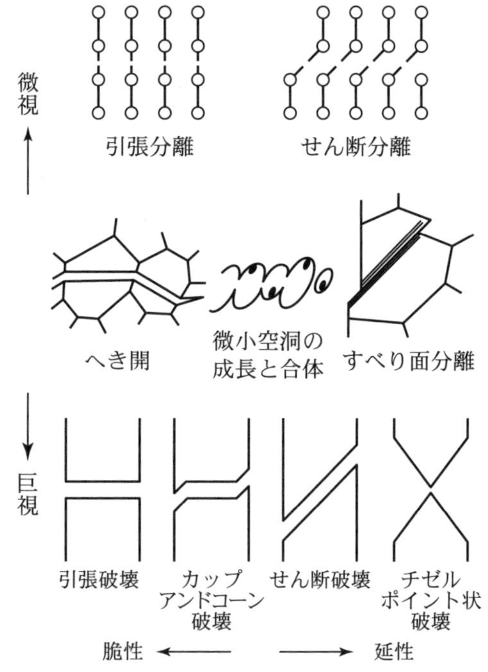

図 9.5　延性破壊と脆性破壊の微視的・巨視的な破壊様式

point like fracture）に大別される．いずれも延性破壊は著しい塑性変形を伴って生じる破壊であり，丸棒試験片の引張試験では典型的なカップアンドコーン破壊が起こる．材料の引張強さを超えて局部収縮が始まると，試験片内部では塑性拘束のため３軸引張応力状態となり，断面の中心部で最大応力状態となる．このとき，介在物や析出物を核として形成された多数の**微小空洞**（microvoid，または**ミクロボイド**）が成長と合体によりき裂が外周部に向かって拡大し，引張軸に垂直な破面を形成する．き裂が外周表面近傍まで成長すると，平面応力状態となるので材料はすべり変形しやすくなり，最大せん断応力面に沿った引張軸と約 45° の面でせん断破壊して**シャーリップ**（shear rip，または**せん断縁**）を形成する．破面中央には微小空洞を引き裂いた痕跡として，図 9.6 のような**ディンプル**（dimple）と呼ばれる無数の微小な凹みが観察される．

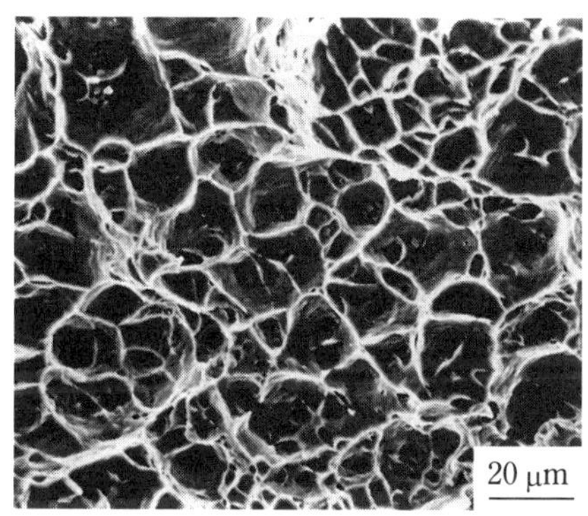

図 9.6　ディンプルを伴った延性破面

延性破壊の代表的な形態であるディンプルは，図 9.7 に示すように破面に対する作用応力によってその様相が異なる．破面に垂直な引張応力が作用する場合には同図（a）の**等軸ディンプル**（equiaxed dimple，図 9.6 参照）が，せん断や引裂き応力が作用する場合には同図（b）（c）の**伸長ディンプル**（elongated dimple）がそれぞれ観察される．なお，伸長ディンプルについては，せん断と引裂き応力では相対する一対の破面におけるディンプルの伸長

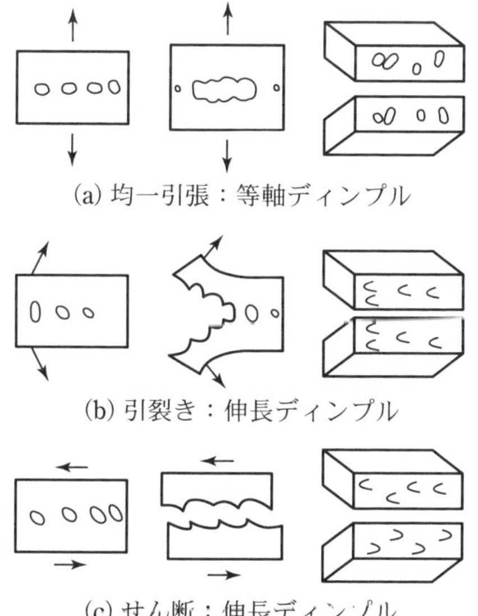

（a）均一引張：等軸ディンプル

（b）引裂き：伸長ディンプル

（c）せん断：伸長ディンプル

図 9.7　ディンプルと応力状態

方向が互いに異なるので，これを利用して負荷応力状態やき裂進展方向を推定することができる．

薄板などの延性破壊では，断面全体が平面応力状態になるため破面の大半が上述のせん断破壊となる．また，微小空洞の核となる微小物が極めて少ない純金属では，微小空洞の成長と合体による内部き裂が形成されずに断面収縮が進行するため，絞りが 100％に近いチゼルポイント状破壊となる．いずれにせよ，延性破壊ではき裂先端近傍で大きな塑性変形を伴いながら，き裂進展とともに破壊がゆっくりと進行する．このようなき裂は**安定破壊**（stable fracture）と呼ばれ，さらに応力を加えなければ進展することはなく，破面上には明瞭に塑性変形の痕跡が認められる．

(2) 脆性破壊

脆性破壊は塑性変形をほとんど伴わない破壊であり，図 9.5 に示したように引張応力にほぼ垂直な方向にき裂が急速に進展して破壊する．第 7 章で述べたように明瞭な低温脆性が認められる bcc 格子や hcp 格子などの結晶性材料において，一般的な脆性破壊は特定の結晶面に沿って分離する**へき開破壊**（cleavage fracture）が起こり，この格子面を**へき開面**（cleavage plane）という．脆性破壊した破面は引張軸に対してほぼ垂直で平坦であり，巨視的には図 9.8 に示すようにき裂進展方向に**シェブロンパターン**（chevron pattern，または**山形模様**）と呼ばれる模様が，外周部には平面応力状態になるためシャーリップがそれぞれ観察される．図 9.9 に示す典型的なへき開破面のように，微視的にはき裂進展方向に沿っ

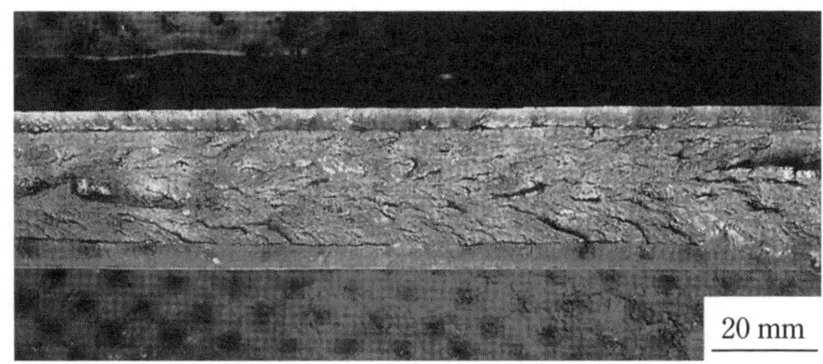

図 9.8　巨視的な脆性破面

てへき開段が合体してできる**リバーパターン**(river pattern)と呼ばれる模様が観察される.

通常は延性破壊を生じる材料でも，内部に欠陥や切欠きが存在し，低温や衝撃などの条件下では脆性破壊を生じ，ほとんど塑性変形を伴わずにき裂が急速に進展する．このようなき裂を**不安定破壊**(unstable fracture)といい，き裂が進展し始めると応力を増加させなくても進展し続けるのが大きな特徴である.

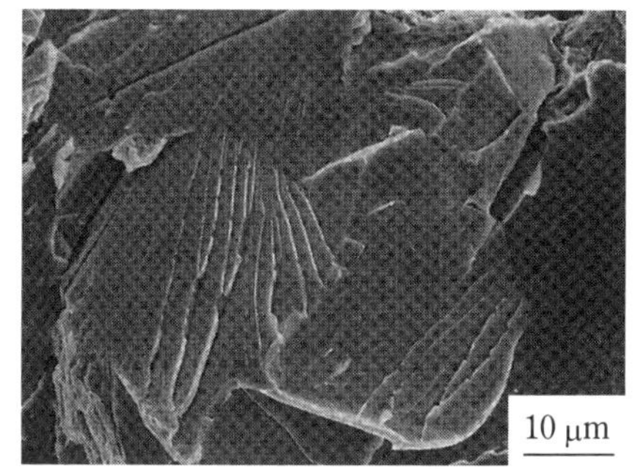

図 9.9　リバーパターンを伴ったへき開破面

9.3　疲労強度

一般に，引張試験では破壊が生じない低い応力でも，繰り返し荷重を負荷すると材料にき裂が発生し，成長して最終的に破壊に至ることがある．このような破壊に至る現象を**疲労**(fatigue，または**疲れ**)といい，その繰り返し荷重としては引張，圧縮，曲げ，ねじりが用いられる.

(1) 繰り返し応力とS-N曲線

実機における繰り返し応力は一般にその大きさが時間的に変動する複雑な応力であるが，多くの**疲労試験**(fatigue test)には図9.10に示すように正弦波形の繰り返し応力が使われる.ここで，σ_aは**応力振幅**(stress amplitude)，σ_mは**平均応力**(mean stress)，σ_{max}は**最大応力**($=\sigma_m+\sigma_a$，maximum stress)，σ_{min}は**最小応力**(minimum stress)，Rは**応力比**($=\sigma_{min}/\sigma_{max}$，stress ratio)という．応力比を変化させることによ

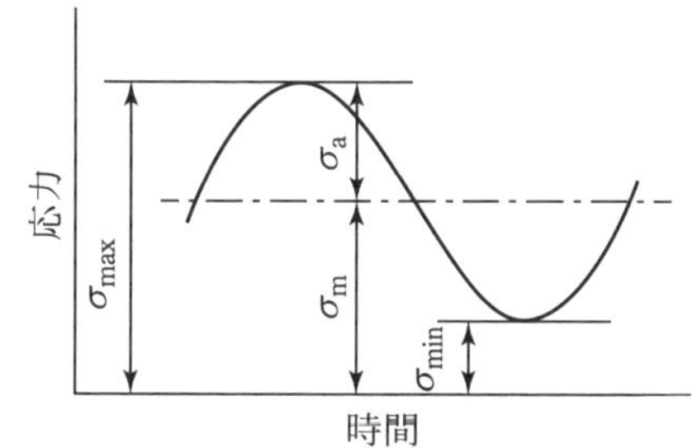

図 9.10　繰り返し応力の定義

り応力状態が異なり，たとえば図 9.11 に示すように $R=-1$ の**両振り応力**(reversed stress)，$R=0$ の**片振り引張応力** (fluctuating tensile stress)，$R=1/3$ の**部分片振り引張応力** (partially fluctuating tensile stress)，$R=-1/3$ の**部分両振り応力** (asymmetrical reversed stress) などがある.

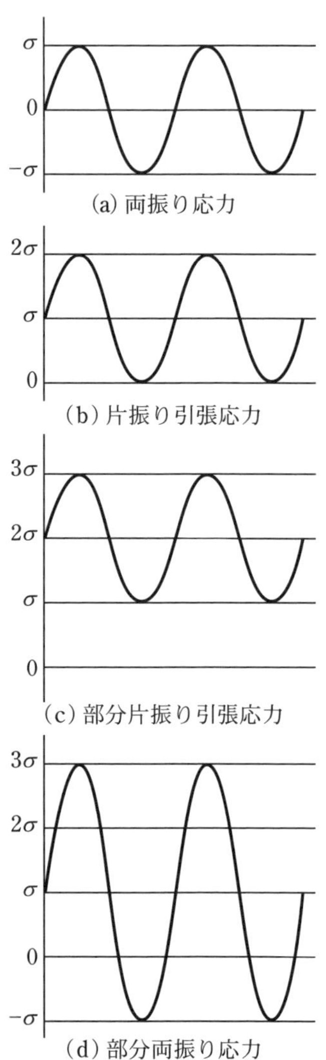

図 9.11　両振りと片振りの応力波形

疲労破壊に最も影響を与えるのは応力振幅であり，平均応力や応力比を一定にして疲労寿命を求めることが多い．応力振幅 σ_a を縦軸に，破断までの繰り返し数 N_f を横軸に対数表示でとり，このような実験値を多数プロットして模式的に図示すると図 9.12 のようになる．これはS–N **曲線** (S–N curve，または**ウェーラー曲線** Wöhler curve) という．鉄鋼材料の場合は $N=10^6$ 付近で S–N 曲線が明確に折れ曲がり，$N=10^6\sim10^7$ で水平部分が現れて，これ以下の応力域では疲労破壊が生じない特徴を有する．この下限界の応力振幅を**疲労限度** (fatigue limit，または**耐久限度** endurance limit) という．一方，非鉄金属材料においては明確な疲労限度が現れず，S–N 曲線は $N=10^7$ を超えても連続的に低下する傾向が見られる．そのため S–N 曲線上の $N=10^7$ における縦軸の値，すなわちこの**時間強度** (fatigue strength at N) を用いて**疲労強度** (fatigue strength) と見なす取り扱いもある．また，鉄鋼材料についても腐食環境など試験条件によっては明確な疲労限度が現れないこともあるので，疲労設計においては十分な注意を要する.

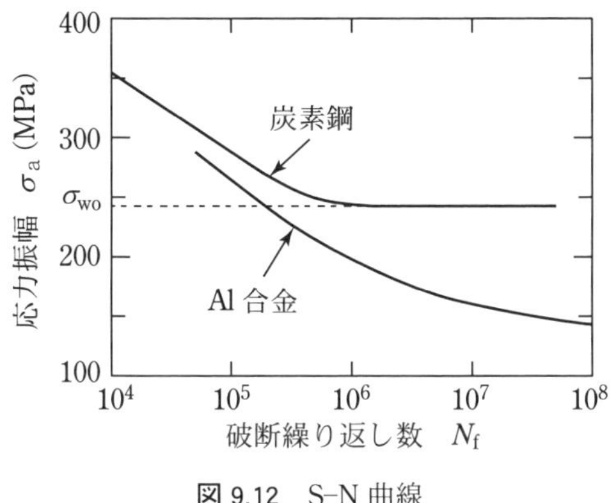

図 9.12　S–N 曲線

(2) 疲労限度線図

装置，機械や構造物の疲労設計の際に，疲労強度に及ぼす平均応力の影響を示す**疲労限度線図** (fatigue limit diagram，または**耐久限度線図** endurance limit diagram) が利用される．図 9.13 はその模式図であり，縦軸に応力振幅，横軸に平均応力をとって疲労限度を図示している．いま，この図面上に種々の応力状態において疲労試験を行い，得られる疲労限度をそれぞれプロットすれば，初めて 1 枚の疲労限度線図が作図できる．しかし，実際にはこの線図を作成することが

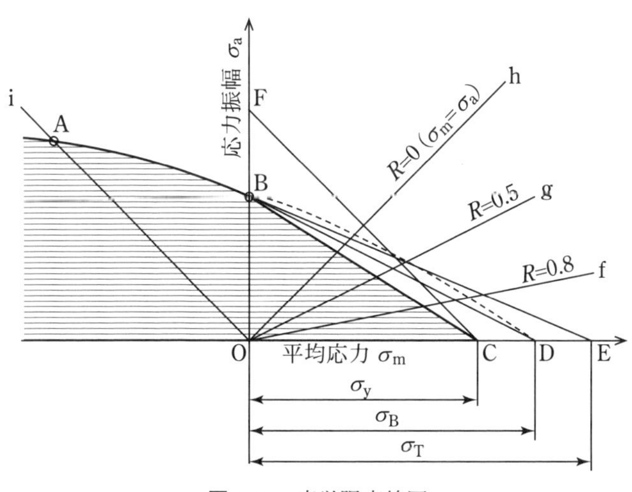

図 9.13　疲労限度線図

容易でないので，片振り圧縮および両振り応力下の疲労限度をそれぞれA, B点とし，同図中の曲線ABを通ってC, D, E点に至るいくつかの右下がりの直線あるいは曲線で近似する．本来，B点の両振り疲労限度σ_{wo}とE点の真破断応力σ_Tを直線近似して疲労設計の基準とし，これを**グッドマン線**(Goodman line)と呼ぶ．しかし，実際には真破断応力を評価することがむずかしく，それより安全側のD点の引張強さσ_BやC点の降伏強さσ_yを横軸上にとって直線近似することが多い．前者を**修正グッドマン線**(modified Goodman line)，後者を**ソダーベルグ線**(Soderberg line)と呼ぶ．また，図中の破線のように放物線近似することもあり，これを**ゲルバー線**(Gerber line)と呼ぶ．安全設計上の使用応力については正確な疲労限度線図の把握が重要であり，最も安全側であるBC線のソダーベルグ線は機械設計においてよく用いられ，次式によって表される．

$$\sigma_a = \sigma_{wo}\left(1 - \frac{\sigma_m}{\sigma_y}\right) \tag{9.12}$$

上述の$\sigma_{max}=\sigma_m+\sigma_a$の関係式に式(9.12)を代入すると，次式が得られる．

$$\sigma_{max} = \sigma_{wo} + \sigma_m\left(1 - \frac{\sigma_{wo}}{\sigma_y}\right) \tag{9.13}$$

部材に応力集中を生ずる場合には，次のような係数を導入してソダーベルグ線を基準に使用限界応力を求めることができる．

一般に，応力集中部がない平滑材の疲労限度σ_wと，それがある切欠き材の疲労限度σ_{wk}とではその値が異なる．この比を**切欠き係数**(fatigue strength reduction factor)といい，次式で表される．

$$\beta = \frac{\sigma_w}{\sigma_{wk}} \tag{9.14}$$

切欠き係数βは，同じ形状を持つ応力集中係数αの数値よりやや小さいのが普通である．両者の関係は次式で表される．

$$\eta = \frac{\beta - 1}{\alpha - 1} \tag{9.15}$$

左辺のηを**切欠き感度係数**(fatigue notch sensitivity factor)と呼び，一般に1≧

$\eta \geqq 0$，$\alpha \geqq \beta \geqq 0$ である．$\eta=1$ すなわち $\alpha=\beta$ では，弾性的応力集中がそのまま疲労限度の低下につながるから，材料は切欠きに対して敏感である．一方，$\eta=0$ すなわち $\beta=1$ では，切欠きが存在しても疲労限度は低下しないから，材料は切欠きに対して鈍感であるといえる．

(3) 疲労き裂発生と伝播

疲労き裂発生・伝播過程を微視的に観察すると，図 9.14 に示すように大きく 2 つに段階に分けられる．試験片表面に**固執すべり帯**（persistent slip band，略して PSB）と呼ばれる箇所に**入り込み**（intrusion）と**突き出し**（extrusion）が形成され，これが応力集中源となって**第 I 段階**（stage I）のすべり面（引張応力方向と約 45°）に沿う結晶粒オーダの微小き裂が発生する．第 I 段階の疲労破面は比較的無特徴であり，これに続く**第 II 段階**（stage II）の引張応力に垂直なき裂伝播は寿命の大

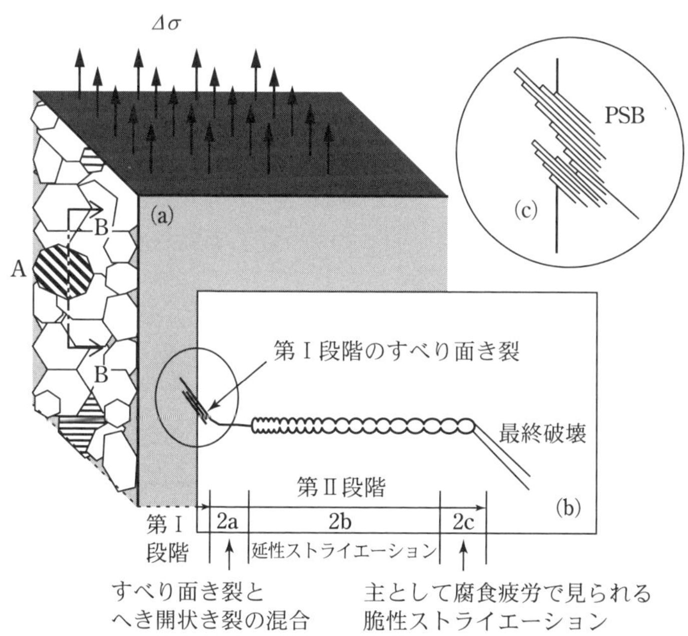

図 9.14　疲労き裂発生および伝播形態の模式図．(a) 表面の結晶粒 A からのき裂発生，(b) B–B 断面におけるき裂発生・伝播状況，(c) 第 I 段階の拡大

部分を占め，破面には図 9.15 のような き裂進展方向（矢印）に垂直な**ストライエーション**（striation）と呼ばれる特徴的模様が観察される．

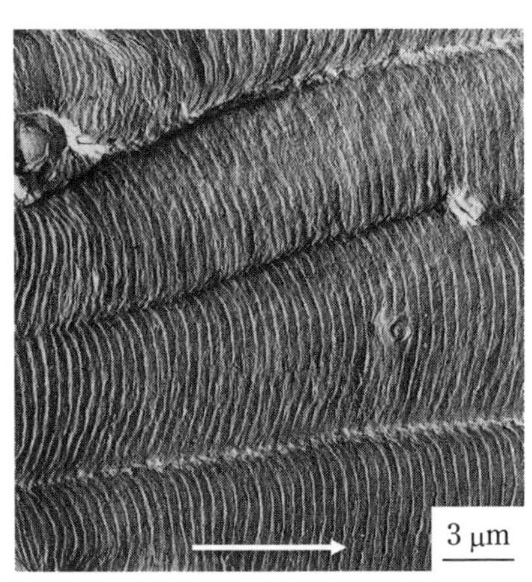

図 9.15　ストライエーション

9.4　クリープ強度

高温では熱エネルギーのため原子が移動しやすいので，一般に材料の強度が下がるだけでなく常温と異なる現象が生じる．その特徴的性質として，変形および破壊が時間に大きく依存し，一定荷重下においても変形が次第に増加して遂に破壊に至る．この現象を**クリープ**（creep）という．

(1)　クリープ曲線とデザインデータ線図

高温で使用する材料の高温特性を知るためには**クリープ試験**（creep test）が行われる．この試験では試験片を所定の温度に保ち，一定荷重を負荷したときの経過時間と試験片伸びの関係を調べ，図 9.16 のような**クリープ曲線**（creep curve）を得る．通常，低応力-低温度の場合はほとんどひずみが増加しないが，高応力-高温度の場合はたちまち破断に至る．一般に高温用構造材のクリープ曲線はその中間的な形態を示し，次の 3 つの領域からなる．第 1 期の**遷移クリープ**（transient creep）では，初期の大きなひずみ速度が時間の経過とともに減少し，第 2 期の**定常クリープ**（steady creep）での一定ひずみ速度に近づいていく．第 3 期の**加速クリープ**

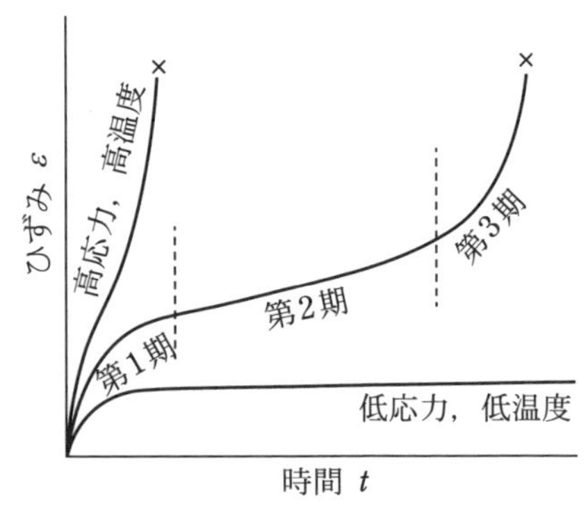

図 9.16　クリープ曲線

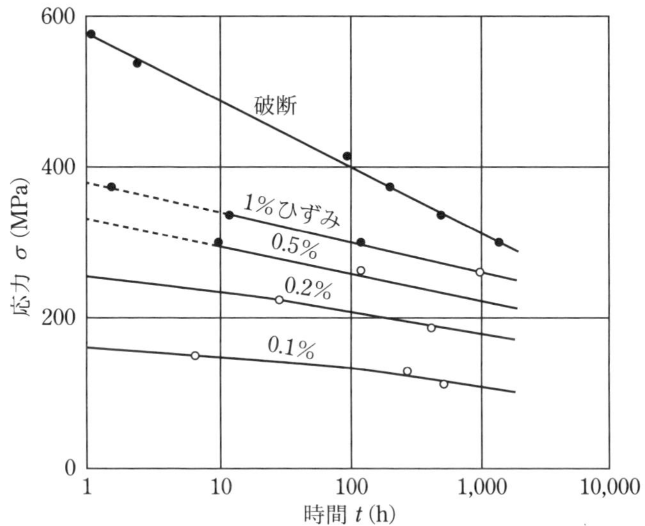

図 9.17　デザインデータ線図（耐熱合金 N–155，650℃）

(accelerating creep) ではひずみ速度が増加してやがて破断に至る．

クリープ特性を示すには，図 9.17 のような**デザインデータ線図** (design data diagram) が用いられる．この図は縦軸に応力，横軸に破断あるいは規定したひずみが生じる時間をとり，目的に応じて規定した許容ひずみと破断寿命に対して**クリープ強さ** (creep strength) あるいは**クリープ破断強さ** (creep rupture strength) を知ることができる．すなわち，クリープ強さは一定温度で一定時間負荷したときに生じたひずみが規定した値に達する応力をいう．また，クリープ破断強さは規定した時間にクリープ破断が生じる応力をいう．

(2) クリープ破壊

高温におけるクリープ現象は，常温と異なる特徴的な性質を示し，転位の交差すべりや上昇運動など拡散に支配されることが多い．また，特徴的な**クリープ破壊** (creep rapture) として粒界破壊があり，クリープ破壊における粒界破壊の様式は，図 9.18 に示すように応力の大きさにより 2 種類に大別できる．粒界 3 重点などに生じる大きな応力集中のためにくさび形をした同図 (a) の **w 型** (wedge

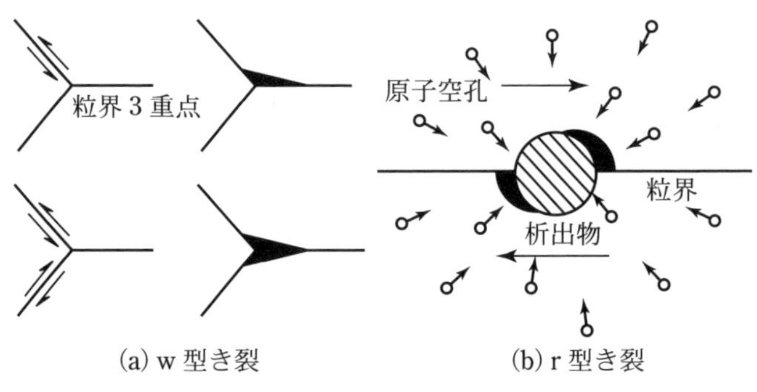

図 9.18　クリープき裂発生機構

type) き裂が発生し，これが合体して破壊に至る．一方，低応力域では粒界のすべり量は小さいが，長時間，高温下に置かれるため粒界上の析出物などに粒界すべりにより微少空隙が生じ，これに原子空孔が拡散，凝集して丸い形をした同図 (b) の **r 型** (round type) き裂が発生し，これが合体して破壊に至る．高応力域ではすべりの影響が支配的であるため，き裂は引張応力の 45° 方向の粒界に最も多く，低応力域では空孔の凝集が支配的であるため，引張軸に垂直な粒界に多く発生する．

9.5　環境強度

装置，機械や構造物などを取り巻く環境は多種多様であり，とりわけ気体または液体環境の影響を強く受けてそれらの強度が著しく低下し，このような材料の強度を**環境強度** (environmental strength) という．金属材料における環境強度の低下は，電気化学的反応である**腐食** (corrosion) が局所的に関与しながら，静的な引張荷重や繰り返し荷重下において容易に生じる．ここでは，代表的な環境強度を取り上げる．

(1) 腐食現象

金属材料を水溶液中に浸漬すると，表面の不均一性に由来する**局部電池** (local cell) が形成されて腐食反応が進行する．陽極部では**アノード反応** (anodic reaction) が進行して金属がイオンとして溶出し，陰極部では残余の電子を受けて水素発生 (あるいは酸素還元) の**カソード反応** (cathodic reaction) が起こり，電荷的には両者はバランスしなければならない．たとえば，Fe を酸性溶液中に浸漬すると激しく H_2 を発生し，次式のような反応が進行する．

$$Fe \rightarrow Fe^{2+} + 2e^- \quad (\text{アノード反応}) \tag{9.16}$$

$$2H^+ \rightarrow e^- \rightarrow H_2 \quad (\text{カソード反応}) \tag{9.17}$$

一方，溶存酸素を含む中性およびアルカリ溶液中では，カソード反応として次式のような酸素還元反応が起こる．

$$H_2O + 1/2O_2 + 2e^- \rightarrow 2OH^- \tag{9.18}$$

(2) 応力腐食割れ

金属材料は，静的な引張荷重下で腐食環境に曝されると脆性的に破壊し，このような現象を**応力腐食割れ** (stress corrosion cracking，略して SCC) という．この現象は環境と材料の特定な組み合わせで起こり，環境因子 (化学種，pH，電位など)，材料因子 (合金元素，格子欠陥，偏析など) および応力因子 (塑性すべり，残留応力，破壊様式など) の 3 つが複雑に作用している．一般に広義の SCC は，電気化学的観点から図 9.19 に示すように**活性経路腐食** (active path corrosion，略して APC) と**水素脆化** (hydrogen embrittlement，略して HE) に大別できる．APC 型 SCC (いわゆる狭義の SCC) では金属が局部的にアノード溶解し，腐食が進行して割れの形態をとり，金属をアノード分極することで割れの寿命が短くなる．一方，HE 型 SCC は**水素脆性割れ** (hydrogen embrittlement cracking) とも呼ばれ，カソード反応によって発生した水素が金属中に侵入して割れが生じる．電気化学反応は類似しているが，割れの発生，進展する場所や防食法が大きく異なるので注意を要する．

SCC 試験法は応力負荷の相違から次のように分類される．

定ひずみ法 (constant strain technique)：試験片に一定のひずみを与え，腐食環境に浸漬して SCC 発生時間や割れ深さを調べて割れ感受性を評価する．多数の試験片を同時に評価できて実環境の試験が容易であるが，力学的条件が不明確で

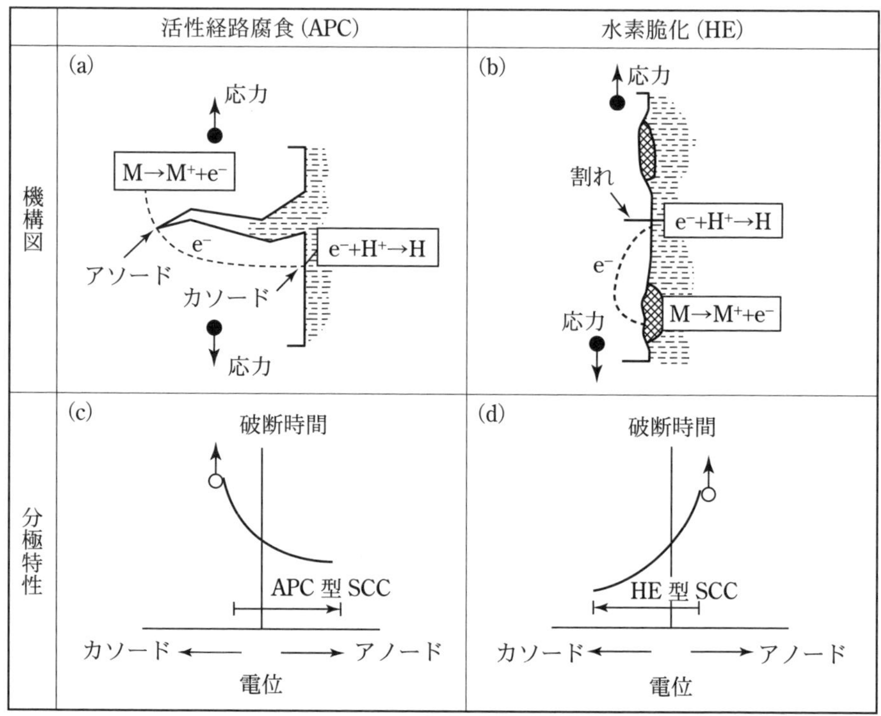

図 9.19　応力腐食割れ機構と分極特性

定量化が困難である．

定荷重法 (constant load technique)：種々の一定荷重を負荷して破断に至るまでの時間や電位を測定し，SCC 感受性は破断時間や限界応力値で評価する．力学的条件が明らかであるもののき裂が入るとひずみ速度が著しく大きくなり，材料の割れ感受性を検出し得ない場合がある．

低ひずみ速度法 (slow strain rate technique)：一定ひずみ速度条件下で応力–ひずみ曲線を調べ，非腐食性環境下に対する破断ひずみ比，最大応力比や破壊エネルギー比などにより SCC 感受性を評価する．短時間に評価ができてき裂伝播に関する情報が得られるが，その発生過程は無視している．

破壊力学法 (fracture mechanics technique)：破壊力学はき裂，欠陥，試験片の寸法・形状や荷重条件などを標準化するもので，力学的条件が異なる実験データの客観的な評価が可能となる．下限界き裂進展速度を求めて強度設計基準が得られるが，その発生過程については何ら情報が得られない．

以上のように，各種 SCC 試験法には一長一短があって評価の対象も異なり，実験室的な加速試験と実環境における試験の対応を考えて試験法を選択しなければならない．

(3) 腐食疲労

金属材料が腐食環境中で同時に繰り返し荷重を受けるとき，疲労強度の低下が著しく，大気中の疲労と異なった挙動を示すようになり，これを**腐食疲労** (corrosion fatigue) という．腐食疲労は清水，塩水や酸性溶液中などで起こることは明らかであるが，大気中においても酸素，湿気や吸着ガス等の影響が避けられない．とりわけ水分については，たとえ微量でも高強度材料において水素脆性割れを誘起するためその影響は大きい．

大気中における鉄鋼材料の S–N 曲線は，一般に繰り返し数 $N=10^6$ 付近で折れ曲がり，$N=10^6 \sim 10^7$ で水平部分が現れて疲労限度が決定される．しかし，腐食疲労の S–N 曲線は，図 9.20 に示すように水平部が見られず疲労限度が存在しな

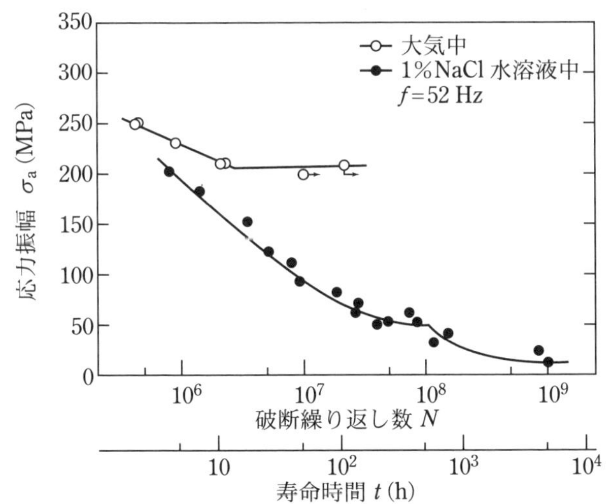

図 9.20　腐食疲労の S–N 曲線 (S15C)

いことが多い．また，大気中での疲労では応力の繰り返し速度の影響がほとんど認められないが，腐食疲労においてはその繰り返し速度の影響が大きい．この場合の疲労限度は，応力の繰り返し数はもちろんのこと繰り返し速度も明示する必要がある．

腐食疲労の特色は，き裂が寿命の初期に発生し徐々に進展することである．金属が繰り返し荷重を受けると表面に局部的なすべりを生じ，この箇所が活性溶解して微小な腐食ピットを生じる．ピット内ではpHの低下や応力集中が起こるため，ピットの成長が促進されてある程度以上の深さになるとき裂が発生し進展する．特に，き裂進展に及ぼす腐食環境の影響については，電気化学的効果と力学的効果の2つがある．前者はき裂先端のアノード反応によりその進展速度を加速するが，後者についてはき裂進展速度を加速のみならず減速する場合もあり，その効果が複雑なので十分注意する必要がある．

【演習問題】

9.1 MgO結晶の(100)面に垂直な方向の理論的引張強度を求めよ．ただし，$b_0=2.1\times10^{-10}$ m，$E=248\times10^{9}$ Nm^{-2}，$\gamma_s=1.398$ Nm^{-1}とする．

9.2 延性破壊と脆性破壊の微視的・巨視的な破壊様式を考察せよ．

9.3 延性材料において，ストライエーションは1回の繰り返し応力に対応して疲労破面に観察される模様であるが，その生成メカニズムを考察せよ．

9.4 いま，両振り疲労限度200 MPa，降伏強さ300 MPaの材料がある．これに平均応力210 MPaが作用するとき，疲労破壊も降伏もしない応力振幅はいくらになるかを求めよ．

9.5 金属の応力腐食割れ現象における影響因子を挙げ，電気化学的観点からそのメカニズムについて述べよ．

第Ⅱ編　機械材料各論

第10章　炭素鋼

鉄鋼材料を代表する**炭素鋼**(carbon steel) は，安価で加工性も良く，**熱処理**(heat treatment) によって優れた機械的性質を得ることができるため，金属材料の中で最も有用な機械材料として広く用いられている．通常は炭素鋼の状態で使用されるだけでなく，特性改善を目的に種々の合金元素を添加して使用されることが多い．ここでは，まず鉄鋼材料を代表する炭素鋼の状態図や組織について基本的な理解を深め，これを基に熱処理操作との関係を考えよう．

10.1　炭素鋼の状態図と組織

鉄鋼材料の炭素鋼は基本的に Fe–C 二元系合金であり，その性質に大きな影響を与える C の含有量によって 0.02％C 以下の**純鉄** (pure iron，または**鉄**)，0.02～2.14％C の**鋼** (steel)，2.14～6.67％C の**鋳鉄** (cast iron) に大別できる．なお，鉄鋼は C の他に極めて少量の Si，Mn，P，S (いわゆる鉄鋼の五大元素) を含んでいる．炭素鋼は，0.05～0.3％C の**低炭素鋼** (low carbon steel)，0.3～0.5％C の**中炭素鋼** (medium carbon steel)，0.5％C 以上の**高炭素鋼** (high carbon steel) に分類できるが，これは組織や状態図に由来する便宜的な分類で厳密性はない．

(1) 純鉄の変態

純鉄を常温から溶融状態まで徐々に加熱すると，図 10.1 のように結晶構造が 2 箇所で変化する同素変態を起こす．常温における Fe の結晶構造は bcc 構造であるが，加熱して 911℃になると fcc 構造に変化する．この変態を **A_3 変態** (A_3 transformation) といい，この変態点を A_3 点とする．さらに加熱して 1,392℃になると再び bcc 構造となり，この変態を **A_4 変態** (A_4 transformation) といい，この

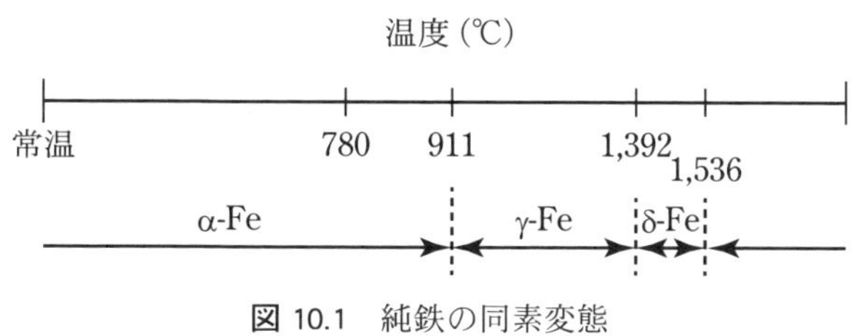

図 10.1　純鉄の同素変態

変態点を A_4 点とする．なお，1,536℃は Fe の融点である．このよう Fe には 2 つの同素変態点があり，911℃以下の Fe を α 鉄（α-Fe），911～1,392℃のそれを γ 鉄（γ-Fe），1,392℃以上のそれを δ 鉄（δ-Fe）という．なお，常温の α 鉄は強磁性体であるが，約 780℃まで加熱すると急激に磁性を失って常磁性体になり，この変化を**磁気変態**（magnetic transformation）という．強磁性を失う温度を**キュリー点**（Curie point）といって A_2 点とするが，この磁気変態は結晶構造の変化を伴っていない．

一般に金属を加熱すると緩やかに膨張するが，純鉄も同様である．図 10.2 は純鉄を加熱・冷却したときの体積収縮，膨張の様子を示しており，加熱すると

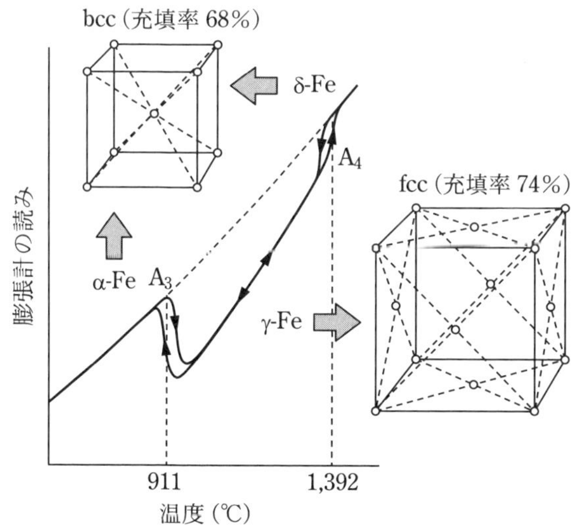

図 10.2　純鉄の同素変態による体積変化

A_3 点の 911℃では急に収縮し，A_4 点の 1,392℃では逆に膨張する．この現象は同素変態による結晶構造の変化によるものであり，加熱時に α-Fe (bcc 構造) の単位格子の充填率 68％から γ-Fe (fcc 構造) の 74％に増加するために体積が収縮する．さらに加熱温度を上昇させると，γ-Fe (fcc 構造) の充填率 74％が δ-Fe (bcc 構造) の 68％に減少することから膨張する．なお，同図より γ-Fe の方が α-Fe や δ-Fe に比べて熱膨張係数が大きいことがわかる．また，極めて遅い温度変化ならば変態温度が加熱・冷却時で同じになるが，温度変化を速くするとこの変態温度にずれが生じる．

(2) 炭素鋼の状態図

炭素鋼は Fe–C 二元系合金であり，この平衡状態図を理解することが基本である．図 10.3 に C 量が 6.67％までの範囲の Fe–C 状態図を示す．炭素鋼中では多

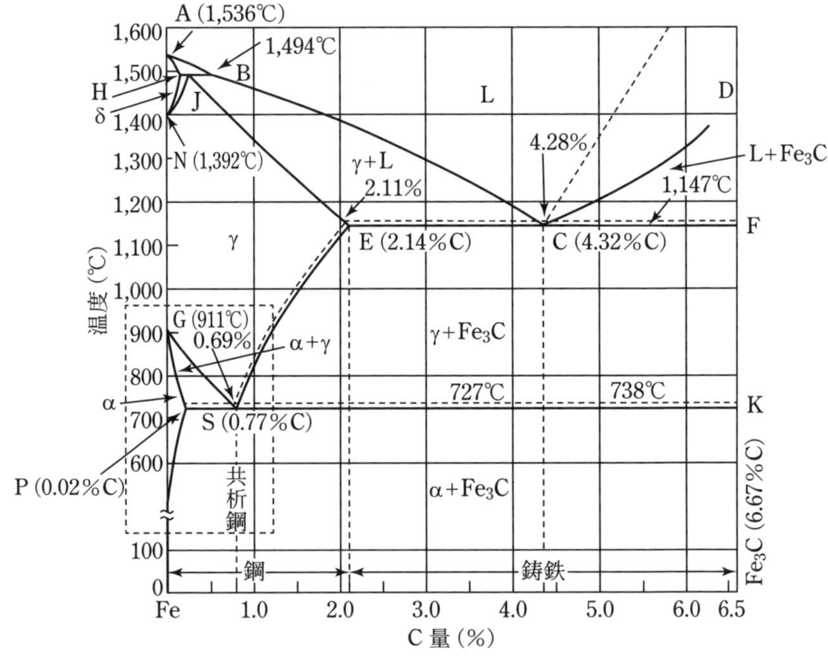

図 10.3　Fe–C 状態図

くが Fe の炭化物である Fe_3C として存在する．C の最大固溶量が 6.67％であり，これが同図の右縦軸の C 量に対応するため，炭素鋼の状態図を **Fe–Fe_3C 状態図** (Fe–Fe_3C phase diagram) ともいう．鉄鋼材料を分類すると前述のように状態図の P 点と E 点を境に，工業用純鉄 <(P 点の組成)< 鋼 <(E 点の組成)< 鋳鉄である．通常，炭素鋼と呼ばれるものは炭素量が 2.14％以下の範囲であり，一部の C は基地の Fe 中に固溶し，また固溶限以上の C は Fe_3C の形で鋼中に存在する．C 量が 2.14％以上の鋳鉄は C が基地中に固溶するだけでなく，本来，C の安定相である**黒鉛** (graphite, G) として晶出される場合が多く，Fe_3C と黒鉛の両者が混在する組織となる．C が黒鉛の形態をとるときは図中の破線で示した Fe–G 状態図に対応する (第 12 章参照)．

Fe の基地中に固溶した C は侵入型固溶体を形成するが，α-Fe および γ-Fe に C を固溶した固溶体をそれぞれ**フェライト** (ferrite)，**オーステナイト** (austenite) という．フェライトには C が極めてわずかにしか固溶せず，その固溶限は常温で 0.00004％であり，軟らかく展延性に富む強磁性体である．温度上昇に伴って C の固溶量は増大するが，最大固溶限は 727℃でわずか 0.02％ (P 点) である．一方，オーステナイトは 727℃以上の高温で存在するが，常温では存在しない組織である．C の最大固溶限は 1,147℃で 2.14％ (E 点) であり，固溶限度以上に添加された C は上述の Fe_3C となる．この炭化鉄は**セメンタイト** (cementite) と呼ばれ，Fe と C が原子比 3：1 で結合した金属間化合物であるため，硬くて脆い性質を有する．炭素鋼では固溶限以上の C は本来の安定相である黒鉛の形ではなく，セメンタイトとして存在することが多い．

図 10.4 は，炭素鋼を取り扱う上で重要な**共析点** (eutectoid point，図 10.3 の S 点) 付近を拡大した Fe–C 状態図である．炭素鋼は組織に由来する分類であり，共析点 0.77％ C の炭素鋼を**共析鋼** (eutectoid steel)，それより炭素量の少ない炭素鋼を**亜共析鋼** (hypoeutectoid steel)，多い炭素鋼を**過共析鋼** (hypereutectoid steel) という．ここで，S 点は共析点，GS 線は γ 相からフェライトが析出し始める線で A_3 線と呼び，γ 相の A_3 変態が開始する線でもある．GP 線は P 点以下の C 組成の γ 相から初析 α 相の析出の終了線である．ES 線は γ 相に対する固溶炭素の溶解度曲線であり，セメンタイトの初析線でもあることから A_{cm} 線とする．PSK 線は A_1 線，A_1 線の示す温度を**共析温度** (eutectoid temperature) とい

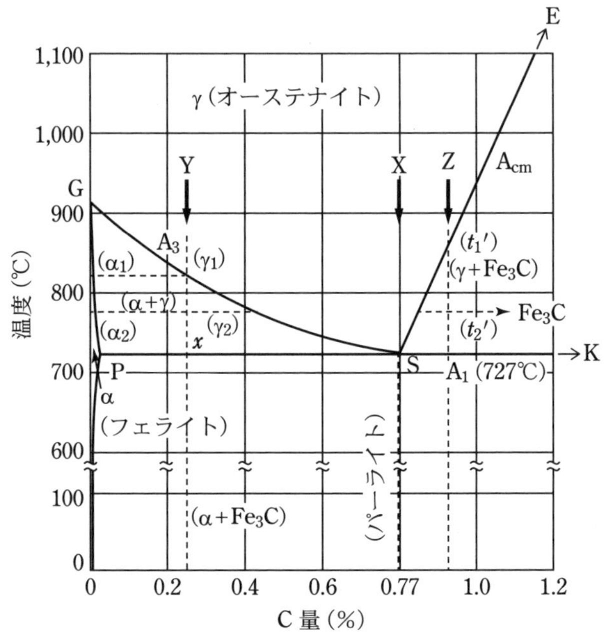

図 10.4　Fe–C 状態図の拡大

う．この温度では「S 点組成の γ 相 (0.77% C) → P 点組成の α 相 (0.02% C) +K 点組成の Fe_3C」の共析反応が起こる．この反応を炭素鋼の**共析変態** (eutectoid transformation) または **A_1 変態** (A_1 transformation) という．

(3) 炭素鋼の組織と性質

ここでは，上述の共析鋼，亜共析鋼および過共析鋼において，それらの冷却過程における組織変化と機械的性質について考える．

a. 組織変化

X 組成の共析鋼を γ 相域からゆっくり冷却し，S 点に達すると共析反応が起こる．ここでは，γ 相 (0.77% C) が α 相 (0.02% C) と Fe_3C の二相分離が生じて特徴的な層状の組織となり，この組織は鋼の**パーライト** (perlite) と呼ばれる．図 10.5 は，パーライトの核生成・成長とその組織を模式的に示している．まず同図 (a) に示すように，γ 相の結晶粒界にセメンタイト (Fe_3C) の結晶核が発生す

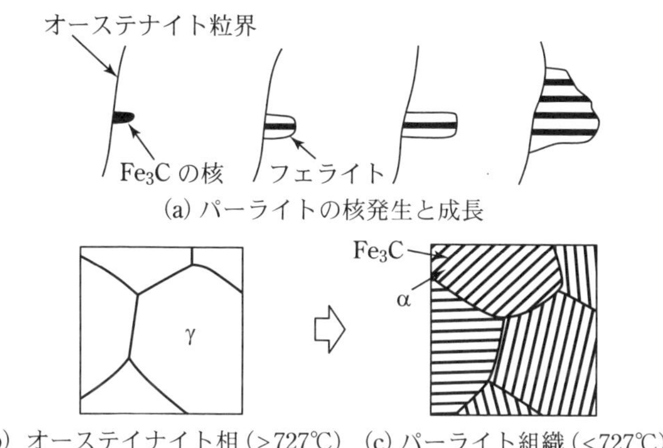

図 10.5　パーライトの核生成・成長とその組織

る．このセメンタイト相が成長するとC濃度が減少したその周辺はα相へ変態し，層状のセメンタイト相とα相が交互に重なったパーライト組織が形成される．このように共析温度を境に同図 (b)，(c) のような共析変態は，**パーライト変態** (perlite transformation) ともいう．

Y組成の亜共析鋼をγ相域からゆっくり冷却したときの相の変化について考える．温度が低下して GS 線 (A_3 線) に達するとγ相からα相が析出し始める．この冷却が進むにつれてγ相のC濃度は GS 線に沿って変化し，γ相の濃度も GP 線に沿って変化する．冷却が進むにつれて温度が A_1 線の共析温度に達したときには，この間に析出した初析α相とS点組成のγ相が共存するため，前述のパーライト変態が起こって未変態のγ相がパーライト組織になる．このような亜共析鋼の組織変化を図 10.6 に示す．

Z組成の過共析鋼をγ相域からゆっくり冷却したときは，SE 線 (A_{cm} 線) でγ相からセメンタイトの析出が始まり，温度の低下とともにγ相は SE 線に沿って濃度が変化し，それに対応してセメンタイトの析出が続く．この初析セメンタイトは図 10.7 に示すようにγ相の結晶粒界に沿って網目状に析出する．温度がさらに低下して共析温度に達すると，S点組成のγ相がパーライト変態を起こしてパーライト組織になる．

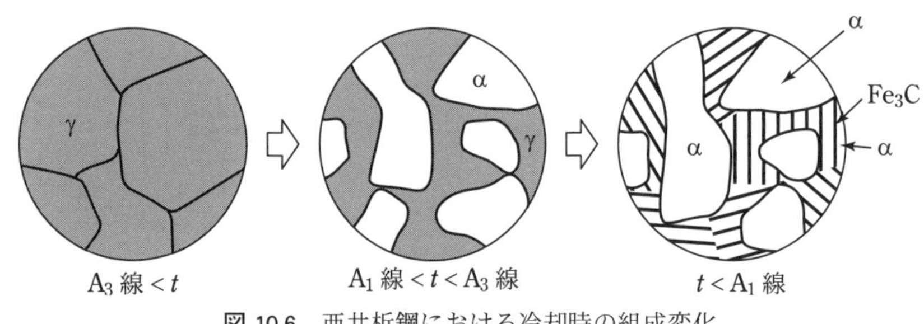

図 10.6　亜共析鋼における冷却時の組成変化

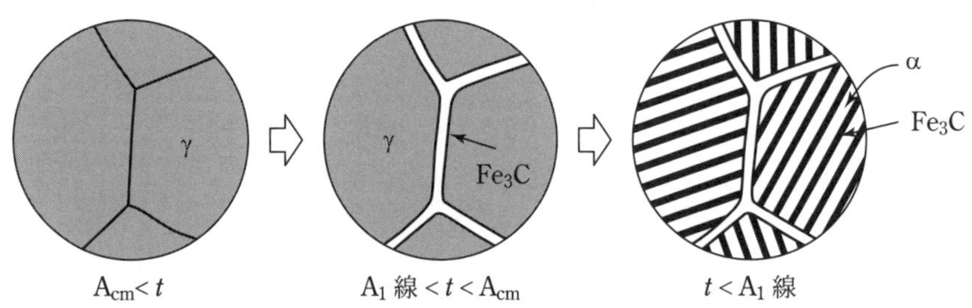

図 10.7　過共析鋼における冷却時の組成変化

b. 組織と性質の関係

炭素鋼の機械的性質は組織の影響を強く受ける．フェライトは軟らかく展延性に富む強磁性体であり，引張強さが 200～250 MPa, 硬さ (HV) が 80 程度である．金属間化合物であるセメンタイトは非常に硬くて脆い性質を有し，硬さ (HV) は 700 以上で変形能をほとんど有しない．パーライトはフェライトとセメンタイトが交互に積層した組織であり，強度と靭性を兼ね備えている．その引張強さは 800～1,000 MPa，硬さ (HV) は 300 程度，伸びは約 15% である．

炭素鋼の**標準組織** (normal structure) とは，図 10.3 に示した Fe–C 状態図の GSE 線以上の温度，すなわち均一なオーステナイト相をゆっくり冷却して得られる平衡状態にある常温組織をいう．炭素鋼の標準組織は C 含有量によって異なり，上述の初析フェライト，初析セメンタイトおよびパーライトの組織割合は図 10.8 に示すように C 量によって整理できる．亜共析鋼において C 量が増加すると，初析フェライトが減少してパーライトが逆に増加するので，強度が増加して靭性が低下する．これはフェライトが軟質でパーライト中のセメンタイトが

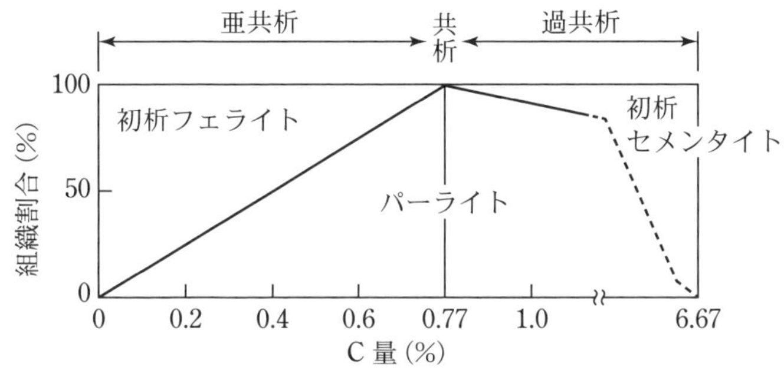

図 10.8　炭素鋼における C 量と組織割合の関係

非常に硬くて脆いことことに起因する．一方，過共析鋼では初析セメンタイトにパーライトが混在している組織であり，強度や硬さが増加している反面，伸びは急激に低下する．このように亜共析鋼のパーライト量および過共析鋼の初析セメンタイト量はC量に比例して増加するので，炭素鋼の顕微鏡組織からおおよそのC量の値を推定できる．

10.2　炭素鋼の熱処理

ここで扱う熱処理とは，鉄鋼材料を加熱・冷却することにより変態・拡散・析出などを利用して組織制御を行い，所望の機械的性質を得るための調質法の1つである．熱処理の過程を図10.9のような熱処理サイクル図で示すとわかりやすく，保持時間や冷却方法によって組織や性質が大きく変わる．冷却方法には連続的に冷却する**連続冷却** (continuous cooling) と，冷却途上で一定温度に保持後再び冷却する**恒温冷却** (isothermal cooling)

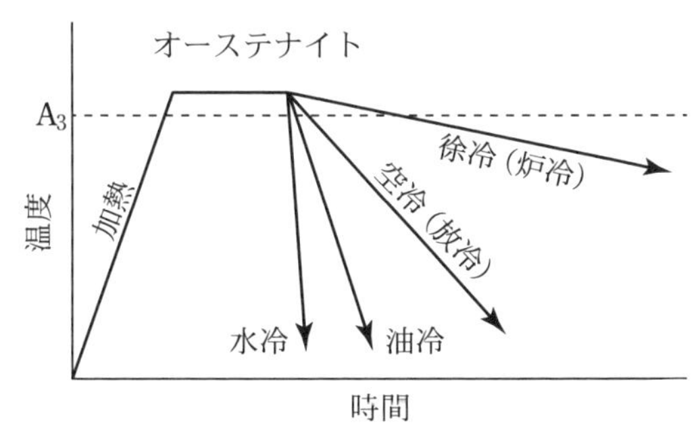

図 10.9　熱処理サイクル

の2通りがある．連続冷却における冷却速度は，徐冷（炉冷）< 空冷（放冷）< 油冷 < 水冷の順に大きくなり，またそれらの冷却速度を速めるために冷媒を撹拌することが有効である．

(1) 冷却速度と変態

純鉄および共析鋼を常温から変態点以上にゆっくり加熱後，常温までゆっくり冷却したときの試料の長さは図10.10のように変化する．純鉄ではA_3変態による収縮と膨張変化が，共析鋼ではA_1変態による収縮と膨張変化がそれぞれ表れる．いずれも加熱時と冷却時の変態温度のずれが認められるが，これは変態にある程度の時間を要するためであり，加熱時には高温側に，冷却時には低温側にずれる現象が生じる．このずれは加熱・冷却速度に大きく依存するので，加熱・冷却時の変態を区別するために添字c，rを付けて加熱時の変態をA_{c1}，A_{c3}，冷却時の変態をA_{r1}，A_{r3}とする．なお，状態図で示される平衡温度はA_{e1}，A_{e3}のように添字eを付ける．

図10.11は，共析鋼をオーステナイト組織から種々の冷却速度で冷却したときの熱膨張曲線である．同図中の(a)は炉中で徐冷した場合であり，A_{r1}変態は完了して層状パーライト組

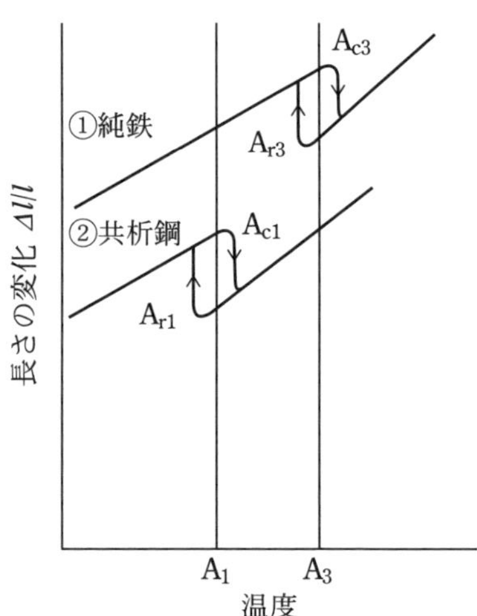

図 10.10　加熱・冷却時の変態温度

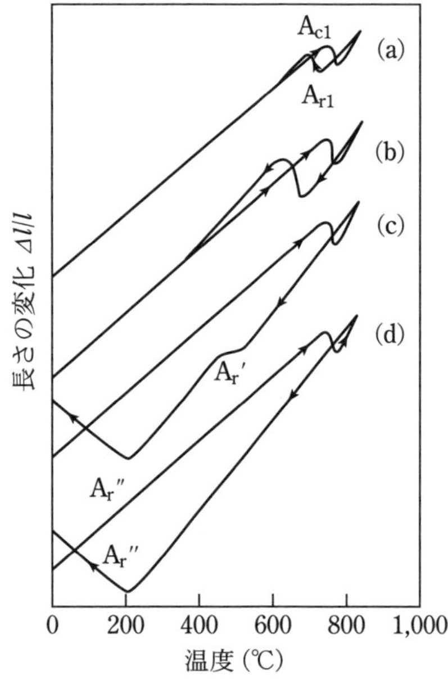

図 10.11　共析鋼の冷却速度による膨張・収縮の変化

織になる．(b) は空中放冷した場合であり，A_{r1} 点は約 650℃まで下降してパーライト変態を起こし，やや微細なパーライトすなわち**ソルバイト** (sorbite) の組織が得られる．(c) は油中冷却した場合であり，500℃付近で第一の膨張が，200℃付近で第二の膨張が起こる．第一の膨張はオーステナイトから極めて微細なパーライトすなわち**トルースタイト** (troostite) を生成するパーライト変態であり，**A_r' 変態** (A_r' transformation) という．これに対して第二の膨張は，オーステナイトから**マルテンサイト** (martensite) が生成する**マルテンサイト変態** (martensitic transformation) であり，これを **A_r'' 変態** (A_r'' transformation) と呼ぶ．マルテンサイトは α-Fe に C を過飽和に固溶しており，油中冷却ではトルースタイトにマルテンサイトが混じった組織となる．さらに冷却速度が大きい (d) は水中冷却した場合で，200℃付近で A_r'' 変態だけが起こり，しかもこれが完了しないで常温に達するので，マルテンサイトに未変態のオーステナイトすなわち**残留オーステナイト** (retained austenite) が混じった組織になる．

(2) 熱処理の種類とその熱操作

鋼の熱処理は，平衡状態図を基に熱処理温度，保持時間，冷却方法など操作の種類によって次のように分類できる．

焼なまし (annealing，または**焼鈍**)：加工組織の均一化，内部応力の除去，材質や被削性の改善などの目的で行う熱操作である．一般に亜共析鋼では A_{c3} 線，過共析鋼では A_{c1} 線より 30～50℃高い温度に加熱保持し，炉中で徐冷する熱操作である．このような焼なましを**完全焼なまし** (full annealing) ともいい，残留ひずみのない軟らかい材料が得られる．焼なましは目的や鋼種によって多くの種類に分けられ，凝固偏析などを固体内拡散によって均質化を図る**拡散焼なまし** (diffusion annealing)，薄鋼板や鋼線などの製造工程で行う**中間焼なまし** (process annealing)，機械加工や溶接などで生じた残留応力を除去するための**応力除去焼なまし** (stress relief annealing) などある．いずれの場合にも高温保持および徐冷中に鋼の組織・性質を安定な状態に変化させる．

焼ならし (normalizing，または**焼準**)：高温に加熱した鋼は，結晶粒が粗大化したり，炭化物やその他の析出物が不均一に分散したりして機械的性質が劣化する．このような異常組織を解消する目的の熱操作を指す．亜共析鋼では A_{c3} 線，過共析鋼ではA_{cm}線より30～50℃高い温度にそれぞれ加熱保持し，静止空気中で放冷すなわち空冷する熱操作である．焼ならしを行うと組織の緻密化と均質化が得られ，機械的性質が改善されて靭性が大きく向上する．しかし，鋼塊の大きさによって空冷による冷却速度が異なるため，焼ならし組織やその性質が異なったものになるので注意を要する．

焼入れ (quenching)：鋼のオーステナイト組織を**マルテンサイト** (martensite) と呼ばれる強靭な組織を得る熱操作であり，後述の10.3節で詳しく述べる．焼入れは上述の焼ならしと同様に，亜共析鋼ではA_{c3}線より50～60℃，過共析鋼ではA_{cm}線より60～70℃高い温度にそれぞれ加熱保持し，水中や油中で急冷する熱操作である．このような焼入れを**普通焼入れ** (normal quenching) ともいい，焼入れ温度が高すぎるとオーステナイト結晶粒が粗大化して脆くなり，急冷により**焼割れ** (quenching crack) が生じやすくなる．その他の焼入れとして，焼割れを防止するために焼入れ温度から水中に短時間焼入れしたのちに引き上げて空冷する**時間焼入れ** (time quenching) や，焼入れ温度から一定温度に保たれた溶融塩や溶融金属の熱浴中に一定時間保持して空冷する**等温焼入れ** (isothermal quenching，または**恒温焼入れ**) などがある．

焼戻し (tempering)：マルテンサイトは過飽和のCを含むα固溶体に近い結晶構造をとり，熱力学的にも不安定な組織であることから，マルテンサイト組織を再加熱して組織を安定化させる熱操作である．焼入れした鋼をA_{e1}点以下の温度に再加熱して冷却する焼戻しについて，焼戻温度が400～450℃以下の**低温焼戻し** (low temperature tempering) とそれ以上の**高温焼戻し** (high temperature tempering) に大別できる．低温焼戻しは工具鋼などのように特に硬さや耐摩耗性を必要とする場合に行い，高温焼戻しは強度や靭性が必要な構造用鋼に対して行うことが多い．

(3) 恒温変態曲線

鋼のオーステナイトの状態からA_{e1}点以下のある一定温度に保持された熱浴中で冷却すれば，オーステナイトはしばらくして変態を開始し，ある時間を経過後に変態を完了する．このような変態を**恒温変態** (isothermal transformation) といい，変態開始時間と終了時間を測定し，これらの点を結んで変態開始線と変態終了線を作れば，図 10.12 のような共析鋼の**恒温変態曲線** (isothermal transformation curve，または time-temperature transformation curve を略して **TTT 曲線**) が得られる．鋼の恒温変態曲線はその形から **S 曲線** (S curve) ともいう．ここで，550℃付近の突出部は**ノーズ** (nose，または**鼻**)，その内側は**湾** (bay) とそれぞれ呼ばれる．ノーズより上ではパーライト変態が生じる．パーライト変態開始線を P_s 線，変態終了線を P_f 線とすると，この領域では高温側で粗大なパーライトが，低温側で微細なパーライトがそれぞれ生成する．ノーズより下の温度で恒温冷却を行うと**ベイナイト変態** (bainite transformation) が起こり，生成される組織を**ベイナイト** (bainite) という．ベイナイト変態開始線を B_s 線，変態終了線を B_f 線とすると，約 350℃を境にして高温側では羽毛状の**上部ベイナイト** (upper bainite)，低温側では針状の**下部ベイナイト** (lower bainite) がそれぞれ生成する．いずれの組織もフェライト中にセメンタイトの微粒子が分散している．なお，同図中の下部にはマルテンサイト変態の開始温度である M_s 点，終了温度

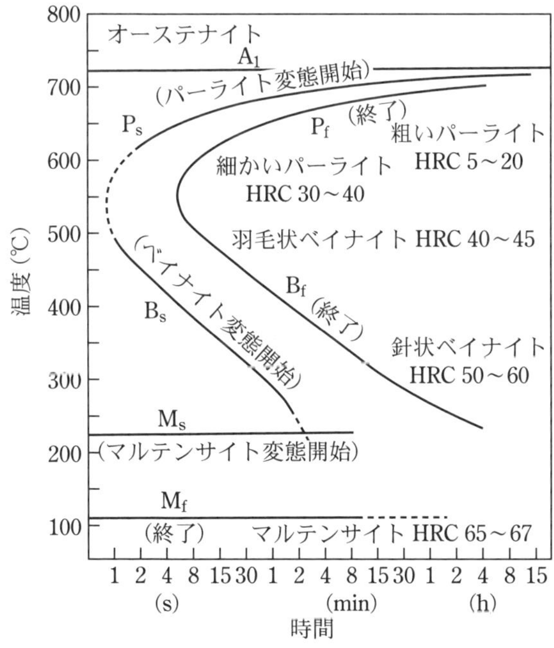

図 10.12　共析鋼の恒温変態 (TTT) 曲線

である M_f 点を 2 本の平行線で示している．

(4) 連続冷却変態曲線

鋼の A_{e1} 点以上のオーステナイト域から連続冷却したときの変態を**連続冷却変態**（continuous cooling transformation）という．種々の速度で連続冷却をして変態を起こさせ，上述と同様に変態開始線と変態終了線を作れば**連続冷却変態曲線**（continuous cooling transformation curve，略して **CCT 曲線**）が得られる．一例として，図 10.13 に共析鋼の連続冷却変態曲線を示す．連続冷却ではベイナイト変態は起こらないので B_s 線と B_f 線はない．ここでは種々の速度 v_1，v_2，v_3，v_4 で連続冷却したときの変態挙動を考える．冷却速度 v_1 では，P_s 線上での交点でパーライト変態が始まり，P_f 線での交点で変態が終了する．冷却速度 v_2 では B 点を通るため，マルテンサイト組織が混入し始める最小の冷却速度であり，これを**下部臨界冷却速度**（lower critical cooling rate）という．冷却速度 v_3 では A 点を通るため，完全にマルテンサイト組織のみになる最小の冷却速度であり，これを**上部臨界冷却速度**（upper critical cooling rate，または単に**臨界冷却速度**）という．冷却速度 v_4 では，A 点より左側を横切るのでパーライト変態は起こらず，マルテンサイトのみとなる．いずれにせよ，冷却速度 $v_1 \to v_4$ と速くすると組織もパーライト（P）→マルテンサイト＋トルースタイト（M ＋ T）→マルテンサイト（M）と変化することがわかる．

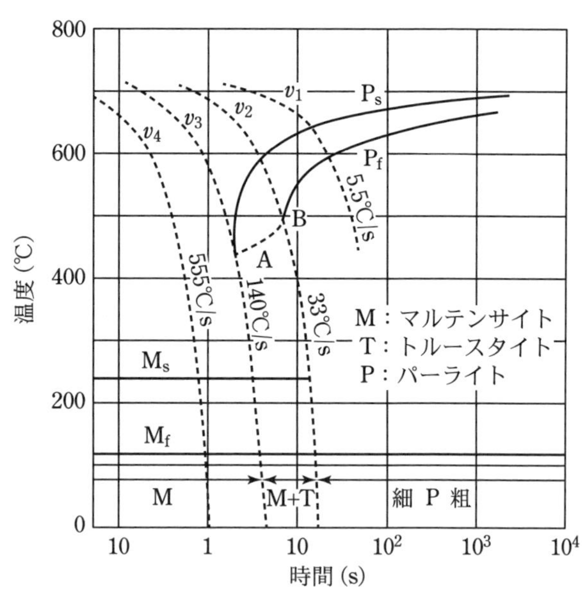

図 10.13　共析鋼の連続冷却変態（CCT）曲線

10.3　マルテンサイトによる強化

(1) マルテンサイト変態

常温の鋼は，平衡状態図から見ればCをほとんど含まないフェライト相とセメンタイト相の混合組織である．この鋼をA_{e1}点以上に加熱するとbcc構造のフェライトはfcc構造のオーステナイト相に変態し，セメンタイトは基地に固溶して最後にはオーステナイト単相になる．このfcc構造のオーステナイト相を急冷すると，C原子の析出が阻止され，Cが固溶した状態のままで結晶構造のみが**体心正方格子**(body-centered tetragonal lattice，略してbct格子)に変化する．このようなbct格子は，bcc格子の縦軸(c軸)だけを底面の軸(a軸)より長くした格子であり，aとcはbct格子の格子定数である．

次に，マルテンサイト変態においてどのようにしてオーステナイト相のfcc格子からbct格子(あるいはbcc格子)へ変化するのかを考えてみよう．fcc構造の単位格子が2つ並んだ結晶構造を図10.14(a)に示す．図中の中央に位置する●印の原子配列に注目すると，fcc格子はもともとbct格子と見ることができるが，その場合の軸比$c/a=\sqrt{2}$である．したがって，c/aが$\sqrt{2}$から1に近づくように結晶が変形すれば，fcc構造のFeをbcc構造のFeに変化させることが可能である．通常，オーステナイト中のC原子は**八面体格子間位置**(octahedral site，fcc格子の体心と辺の中点の位置)に存在し，その場所に×印を付けたのが同図(b)である．bcc格子中でもC原子は八面体格子間位置に存在し，その場所はbcc格子の辺の中点と面心の位置に相当する．それらの場所を同図のbct格子中に○印

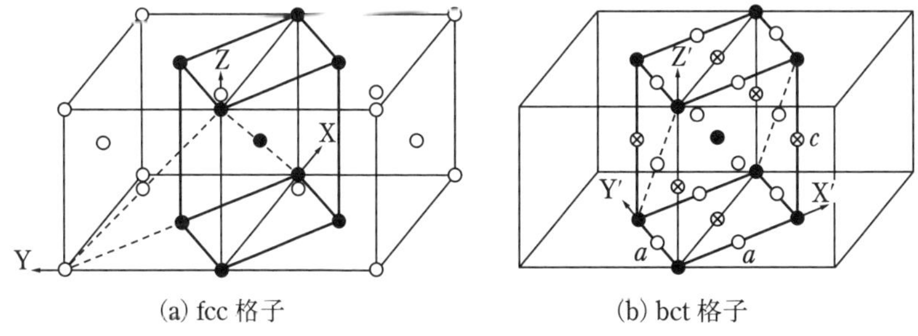

(a) fcc格子　　(b) bct格子

図10.14　面心立方(fcc)格子と体心正方(bct)格子の結晶学的関係

で示す．×と○の位置を比較するとわかるように，fcc 格子中で C 原子が存在していた場所には，bcc 構造のマルテンサイトになっても C 原子が存在できる．すなわち，fcc → bcc の格子変化が起きても八面体格子間位置にある C 原子は動く必要がないことがわかる．また，fcc 格子中に存在する過飽和な C 原子は，すべて bcc 格子になったときに *c* 軸（*Z′* 軸）方向に結晶を伸ばす箇所に存在するため bct 構造になると考えられる．マルテンサイトの格子定数・軸比と C 濃度の関係を図 10.15 に示す．このように bct 構造のマルテンサイトの軸比（*c/a*）は，C 量の増加とともに大きくなっていくことがわかる．

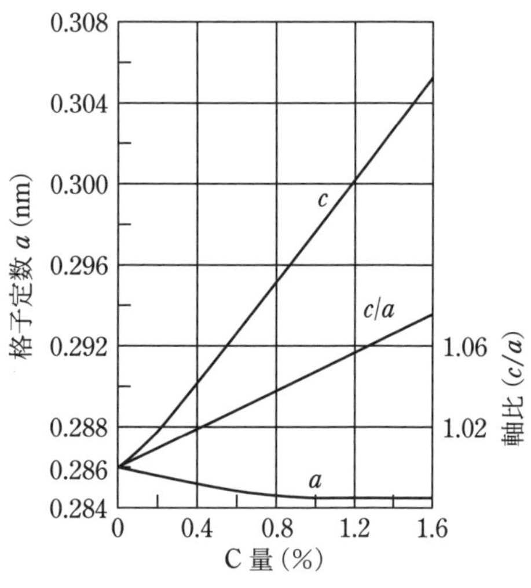

図 10.15　マルテンサイトの格子定数・軸比に及ぼす C 濃度の影響

以上のように，マルテンサイト変態は C を固溶した状態のままで Fe 原子が同時に動いて fcc → bct 構造を形成する**無拡散変態**（diffusionless transformation）であり，これは極めて短時間に起こるため阻止することはできない．

(2)　焼入性と焼戻脆性

a．焼入性

炭素鋼を焼入れして硬化したマルテンサイト組織を得るためには，かなり急速な冷却を必要として鋼自体も硬化する．このような焼入硬化の難易を表す指標として**焼入性**（hardenability）があり，焼入性が良いとは焼入れによって表面から内部に向かって同等の硬さが得られる寸法範囲が大きいことを意味する．鋼材の質量および寸法によって焼入硬化層が変化することを**質量効果**（mass effect）という．したがって，焼入性が良い合金鋼は質量効果が小さく，焼入れにより中心までよく硬化する．また，焼入液の種類によっても冷却効果が異なり，特に焼入液を撹拌すると冷却能力は向上する．

マルテンサイト変態を生じる最小の冷却速度すなわち臨界冷却速度は，鋼の焼入性の良否を判断できる数値である．しかし，実際にはこの臨界冷却速度の測定は困難であるため，これを指標とすることは実用性に乏しい．鋼の焼入性を判断する方法として，図 10.16 に示す**ジョミニー試験** (Jominy test) による一端焼入れ法 (JIS G 0561) がある．試料の下端に流量を一定にした噴水を当てて焼きの入り具合を調べる方法であり，図 10.17 に示すように焼入端からの距離に対する硬さの変化を調べ，**ジョミニー距離** (Jominy distance) を求めて焼入性を評価する．すなわち，ジョミニー距離が長いほど焼入性が良い材料である．

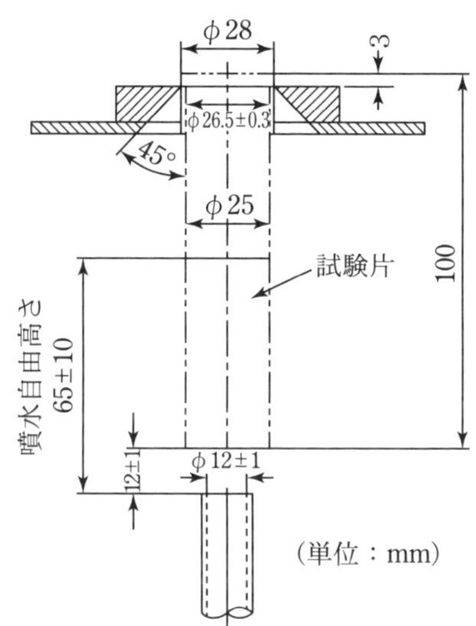

図 10.16　ジョミニー試験の概要

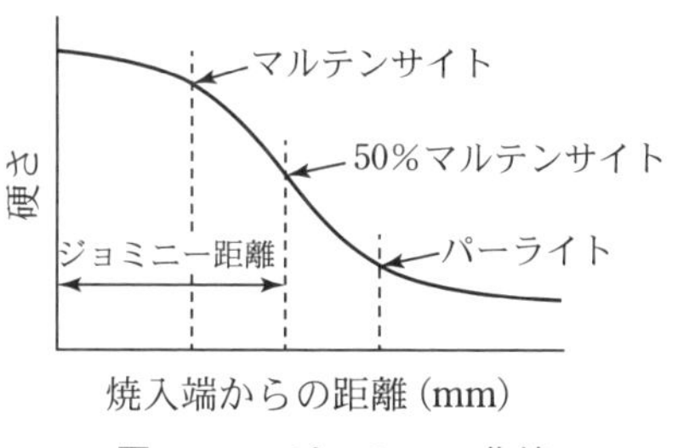

図 10.17　ジョミニー曲線

焼入れ時におけるマルテンサイト変態の終了温度 (M_f 点) は，C 含有量の高い鋼ほど下がり，残留オーステナイトが生じる．このように残留オーステナイトが多量に生成して焼入性が悪い場合には，引き続き焼入材を M_f 点以下に冷却して残留オーステナイトをマルテンサイトに変える処理を行う．これを**サブゼロ処理** (subzero treatment，または**深冷処理**) という．

b. 焼戻脆性

本来，マルテンサイトは不安定な相であり，その機械的性質は非常に硬くて脆く，そして加工も行いにくいので焼入れのままで使用することはほとんどない．通常はこのマルテンサイトを A_{e1} 点以下の温度で焼戻しの熱操作を行う．前述のソルバイトやトルースタイトは焼戻し組織であり，フェライト地に炭化物が分散された組織である．この炭化物の大きさと分散の程度は焼戻し温度に依存するため，8.4 節で述べた分散強化に対応する機械的性質が得られる．

鋼の焼戻しには，硬さや耐摩耗性を必要とする 400～450℃以下の低温焼戻しと，強度や靱性を必要とするそれ以上の高温焼戻しがある．しかし，いずれの焼戻材も衝撃値が低下し，伸びや絞りなど延性の増加に寄与しない現象が現れ，これを**焼戻脆性** (temper brittleness) という．300℃付近での脆化現象を**低温焼戻脆性** (low temperature temper brittleness)，500℃付近でのそれを**高温焼戻脆性** (high temperature temper brittleness) と呼び，これらの温度範囲を避けて焼戻しを行う必要がある．

合金元素を添加すると炭素鋼に比べて焼入性が大きく，C や添加元素を固溶したマルテンサイトが得られるが，靱性が乏しいため実用的には焼戻しを施さなくてはならない．この焼戻しによる軟化の程度は鋼種によっても異なり，これを**焼戻抵抗** (temper resistance) という．合金元素を添加すると炭素鋼よりも焼戻抵抗が大きくなるので，焼戻温度を高くしないと軟化しない．特に，添加量によっては焼戻しで焼入状態よりも硬化する場合があり，これを焼戻しの**二次硬化** (secondary hardening) と呼ぶ．二次硬化の要因には，①残留オーステナイトの焼戻しに伴うマルテンサイト化による硬化と，②特殊炭化物の微細析出による硬化が挙げられる．たとえば，高 Cr 鋼で認められる二次硬化は上述の①による硬化であり，Mo, W, V, Ti などの添加元素は②による硬化である．

(3) 等温焼入れと加工熱処理

等温焼入れは，10.2 節で述べたように恒温変態曲線に基づいて行う熱処理であり，これには図 10.18 に示すように次の 3 種類がある．

オーステンパー (austempering)：M_s 点からノーズの下までの温度 250～450℃に保たれた熱浴中で焼入れを施し，恒温変態が完了するまで保持して空冷する方法であり，ベイナイト組織が得られる．この方法では，熱浴中に焼入れしただけで普通の焼入れ・焼戻しと同様の効果があり，強靱となる上に焼割れやひずみが生じにくくなる利点がある．しかし，大型部品ではオーステンパー温度になるまでに内部でパーライト変態が生じるので適用できない．

マルクェンチ (marquenching)：M_s 点直上の温度 200～300℃に保たれた油中

で焼入れし，恒温保持して空冷する．これはマルテンサイト変態を徐々に起こさせる方法であり，焼割れやひずみを防止しながら完全に焼入硬化が行える．しかし，保持時間が長くなると恒温変態が起こり，焼入効果がなくなる．マルクェンチした後は必要に応じて焼戻しを行う．

マルテンパー (martempering)：M_s 点と M_f 点の温度 100～200℃に保たれた熱浴中で焼入れを施し，恒温変態が完了するまで保持した後に空冷する方法である．その組織は焼戻しマルテンサイトとベイナイトの混合組織であり，硬くて靭性に富んでいる．しかし，恒温変態を完了させるには時間が掛かり過ぎるので，実際にはマルクェンチが多く用いられる．

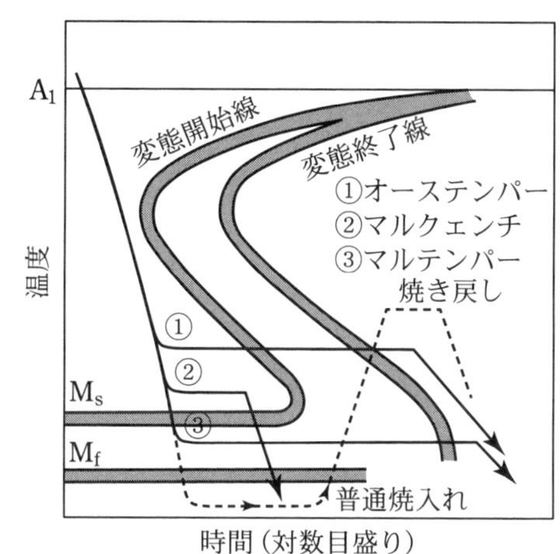

図 10.18　等温焼入れの熱処理

鉄鋼材料の強化方法には第 8 章で述べたように種々の方法がある．その 1 つに，塑性加工，変態と熱処理を組み合わせて機械的性質を改善する方法があり，これを**加工熱処理** (thermo-mechanical treatment) あるいは**オースフォーミング** (ausforming) ともいう．加工熱処理は，図 10.19 に示すように準安定オーステナイト域で塑性加工して焼入れ・焼戻しを行う一連の加工・熱処理操作を意味しており，高強度かつ高靭性の鋼が得られるような熱処理である．Cr, Mo, Ni などを含む炭素鋼のように S 曲線の湾が深く

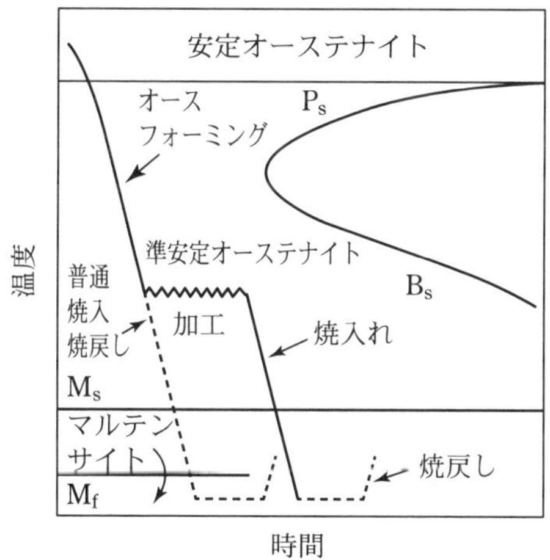

図 10.19　加工熱処理

て広い鋼種に適用され，強度の靱性が著しいが靱性をほとんど低下させないという特徴を持っている．

10.4　表面硬化処理

材料の表面を変化させて新しい性質や機能を付与する**表面改質**(surface modification)があり，その1つに**表面硬化**(surface hardening)が挙げられる．これには表面の化学組成を変えずに硬化層を作る方法と，表面の化学組成を変えて表面層のみを硬化させる方法の2種類がある．前者には**表面焼入れ**(surface quenching)や**ショットピーニング**(shot peening)など，後者には**浸炭**(carburizing)や**窒化**(nitriding)などがある．他の改質法については関連成書を参照されたい．

(1) 表面焼入れ

焼入硬化が可能な鋼を用い，表面のみを焼入温度範囲に急速に加熱した後に急冷の熱処理を行うのが表面焼入れであり，次のような方法がある．

火炎焼入れ(flame quenching)：アセチレン(C_2H_2)とO_2の混合ガスによる強い火炎で鋼の表面を急速に変態点以上に加熱し，深部がまだ変態点以下の温度にあるときに冷却水を噴射して焼入れをする方法である．設備費が安く，被処理品の形状に制限を受けないで表面硬化層を形成できるが，焼入温度や焼入深さの制御が困難であり，肉薄部品については局所加熱がむずかしく不向きである．なお，焼入れした後は必ず焼戻しを行う．

高周波焼入れ(induction quenching)：表面硬化したい鋼の表面に沿わせたコイルに高周波電流を流すことにより，鋼の表面に誘導された**渦電流**(eddy current)の表皮効果によってその表層が短時間に焼入温度に達するので，これに冷却水を噴射して表面層を硬化させる方法である．高周波焼入れは，表面硬さを上げることで耐摩耗性だけでなく疲労強度の向上にも著しい効果がある．上述の火炎焼入れと同様に焼入れした後は必ず焼戻しを行う．

レーザ焼入れ(laser quenching)：鋼の表面に高エネルギー密度のレーザビームを照射して加熱し，自己冷却作用により焼入硬化させる方法である．レーザ焼入れは，加熱直後から熱がワーク内部に熱伝導で逃げるため基本的に冷却剤を必要とせず，通常は焼入れ後の焼戻しも行わない．多くは炭酸ガスレーザを用いて短時間の局所焼入れが可能であり，焼入れ後の変形も小さく，精密な焼入れに適している．

(2) ショットピーニング

鋼球などの小さな粒状物を空気圧または遠心力により被加工物表面に吹き付け，表面層に塑性変形による加工硬化と圧縮残留応力を付与する手法である．ショットと呼ばれる粒状物の種類は，被加工物自体の特性や所望の特性に応じて選択されるが，特に粒状物の比重，粒度や硬さなどは大きな影響を与える．このような加工硬化と圧縮残留応力の付与により疲労強度，耐摩耗性や耐応力腐食割れ性が向上するため，バネ，クランシャフト，歯車や圧力容器など広く応用されている．他にほぼ同じ手法の**ショットブラスト** (shot blasting) があるが，これは主に表面研削，バリ取りや付着物除去を目的としているため，上述のショットピーニングと区別される．

(3) 浸炭・窒化処理

a. 浸炭処理

浸炭処理は低炭素鋼の表面から C を拡散浸透させ，その表面の C 濃度を高める手法である．浸炭後は焼入れを行って表面を硬化させ，浸炭剤の種類によって次のような方法がある．

固体浸炭 (pack carburizing)：木炭を主成分とするもので，促進剤に炭酸バリウム ($BaCO_3$) や炭酸ナトリウム (Na_2CO_3) などを添加して加熱する．表面 C 濃度のコントロールがむずかしく，現在ではあまり実施されていない．

液体浸炭 (liquid carburizing)：シアン化ソーダ (NaCN) またはシアン化カリウム (KCN) を主成分とする溶融塩浴中で浸炭を行う．シアン化合物の分解で発生した CO と N により，同時に C と N を浸透させるため**浸炭窒化** (carbo-nitriding) とも呼ばれる．特にシアン化塩が猛毒であるため，廃液の中和が不可欠であり，取り扱いも十分な対策を講じなければならない．

ガス浸炭 (gas carburizing)：大量生産向きの浸炭法であり，メタン (CH_4) やプ

ロパン (C_3H_8) などの炭化水素系ガスを高温で分解し，これを中性に近い**キャリアガス** (carrier gas, 20%CO+40%H_2+40%N_2) に混入させて浸炭を行う．このような変成ガスの製法には，吸熱型と発熱型変成方式の 2 種類がある．

イオン浸炭 (ion carburizing)：キャリアガスを用いず真空減圧下において，メタンやプロパンガスなどを直接添加し，同時にグロー放電によりプラズマを発生させて高温で浸炭を行う方法である．高い運動エネルギーを持った陽イオン (C^+) を表面に衝突させて浸炭を行うため，C の供給速度が速く浸炭量の制御も容易である．

b.　窒化処理

これは鋼表面に N を拡散浸透させて表面を硬化させる手法である．通常，焼入れ・焼戻しを施して適当な機械的性質を与えておき，それから窒化するのが一般的であり，次のような方法がある．

ガス窒化 (gas nitriding)：アンモニアガス (NH_3) の分解反応を利用し，窒化処理を行うものであり，処理温度は 570℃前後，保持時間は 100～150 hr と長い．通常の鋼材ではあまり窒化の効果が小さく，Al, Cr, Mo など N と親和力に強い元素が含まれないと窒化の効果は少ない．

軟窒化 (soft nitriding)：シアン酸塩と炭酸塩の KCNO–KCl–Na_2CO_3 混合塩浴中に空気を吹き込みながら窒化する方法であり，**タフトライド** (tufftriding) とも呼ばれる．塩浴軟窒化処理の 1 つであり，処理時間の短縮に加えて炭素鋼や鋳物にも適用できるが，シアンを用いるため廃液の管理が重要である．

イオン窒化 (ion nitriding)：密閉容器に品物を入れてこれを陰極とし，容器壁を陽極にして N_2+H_2 混合ガス雰囲気中でグロー放電を行いながら窒化する方法である．陰極近くでイオン化された N^+ が高速に加速されて陰極の処理品に衝突・浸入して窒化処理を行う方法である．N_2+H_2 混合ガスを使うので H^+ による表面清浄作用があり，窒化層の組織制御も容易である．

【演習問題】

10.1　純鉄を常温から加熱する際の結晶構造および磁性の変化をまとめて図示し，簡単に説明せよ．

10.2　炭素鋼において，オーステナイト相には最大 2.14%の C が固溶できるが，フェライト相には最大 0.02% しか固溶しない．この差異について考察せよ．

10.3　炭素鋼の平衡状態図を示す付図 10.1 について，次の設問に答えよ．

(1) 相ア～オの名称，F, J, K, L 点における C 量組成 (wt %) および B, C, K 点の温度をそれぞれ示せ．

(2) A_1 線，A_3 線，A_{cm} 線はそれぞれ図中のどの線かを示せ（たとえば，曲線 GH）．

(3) 図中の C 量が p, q および r の鋼をそれぞれ何と呼ぶか．

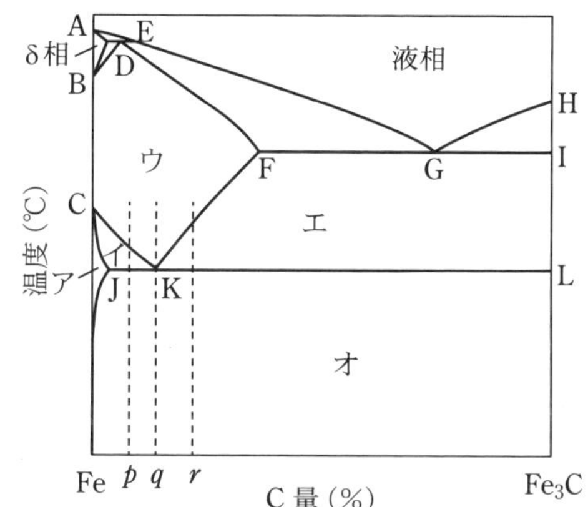

付図 10.1　炭素鋼の平衡状態図

(4) 次の文章の括弧内に適切な語句を入れよ．

鋼を図中のウ相の温度領域から徐冷したときの組織は (①) 組織と呼ばれる．C 量が p のように r より少ない鋼の (①) 組織は (②) と (③) からなるものになっており，C 量を増やしていくにつれて (③) の量が増えていく．C 量が q までは (①) 組織の鋼の (④) や硬さは直線的に増加していき，(⑤) や絞りは減少する．

(5) C 量が p および r の鋼の (①) 組織をそれぞれ模式図で示せ．

10.4　共析鋼の典型的な TTT 曲線を図示し，その図を用いてベイナイト組織とマルテンサイト組織を得る熱処理方法を説明せよ．

10.5　炭素鋼をオーステナイト相域から焼入れて得られるマルテンサイトについて，以下の設問に答えよ．

(1) 純鉄の同素変態で得られるオーステナイトとフェライトの結晶構造と比較し，またその生成過程を簡単に述べよ．

(2) 炭素鋼におけるマルテンサイトの強さ（硬さ）が高い理由と，それが炭素量とともに高くなる理由を述べよ．

第 11 章　合金鋼

炭素鋼にはC以外に製造工程から入るSi, Mn, P, Sのような元素を含んでいるが，一般に優れた材料特性が現れることを目的に種々の元素を添加したものを**合金鋼**(alloy steel)という．この合金鋼は，合金元素の総量が約5%以下の**低合金鋼**(low alloy steel)と約10%以上の**高合金鋼**(high alloy steel)に分けられるが，数値はあくまでも目安である．鋼は工業的な使用目的から**普通鋼**(common steel)と特殊な性質・用途を持つ**特殊鋼**(special steel)に分類できるが，ここでは代表的な合金鋼の基本的な特性について理解を深めよう．

11.1　合金元素の影響

(1) 状態図

炭素鋼の組織は，前章のFe–C (Fe–Fe_3C) 状態図に示された通りである．これに第三の合金元素Mを加えると，その組織は本来Fe–C–M三元系状態図で表される．しかし，三元系状態図は立体図となって非常に複雑なので，合金元素の影響を考えるときは，通常Fe–M二元系状態図を用いる．

C以外の合金元素とFeの状態図は，合金元素の種類により図11.1のような3つの型に分類される．この分類は，オーステナイト(γ)相が存在する領域から分けたものである．同図(a)はγ域開放型であり，Fe–Ni系，Fe–Mn系，Fe–Co系の二元系合金で見られる．この型では合金元素を増加させると常温でもγ相が得られる．同図(b)は炭素鋼に見られる型で，合金元素の増加によりγ域が拡大されて途中の温度で共析変態を生じ，Fe–N系も共析・γ域拡大型である．同図(a)，(b)のような合金元素はいずれもγ域を拡大させるので，これらを**オーステナイト生成元素**(austenite forming elements)といい，C, N, Ni, Mn, Coなど

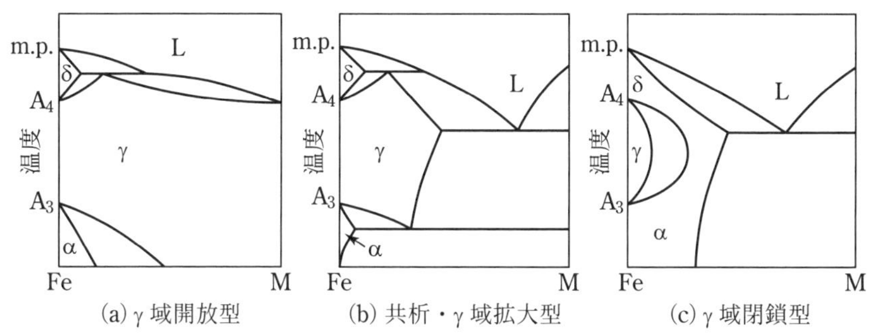

図 11.1　鉄と他の元素の Fe–M 二元系状態図

がこれに属する．同図(c)はγ相の領域を狭めるγ域閉鎖型であり，フェライト(α)相の領域が拡大する．α相の領域を拡大する Cr, Mo, Si, W, V, Ti, Nb, Al などの元素を**フェライト生成元素**(ferrite forming elements)という．なお，常温における組織の基地がオーステナイトである鋼を**オーステナイト鋼**(austenitic steel)と称し，後述の高 Mn 鋼や Fe–Cr–Ni 系のステンレス鋼などはこれに属する．これに対して基地がフェライトまたはパーライトを主とする鋼を**フェライト鋼**(ferritic steel)といい，一般の鋼はこれに属する．

(2) 焼入性

炭素鋼の焼入性は合金元素の影響を強く受け，いずれの場合も焼入れ時にオーステナイト中に固溶している合金元素の量が問題になる．仮に固溶しないで炭化物やその他の形で多量に存在する合金元素は，焼入性に対して悪い影響を及ぼすだけである．図 11.2 は，0.3%C 炭素鋼に種々の合金元素を単独に合金化した場合の(上部)臨界冷却速度を示している．図中の Q 点は，0.3%C 炭素鋼の臨界冷却速度に対応する．Q 点から左上に向かって上昇する曲線を描く元素は，添加することによって臨界冷却速度が低くなり，焼入性が高くなる．少量の添加でも臨界冷却速度を大きくするもの，すなわち焼入性を悪くする合金元素は Co だけであり，残り元素は合金にすることで焼入性が向上する．特に Cr, Mo, Mn, Al, Ni などに著しい効果が認められる．ただし，Ti, Zr, U, V および W は，ある量以上合金にすると逆に焼入性が低下する．各元素を 1%添加した場合の焼入性は

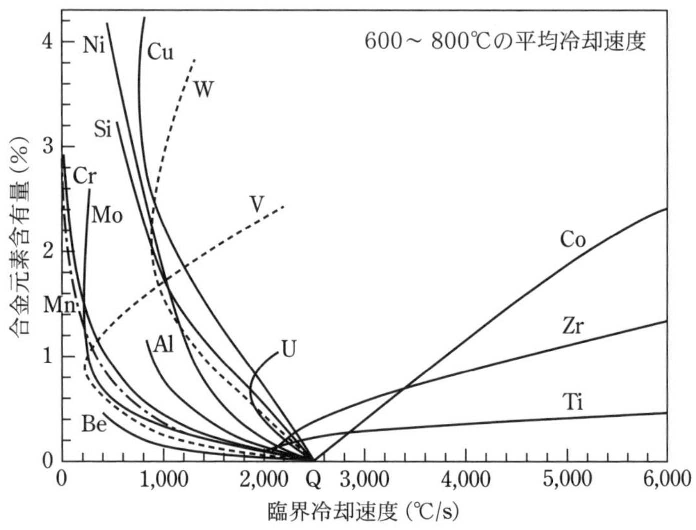

図 11.2　上部臨界冷却速度に及ぼす合金元素の影響

Mo と V が最も大きく，次いで Mn, Cr, Al, Ni, W, Si, Cu の順に小さくなることがわかる．

合金元素の添加により焼入性が向上するのは，合金元素が C の拡散速度を遅くし，オーステナイトからパーライトが生成する A_{r1} および A_r' 変態を起こりにくくするためであり，合金元素の焼入性への影響は添加量の少ない範囲でこの効果が著しい．したがって，1 種類の元素を多量に加えるより 2 種類以上の元素を少量ずつ添加する方が効果的である．なお，Ni, Mn, Cr などの合金元素を多量に含んだ合金鋼は，空気中に放冷するだけで焼きが入って硬化し，炭素鋼のように水中や油中で急冷する必要がない．このような性質を**自硬性**（self-hardening）という．

(3) 炭化物形成

上述のように合金鋼の焼入性を向上させる目的で添加する元素として，Ni, Cr, Mn, Si, Mo, W, V, Ti などがある．Ni や Si などはフェライト中に固溶してほとんど炭化物を形成しないが，Cr, Mn, Mo, W, V, Ti などのように炭化物形成能の強い合金元素がある．これらを**炭化物形成元素** (carbide forming elements) といい，Fe より C との親和力が強く，合金元素が少量のときにはセメンタイト Fe_3C 中に固溶し，またその量が多くなるとセメンタイト以外の特殊な炭化物を形成する．C との親和力の大小，すなわち炭化物生成傾向は，

Ni, Co, Al, Si, Cu<**Fe**<Mn<Cr<Mo<W<V<Nb<Ta<Ti<Zr　(11.1)

の順であり，これらの炭化物形成元素は bcc 構造の金属が多い．これらの合金元素の炭化物は，表 11.1 に示すように大半がセメンタイトより硬いので，特に硬さや耐摩耗性を必要とする鋼ではこのような炭化物を分散させた合金鋼が使用される．

表 11.1　炭化物の溶融点と硬さ

炭化物	溶融点℃	硬さ *HV*
TiC	3,140	3,200
V_4C_3	2,830	2,800
NbC	3,506	2,400
$Cr_{23}C_3$	1,550	1,000
Cr_7C_3	1,665	1,450
Mo_2C	2,687	1,800
WC	2,867	2,400
Fe_3C	1,650	1,340

(4) 機械的性質

炭素鋼の機械的性質は C 含有量によって異なるが，試験温度によっても図 11.3 に示すように機械的性質が大きく変化する．炭素鋼の引張強さおよび硬さは 200～300℃で極大値を示し，伸びや絞りついては逆に小さくなって常温より脆くなる．この温度範囲では青色の酸化膜ができるので，この温度範囲で起こる脆化を**青熱脆性** (blue shortness) と呼び，この温度範囲での加工は避けなければならない．このような脆化現象は加工速度にも依存し，またフェライト中に固溶している C や N の多いものほど著しく，キルド鋼よりリムド鋼に多く現れる．

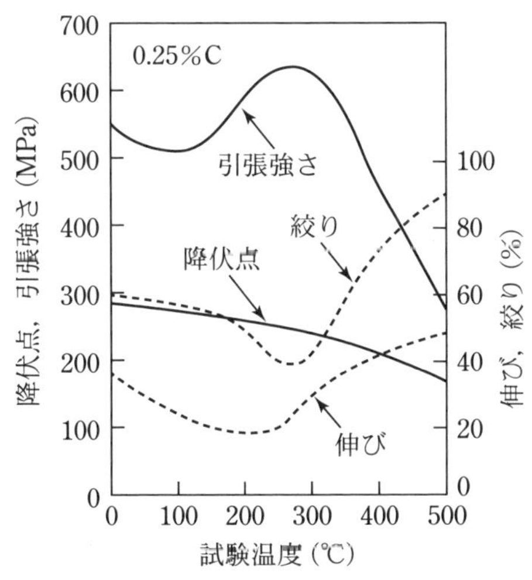

図 11.3　炭素鋼の試験温度と機械的性質の関係

青熱脆性は比較的低い温度範囲での性質であるが，Sを多量に含んでいる炭素鋼では，赤熱温度領域における鍛造や圧延などの加工中に，950℃前後で脆化してき裂が生じることがあり，この現象を**赤熱脆性**（red shortness）という．このような高温脆化は鋼中に含まれる不純物のSが，高温において非常に脆くしかも融点が低い硫化鉄（FeS）として粒界に析出するためである．なお，常温より低い温度における炭素鋼の機械的性質もC含有量により異なるが，一般に温度の低下に伴い引張強さ，降伏点（耐力）や硬さなどは増加し，逆に伸び，絞りや衝撃値などは減少する．このような低温脆性については，すでに7.3節で詳述したのでここでは省略する．

11.2　低合金鋼の種類と特性

合金鋼の厳密な定義はないが，炭素鋼に合金元素を1，2種類以上添加し，優れた特性が現れるように製造した鉄鋼材料を指す．すなわち，PやSなどの不純物を含有しても特別な場合を除いて合金鋼とはせず，Si, Mn, Ni, Cr, Mo, V, Nb, Tiなどの添加元素を含む材料をいう．

低合金鋼は総量が約5%以下の合金元素を含んでおり，炭素鋼よりも焼入性，強度，硬度，靱性，焼戻抵抗などさまざまな点で優れている．Niは鋼の焼入性，靱性，耐食性を与え，Crは焼入性，焼戻抵抗，硬度，耐摩耗性を与える．また，NiとCrを同時に添加することにより焼入性が飛躍的に向上する．一方，Moは焼入性をさらに高め，焼戻脆性を低減する効果がある．これらの元素の添加により，引張強さは同じC量の炭素鋼より30～40%も高くなり，最大で100 kgf/mm^{2}以上にも達する．

(1)　構造用鋼

低合金鋼は大半が**構造用鋼**（structural steel）で，炭素鋼の焼入性と強靱性を改善するため，Mn, Ni, Cr, Moなどの合金元素を添加した鋼材である．一般的な構造用鋼として，多く使用されているNi–Cr鋼やNi–Cr–Mo鋼など表11.2のような7種類がある．これらは強靱性を向上させた合金鋼であることから，**強靱鋼**（high strength and tough steel）とも呼ばれる．また，歯車を始め機械部品の耐摩

表 11.2　構造用鋼の化学組成（JIS G 4053，4202 抜粋）

	記号	化学成分（%）				
		C	Mn	Ni	Cr	Mo
Cr 鋼	SCr 430	0.28～0.33	0.60～0.85	—	0.90～1.20	—
	〃 435	0.33～0.38	〃	—	—	—
	〃 440	0.38～0.43	〃	—	—	—
	〃 445	0.43～0.48	〃	—	—	—
Cr–Mo 鋼	SCM 430	0.28～0.33	0.60～0.85	—	0.90～1.20	0.15～0.30
	〃 432	0.27～0.37	0.30～0.60	—	1.00～1.50	〃
	〃 435	0.33～0.38	0.60～0.85	—	0.90～1.20	〃
	〃 440	0.38～0.43	〃	—	〃	〃
	〃 445	0.43～0.48	〃	—	〃	〃
Ni–Cr 鋼	SNC 236	0.32～0.40	0.50～0.80	1.00～1.50	0.50～0.90	—
	〃 631	0.27～0.35	0.35～0.60	2.50～3.00	0.60～1.00	—
	〃 836	0.32～0.40	〃	3.00～3.50	〃	—
Ni–Cr–Mo 鋼	SNCM 240	0.38～0.43	0.70～1.00	0.40～0.70	0.40～0.65	0.15～0.30
	〃 431	0.27～0.35	0.60～0.90	1.60～2.00	0.60～1.00	〃
	〃 439	0.36～0.43	〃	〃	〃	〃
	〃 447	0.44～0.50	〃	〃	〃	〃
	〃 625	0.20～0.30	0.35～0.60	3.00～3.50	1.00～1.50	〃
	〃 630	0.25～0.35	〃	2.50～3.50	2.50～3.50	0.50～0.70
Mn 鋼	SMn 433	0.30～0.36	1.20～1.50	—	—	—
	〃 438	0.35～0.41	1.35～1.65	—	—	—
	〃 443	0.40～0.46	〃	—	—	—
Mn–Cr 鋼	SMnC 443	0.40～0.46	1.35～1.65	—	0.35～0.70	—
Al–Cr–Mo 鋼	SACM 645	0.40～0.50	0.15～0.50	0.25 以下	1.30～1.70	0.15 ～ 0.30

耗性が要求される場合が多く，とりわけ破壊の原因となる疲労に対しては材料の表面硬化が重要な技術になっている．このような目的で製造された表面硬化用鋼には，次のようなものがある

肌焼鋼 (case hardening steel)：材料の表面層を浸炭した後，熱処理を施して表面のみを硬化させる C 含有量の低い低合金鋼をいう．肌焼鋼には Mn 系，Mn–Cr 系，Cr 系，Cr–Mo 系，Ni–Cr 系，Ni–Cr–Mo 系などある．

窒化鋼 (nitriding steel)：表面を窒化して硬い窒化層を生成させる低合金鋼をいう．中炭素鋼に，N と結びつきやすい Al，Cr などの合金元素を添加したもので，Al–Cr–Mo 系がある．

(2) 高張力鋼

鋼の焼入性，すなわち硬化に最も大きな影響を与える元素はCである．C量を約0.2%以下に抑え，その代わりにMn, Si, Ni, Cr, Mo, V, Ti, Nb, Bなどの合金元素を添加し，加工性や溶接性を確保しながら強度を高めた鋼を**高張力鋼**(high tensile strength steel, 略して**ハイテン**)という．表11.3にその化学組成と機械的特性を示す．鋼の溶接はC量が多いほど困難を伴うが，C以外の合金元素によっても溶接性は低下する．合金によってその影響の度合いが違うため，各元素の影響をC量に換算したものが**炭素当量**(carbon equivalent, C_{eq})であり，次式で表される(JIS G 3106)．

$$C_{eq}=\mathrm{C}\%+\frac{1}{6}\mathrm{Mn}\%+\frac{1}{24}\mathrm{Si}\%+\frac{1}{40}\mathrm{Ni}\%+\frac{1}{5}\mathrm{Cr}\%+\frac{1}{4}\mathrm{Mo}\%+\frac{1}{14}\mathrm{V}\% \quad (11.2)$$

これは鋼の焼入性や溶接性を推定する重要な指標であり，C_{eq}が0.4～0.5%にもなると溶接は相当困難になる．そのため，C量を約0.2%以下に抑え，合金化によってC_{eq}を高めないで強度の高い鋼を製造する必要がある．

高張力綱は，一般に降伏強さ(耐力)が30 kgf/mm^{2}以上，引張強さが50 kgf/mm^{2}以上で，特に降伏強さ(耐力)が高く，炭素鋼に比較して**降伏比**(yield ratio)が大きい．この降伏比は

$$\text{降伏比} = \text{降伏強さ(耐力)} / \text{引張強さ} \quad (11.3)$$

表 11.3　高張力鋼の化学成分と機械的性質

鋼種	化学成分(%)									機械的性質		
	C	Si	Mn	Cu	Ni	Cr	Mo	V	B	引張強さ MPa (kgf/mm^2)	耐力 MPa (kgf/mm^2)	伸び %
HT 50	≤ 0.18	0.25 ～ 0.4	0.90 ～ 1.30	—	—	—	—	—	—	490～570 (50～58)	≥ 320 (≥ 33)	≥ 20
HT 60	≤ 0.16	≤ 0.55	≤ 1.30	—	≤ 0.60	≤ 0.40	—	≤ 0.15	—	590～690 (60 ～ 70)	≥ 450 (≥ 46)	≥ 16
HT 80	≤ 0.18	0.15 ～ 0.35	0.60 ～ 1.20	0.15 ～ 0.50	0.70 ～ 1.00	0.40 ～ 0.80	0.40 ～ 0.60	0.03 ～ 0.10	0.002 ～ 0.006	780～930 (80～95)	≥ 690 (≥ 70)	≥ 18
HT 100	〃	〃	〃	〃	≤ 1.50	〃	≤ 0.60	≤ 0.10	—	950～1130 (97～115)	≥ 880 (≥ 90)	≥ 16

で求められ，その値は引張強さの高い高張力鋼ほど大きい．また，降伏強さと引張強さの大きい高張力鋼ほど，伸びや延性が小さくなる．このような高張力鋼は，熱処理を行わない非調質型と焼入れ・焼戻しを行う調質型に大別される．

非調質型高張力鋼 (non-heat treated high tensile steel)：引張強さが約 590 MPa 以下の高張力綱であり，鉄鋼に固溶強化元素として Si, Mn の添加，さらに Ni, Cr, V を添加することにより降伏強さおよび引張強さを高めることができ，組織はフェライト・パーライト組織である．

調質型高張力鋼 (quenched and tempered high tensile steel)：引張強さが約 590 MPa 以上の高張力鋼であり，合金元素として Si, Mn に加えて Cu, Ni, Cr, Mo, V, Nb, Ti, B などが添加される．焼入れ・焼戻しで得られる組織は，焼入れ・焼戻しマルテンサイトと微細ベイナイトの混合組織である．

近年，加工熱処理により組織をフェライト，ベイナイト，マルテンサイトあるいは残留オーステナイトを適切に組織制御して高強度かつ高靭性の鋼を得る製造技術が確立しており，用途に適した鋼材の選択が可能である．

(3) 耐候性鋼

大気中での腐食環境が工場排煙，酸性雨や潮風などの影響で厳しくなると，これに耐え得る鋼が要求されることが多い．**耐候性鋼** (weathering-resistant steel) は，Cu, P, Cr, Ni などの大気腐食抑制元素を少量添加した低合金鋼である．大気中で長期間使用する間に鋼表面に保護性のあるさび層が形成し，普通鋼の約 2 倍以上の大気腐食抵抗性すなわち**耐候性** (atmospheric corrosion resistance) が現れ，大気中において無塗装で使える鋼として知られている．溶接性と耐候性をバランスさせながら，耐候性鋼は次の 3 種類に分類できる．

溶接構造用耐候性鋼 (JIS G 3114, SMA)：表 11.4 に示すように Cu–P–Cr–Ni 系の耐候性鋼である．Cu, P, Cr などを含む緻密な非晶質や微細構造 (ゲーサイト) の割合が大きくなるほど保護性のさび層が形成され，腐食性イオンの透過も抑制されて耐候性が向上する．

高耐候性鋼 (JIS G 3125, SPA)：多くは厚板で溶接構造物として利用される．溶接性を阻害する P を除いた Cu–Cr–(Ni) 系の耐候性鋼であり，耐候性に対する合金元素の効果は暴露環境や合金元素の組み合わせおよび添加量によってかなり

表 11.4　溶接構造用耐候性鋼の化学組成（JIS G 3114 抜粋）

種類の記号	化学成分（%）							
	C	Si	Mn	P	S	Cu	Cr	Ni
SMA400AP SMA400BP SMA400CP	≦0.18	≦0.55	≦1.25	≦0.035	≦0.035	0.20～0.35	0.30～0.55	—
SMA400AW SMA400BW SMA400CW	≦0.18	0.15～0.65	≦1.25	≦0.035	≦0.035	0.30～0.50	0.45～0.75	0.05～0.30
SMA490AP SMA490BP SMA490CP	≦0.18	≦0.55	≦1.40	≦0.035	≦0.035	0.20～0.35	0.30～0.55	—
SMA490AW SMA490BW SMA490CW	≦0.18	0.15～0.65	≦1.40	≦0.035	≦0.035	0.30～0.50	0.45～0.75	0.05～0.30

変動する．

Ni 系高耐候性鋼：最近では海からの飛来塩分の影響を想定して，耐塩害性を高めた 1～3% Ni を含む Ni 系高耐候性鋼が開発されている．この種の耐候性鋼は Ni 添加量を増加し，Cr を無添加としているため上述の JIS G 3114 の組成と異なるが，その他の成分は全て本規格に従っている．

(4) ばね鋼

構造用鋼より C 量を増やし，Si, Cr, V などの合金元素を添加したものが**ばね鋼**（spring steel, SUP）であり，Si は鋼の弾性限度を高めるのに極めて有効な合金元素である．高弾性と高耐力を得るために熱処理あるいは冷間加工が施され，ばね鋼はその形成法によって次の 2 種類に分けられる．

熱処理用ばね鋼：単にばね鋼といえば，表 11.5 に示す熱処理用ばね鋼を指す．熱間加工により成形後，焼入れ・焼戻しによりばね特性を付与して使用されるもので，車両用の重ね板ばね，コイルばねやトーションバーなどのような大型のばねがこれに属する．この場合，焼入れ時にばねの中心部まで完全に焼きが入るだけの焼入性を持った鋼材を選定する必要があり，その代表として Cr–Mo 鋼（SUP

表 11.5　熱処理用ばね鋼の化学組成 (JIS G 4801 抜粋)

種類の記号	化学成分 (%)				
	C	Si	Mn	Cr	その他
SUP6	0.56～0.64	1.50～1.80	0.70～1.00	—	—
SUP7	0.56～0.64	1.80～2.20	0.70～1.00	—	—
SUP9	0.52～0.60	0.15～0.35	0.65～0.95	0.65～0.95	—
SUP9A	0.56～0.64	0.15～0.35	0.70～1.00	0.70～1.00	—
SUP10	0.47～0.55	0.15～0.35	0.65～0.95	0.80～1.10	0.15～0.25 V
SUP11A	0.56～0.64	0.15～0.35	0.70～1.00	0.70～1.00	0.0005 B 以上
SUP12	0.51～0.59	1.20～1.60	0.60～0.90	0.60～0.90	—
SUP13	0.56～0.64	0.15～0.35	0.70～1.00	0.70～0.90	0.25～0.35 Mo

13) が挙げられる．

加工用ばね鋼：あらかじめばね特性が付与されている鋼線や鋼帯を用いて冷間加工で成形し，低温焼鈍しを施して使用されるので，線ばねやゼンマイのような小型のばねがこれに属する．これらには**硬鋼線** (hard drown steel wire, JIS G 3521) や**ピアノ線** (piano wire, JIS G 3522) などを高加工度で冷間引抜きしたものが用いられる．

(5) 軸受鋼

軸受はすべり軸受と転がり軸受に大別できるが，ここでは主として転がり軸受に用いられる鉄鋼系軸受材料について述べる．軸受材料としての**軸受鋼** (bearing steel, SUJ) は，転がり軸受の軌道輪である内輪や外輪，転動体である球やころなどに使用され，高速で変動する繰り返し荷重を長期に受けることから，高い疲労強度，耐摩耗性や寸法安定性が要求される．

高炭素 Cr 軸受鋼 (high carbon chromium bearing steel)：単に軸受鋼というと，高炭素 Cr 軸受鋼を指すことが多い．表 11.6 に示すように約 1%C の高炭素鋼に約 1～1.5%Cr を添加した 4 種類の高炭素 Cr 軸受鋼であり，後述の炭素工具鋼の SK3 (1.05%C) に Cr を添加したものに相当するので，軸受以外に工具や治具などの耐摩耗部品にも使用される．

肌焼軸受鋼 (case hardened bearing steel)：転がり軸受には上述の高炭素 Cr 鋼以外も用いられ，Ni Cr Mo 鋼などの肌焼鋼を，浸炭により表面に硬さと内部に靭性を持たせたのが肌焼軸受鋼である．

表 11.6　高炭素 Cr 軸受鋼の化学組成 (SUS G 4805 抜粋)

種類の記号	化学成分 (%)				
	C	Si	Mn	Cr	Mo
SUJ2	0.95～1.10	0.15～0.35	0.50 以下	1.30～1.60	0.08 以下
SUJ3	0.95～1.10	0.40～0.70	0.90～1.15	0.90～1.20	0.08 以下
SUJ4	0.95～1.10	0.15～0.35	0.50 以下	1.30～1.60	0.10～0.25
SUJ5	0.95～1.10	0.40～0.70	0.90～1.15	0.90～1.20	0.10～0.25

(6) 快削鋼

金属の機械加工は，自動化して連続的に行われることが多く，切削性に優れた鋼材が要求される．このために開発された鋼が**快削鋼** (free-cutting steel, SUM) であり，合金元素を添加して切削加工時に連続した切りくずが発生することを防止し，作業効率や仕上げ精度を高めるようにしている．表 11.7 は代表的な快削鋼の成分組成であり，次の 2 種類に大別できる．

硫黄系快削鋼 (sulfur free-cutting steel)：炭素鋼の S を 0.1～0.35%に増加させ，さらに Mn 量を高めた鋼である．軟らかく脆い MnS が鋼中に分散しているため，切削加工時に応力集中源として作用することで切削抵抗が小さく，切りくず排出

表 11.7　硫黄系および鉛系快削鋼の化学組成 (JIS G 4804 抜粋)

種類の記号	化学成分 (%)				
	C	Mn	P	S	Pb
SUM21	0.13 以下	0.70～1.00	0.07～0.12	0.16～0.23	—
SUM22	0.13 以下	0.70～1.00	0.07～0.12	0.24～0.33	—
SUM22L	0.13 以下	0.70～1.00	0.07～0.12	0.24～0.33	0.10～0.35
SUM23	0.09 以下	0.75～1.05	0.04～0.09	0.26～0.35	—
SUM23L	0.09 以下	0.75～1.05	0.04～0.09	0.26～0.35	0.10～0.35
SUM24L	0.15 以下	0.85～1.15	0.04～0.09	0.26～0.35	0.10～0.35
SUM25	0.15 以下	0.90～1.40	0.07～0.12	0.30～0.40	—
SUM31	0.14～0.20	1.00～1.30	0.040 以下	0.08～0.13	—
SUM31L	0.14～0.20	1.00～1.30	0.040 以下	0.08～0.13	0.10～0.35
SUM32	0.12～0.20	0.60～1.10	0.040 以下	0.10～0.20	—
SUM41	0.32～0.39	1.35～1.65	0.040 以下	0.08～0.13	—
SUM42	0.37～0.45	1.35～1.65	0.040 以下	0.08～0.13	—
SUM43	0.40～0.48	1.35～1.65	0.040 以下	0.24～0.33	—

性も良好である．しかし，非金属介在物の MnS は鋼自体の靭性を低下させるので，重要備品には使用されない．

鉛系快削鋼 (lead free-cutting steel)：硫黄快削鋼に Pb を 0.1～0.35％添加したものである．融点が低い Pb が鋼中に分散しているため，切削熱により溶融または軟化することで潤滑作用を得て，工具寿命の延長や切削抵抗の減少を実現している．近年，環境負荷物質である Pb の使用量削減の動きが活発化し，代替の快削鋼の開発が進められている．この鋼種も靭性が高くないので，硫黄快削鋼と同様に重要備品には使用されない．

しかし，最近では環境問題のため鉛系快削鋼の利用が減少しており，これに代わって Ca を添加した**カルシウム系快削鋼** (calcium free-cutting steel) も開発されている．鋼中の Ca 酸化物が主に切削工具表面に溶着することで構成刃先を保護し，工具寿命を高める働きをする．

11.3　高合金鋼の種類と特性

合金鋼は，炭素鋼に 1 種または数種の合金元素を添加してその性質を改善し，種々の目的に適合するようにした鋼である．主要な元素として Ni, Cr, Si, Mn, Mo, W, V, Co, B, Ti などがあり，その役割には 2 通りがある．その 1 つは鋼の焼入性を向上させるとともに，焼戻しに対する軟化抵抗性を高めることであり，他の 1 つは鋼の耐熱性，耐食性や耐酸化性などの物理的・化学的性質に対して優れた特殊性能を与えることである．とりわけ後者の特殊性能に対しては高合金鋼の役割が大きく，特殊鋼の範疇に含まれるものが多い．

(1) 工具鋼

工業材料の多くは何らかの加工を受けて目的の製品が作られる．**工具鋼** (tool steel) は材料の切削加工や塑性加工などに使用され，高強度，高耐摩耗性，さらには焼割れや熱変形が生じにくい熱処理性が要求される．代表的な工具鋼は，組成および性能によって表 11.8 に示すように大きく 3 つに大別される．

炭素工具鋼 (carbon tool steel, SK)：この工具鋼は合金鋼ではなく 0.6～1.5％C を含む高炭素鋼である．炭素工具鋼は焼入性や切削性などの点で種々の欠点を有

表 11.8　工具鋼の化学組成（JIS G 4401，4403，4404 抜粋）

鋼種		記号	化学成分（%）						硬さ
			C	Cr	Mo	W	V	Ni,（Co）	HRC
炭素工具鋼		SK1	1.30～1.50	—	—	—	—	—	> 63
		SK3	1.00～1.10						> 63
		SK5	0.80～0.90						> 59
		SK7	0.60～0.70						> 56
合金工具鋼	切削工具用	SKS2	1.00～1.10	0.50～1.00	—	1.00～1.50	—	—	> 61
		SKS5	0.75～0.85	0.20～0.50	—	—	—	0.70～1.30	> 45
		SKS7	1.10～1.20	0.20～0.50	—	2.00～2.50	—	—	> 62
	耐衝撃工具用	SKS4	1.45～0.55	0.50～1.00	—	—	—	—	> 56
		SKS43	1.00～1.10	—	—	—	0.10～0.25	—	> 63
	冷間金型用	SKS3	0.90～1.00	0.50～1.00	—	0.50～1.00	—	—	> 60
		SKS94	0.90～1.00	0.20～0.60	—	—	—	—	> 61
		SKD1	1.80～2.40	12.00～15.00	—	—	—	—	> 61
		SKD12	0.95～1.05	4.50～5.50	0.80～1.20	—	—	—	> 61
	熱間金型用	SKD4	0.25～0.35	2.00～3.00	—	5.00～6.00	0.30～0.50	—	< 50
		SKD6	0.32～0.42	4.50～5.50	1.00～1.50	—	0.30～0.50	—	< 53
		SKD8	0.35～0.45	4.00～4.70	0.30～0.50	3.80～4.50	1.70～2.20	(3.80～4.50)	< 55
		SKT4	0.50～0.60	0.70～1.00	0.20～0.50	—	—	1.30～2.00	—
高速度工具鋼	タングステン系	SKH2	0.73～0.83	3.80～4.50	—	17.00～19.00	0.80～1.20	—	> 63
		SKH3		〃	—	〃	〃	(4.50～5.50)	> 64
		SKH10	1.45～1.60	〃	—	11.50～13.50	4.20～5.20	(4.20～5.20)	> 64
	モリブデン系	SKH52	1.00～1.10	3.80～4.50	4.80～6.20	5.50～6.70	2.30～2.80	—	> 63
		SKH56	0.85～0.95	〃	4.60～5.30	5.70～6.70	1.70～2.20	—	> 64
		SKH58	0.95～1.05	3.50～4.50	8.20～9.20	1.50～2.10	〃	—	> 64

しているが，安価で取り扱いが比較的簡単なために木工用，軟質金属用，軽切削用などの工具として広く用いられている．

合金工具鋼（alloy tool steel, SKS, SKD, SKT）：炭素工具鋼よりさらに耐衝撃性，耐摩耗性，耐熱性などを高めるために，高 C で Cr, Mo, W, V などを添加して焼入性を改善するとともに，硬い炭化物を生成させた工具鋼である．なお，Ni の添加は炭化物が生成せず耐摩耗性が向上しないが，靭性を向上させる効果が特に著しい．JIS の材料記号において，SKS は特殊工具鋼，SKD はダイス工具鋼，SKT は鍛造工具鋼に由来する．

高速度工具鋼（high speed steel tool, SKH）：高速切削を行うと温度上昇によって工具刃先が軟化し，その切れ味が低化するので，この種の工具には高温での高い焼戻抵抗が必要となる．W, Cr, V, Mo などの炭化物形成元素を大量に添加して高温強度と耐摩耗性を高めた工具鋼は，**高速度鋼** (high speed steel, 略して HSS) または単に**ハイス**とも呼ばれ，主として高速重切削用や難削材切削用に使用される．

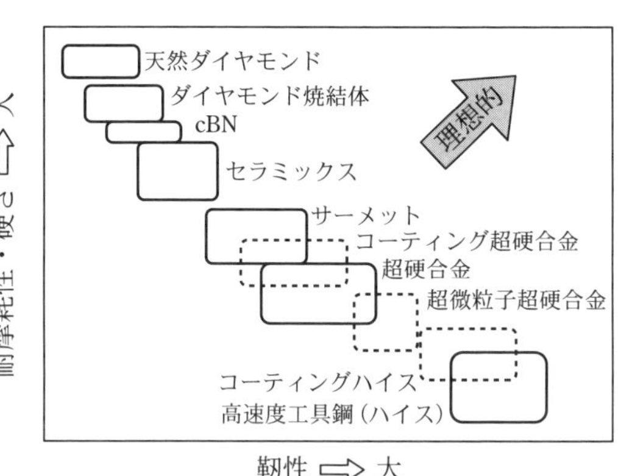

図 11.4　各種工具材料の特徴

近年，数値制御の工作機械を用いた生産加工分野では，重切削で高速な切削条件に耐えられる工具材料が開発され，図 11.4 に示すような各種工具材料が使用されている．工具鋼の選択に際しては，靭性と耐摩耗性・硬さの特徴を把握し，被削性や生産性も考慮しながら適切な工具材料を使用する．上述の鉄鋼系以外の優れた工具材料もあり，その代表的なものに超硬質な**焼結材料** (sintered materials) がある．粉末の主成分が WC で結合材として Mo を用いた**超硬合金** (cemented carbide, HW, 略して**超硬**)，その硬質相の平均粒径が 1 μm 以下である超微粒子超硬合金 (HF)，TiC，TiN などを主成分とする**サーメット** (cermet, HT) に加え，高速度工具鋼や超硬合金の工具表面に TiC, TiN, Al_2O_3 などのセラミックスを積層した被覆超硬合金 (HC) に分けられる (JIS B 4053)．

(2) 耐熱鋼

高温使用を目的とした**耐熱鋼** (heat-resisting steel, SUH) には，高温において長時間使用できて耐酸化性，耐食性，耐クリープ性などに優れることが要求される．耐酸化性の向上には，緻密で密着性に優れた酸化皮膜の形成および繰り返し加熱時にその剥離が生じにくいことが必要である．耐酸化性を改善する合金元素として Cr に加え，補助的に Al, Si が少量添加されている．これらの合金元素は Fe よりも先に選択的に酸化され，薄くて緻密な酸化物皮膜 (Cr_2O_3, Al_2O_3, SiO_2)

が生成して酸化の進行が抑制される．この他に Mo, Mn, W, V などの合金元素も添加されており，いずれも高温強度を高めるために有効な元素である．また，耐熱鋼は Ni が添加されることもあり，これはオーステナイト生成元素であり，高温強度を改善するのに役立つ．耐熱鋼は後述のステンレス鋼と同様に，表 11.9

表 11.9　耐熱鋼の化学組成（JIS G 4311 抜粋）

種類	記号 SUH	化学成分（%）					
		C	Si	Mn	Ni	Cr	その他
マルテンサイト系	1	0.40～0.50	3.00～3.50	0.60 以下	—	7.50～9.50	—
	3	0.35～0.45	1.80～2.50	0.60 以下	—	10.00～12.00	Mo：0.70～1.30
	4	0.75～0.85	1.75～2.25	0.20～0.60	1.15～1.65	19.00～20.50	—
	600	0.15～0.20	0.50 以下	0.50～1.00	—	10.00～13.00	Mo：0.30～0.90 V：0.10～0.40 N：0.05～0.10 Nb：0.20～0.60
	616	0.20～0.25	0.50 以下	0.50～1.00	0.50～1.00	11.00～13.00	Mo：0.75～1.25 W：0.75～1.25 V：0.20～0.30
フェライト系	446	0.20 以下	1.00 以下	1.50 以下	—	23.00～27.00	N：0.25 以下
オーステナイト系	31	0.35～0.45	1.50～2.50	0.60 以下	13.00～15.00	14.00～16.00	W：2.00～3.00
	309	0.20 以下	1.00 以下	2.00 以下	12.00～15.00	22.00～24.00	—
	310	0.25 以下	1.50 以下	2.00 以下	19.00～22.00	24.00～26.00	
	330	0.15 以下	1.50 以下	2.00 以下	33.00～37.00	14.00～17.00	
	661	0.08～0.16	1.00 以下	1.00～2.00	19.00～21.00	20.00～22.50	Mo：2.50～3.50 W：2.00～3.00 Co：18.50～21.00 N：0.10～0.20 Nb：0.75～1.25

のように組織によってマルテンサイト系，フェライト系およびオーステナイト系耐熱鋼に大別される．

マルテンサイト系耐熱鋼（martensitic heat-resisting steel）：この耐熱鋼はCrの他にMo, W, Ni, Siなどを含有しており，Cr, Siは耐酸化性を，Cr, Mo, Wは耐クリープ性を高める目的で添加される．約1,000℃から焼入れを行い，600～850℃で焼戻して使用する．代表的な鋼種としてSUH4などがある．約550℃以下において，オーステナイト系およびフェライト系に比較して強度が高い特長を持つ．

フェライト系耐熱鋼（ferritic heat-resisting steel）：一般に熱膨張係数が小さくかつ熱伝導度が大きく，高温における降伏点およびクリープ強さが高いという特長を持つ．代表的な耐熱鋼であるSUH446は高クロム鋼で耐酸化性に優れており，830℃で加熱後急冷して焼なましを行う．

オーステナイト系耐熱鋼（austenitic heat-resisting steel）：耐高温酸化性と高い高温強度を有し，一般に靱性が高く成形性や溶接性も優れている．Cr, Niの含有量が多いため，組織は常温でもオーステナイトであり，耐酸化性と耐クリープ性は上述のマルテンサイト系およびフェライト系耐熱鋼より優れている．SUH661は合金元素の量が特に多く，以下に述べる超耐熱合金に分類されるものである．

ガスタービンやジェットエンジンの急速な発達に伴い，これらの部品に適する耐熱材料が開発されてきた．これらの高級な耐熱材料には，上述のオーステナイト系耐熱鋼の合金元素であるCr, Niその他の元素をさらに増加し，主成分であるFeの含有量を50%以下に減らしたFe基の合金と，NiまたはCoを主成分としてFeをほとんど含まないNi基とCo基の合金の3種類がある．これらの耐熱合金を**超耐熱合金**（heat-resisting alloy, NCF）または単に**超合金**（superalloy）ともいい，いずれも原子密度の高いfcc格子のオーステナイト組織であるので優れた高温クリープ特性を示し，また10～30%のCrを含んでいるので耐酸化性も優れている．

(3) 耐食鋼

耐食性を高めた高合金鋼の1つに**ステンレス鋼**（stainless steel, SUS）がある．ステンレス鋼は基本的にFe–Cr系合金であり，約12%以上のCr量が含有することで**不動態皮膜** (passive film) と呼ばれる強固な酸化皮膜が形成され，硫酸や硝酸など腐食性の強い酸化性環境下で優れた耐食性を示す．ただし，塩酸などのような非酸化性酸に対してはCrのみでは不十分で，さらにNiを添加することが有効である．ステンレス鋼は主要合金元素で表すと表11.10に示すFe–Cr系とFe–Cr–Ni系に大別できるが，一般には組織の違いにより5種類に分類される．Fe–Cr系はフェライト系，マルテンサイト系に，またFe–Cr–Ni系はオーステナイト系，オーステナイト・フェライト系 (二相系)，析出硬化系に分けられる．ここで，オーステナイト系のみ通常は非磁性であり，他は磁性を有する．

フェライト系ステンレス鋼 (ferritic stainless steel)：Fe–Cr系に属して <0.12%C，11～18%Crの低C高Cr鋼が用いられ，Cr量を20～30%と高めた低C高Cr

表 11.10　ステンレス鋼の化学成分 (JIS G 4304 抜粋)

成分	分類	種類の記号	化学成分 (%)				
			C	Cr	Mo	Ni	その他
Fe–Cr系	マルテンサイト系	SUS410	0.15 以下	11.50～13.50	—	—	—
		SUS420J1	0.16 以下	12.00～14.00	—	—	—
	フェライト系	SUS430	0.12 以下	16.00～18.00	0.75～1.50	—	—
		SUS436L	0.025 以下	16.00～19.00	0.75～1.50	—	0.025N 以下
Fe–Cr–Ni系	オーステナイト系	SUS304	0.08 以下	18.00～20.00	—	8.00～10.50	—
		SUS316	0.08 以下	16.00～18.00	2.00～3.00	10.00～14.00	—
		SUS316L	0.08 以下	16.00～18.00	2.00～3.00	12.00～15.00	—
	オーステナイト・フェライト系	SUS329J1	0.08 以下	23.00～28.00	1.00～3.00	3.00～6.00	—
	析出硬化系	SUS630	0.07 以下	15.00～17.50	—	3.00～5.00	3.00～5.00 Cu
		SUS631	0.09 以下	16.00～18.00	—	6.50～7.75	0.75～1.50 Al

鋼は前述の耐熱鋼として用いられる．この系の代表的なステンレス鋼は SUS 430 であり，熱処理により材質の改善はできないので機械的性質は劣っているが，耐食性を主体として加工性を重視したものである．高価な原料である Ni を含まず安価であるため建築，厨房や家電部品など広範囲に使用されている．しかし，長時間加熱すると著しく脆化する **475℃脆性** (475℃ brittleness)，またそれより高温側の 700～800℃では硬くて脆い金属間化合物の σ 相が析出して **σ 脆性** (sigma brittleness) が生じるので注意する必要がある．

マルテンサイト系ステンレス鋼 (martensitic stainless steel)：この系のステンレス鋼も Fe–Cr 系に属し，12～18% Cr を含んだ低 C 高 Cr 鋼であり，C 量によって強度が異なる．代表鋼種として SUS 410 や SUS 420J1 などがある．焼入れによりマルテンサイト組織にした後に焼戻しを行うため，靭性もあり高強度で耐摩耗性に優れているので刃物や工具等に用いられている．また，特性を改善した高 Cr の鋼種もあるが，オーステナイト安定化元素である C の含有量を増加させているので，Cr 炭化物が生じて耐食性や溶接性が幾分劣化することもある．

オーステナイト系ステンレス鋼 (austenitic stainless steel)：代表的な Fe–Cr–Ni 系のステンレス鋼であり，おおよそ 18%Cr, 8%Ni を含むオーステナイト組織の代表鋼は通称 **18-8 ステンレス鋼** (18-8 stainless steel, SUS 304) とも呼ばれる．これは <0.1%C であり，耐食性が極めて良く，化学機器や反応装置類などに広く用いられている．通常は非磁性であるが，冷間加工によって**加工誘起マルテンサイト** (strain-induced martensite) が生成して磁性を帯び，耐食性は幾分低下する．この種のステンレス鋼は，Cl^- など特定イオンを含む環境下において小さな応力で SCC が起こるので注意を要する．また，約 500～800℃で加熱すると結晶粒界に Cr 炭化物 ($Cr_{23}C_6$) が析出して**鋭敏化** (sensitization) が起こるので，C 量を減らし Mo を添加した鋼種 (たとえば SUS 316L) を用いて粒界腐食を防いでいる．

二相系ステンレス鋼 (duplex stainless steel)：この系のステンレス鋼は，ほぼ同量のオーステナイト相とフェライト相の混合組織を有し，代表鋼種として SUS 329J1 がある．高 Cr で適量の Ni を含み，オーステナイト系ステンレス鋼に比べて SCC や孔食に強い耐食鋼として開発されたものである．この鋼種はフェライト組織も持つため磁性があり，延性はフェライト系ステンレス鋼に近い性質を示し，船舶・化学プラントや海水用熱交換器などに用いられる．

析出硬化系ステンレス鋼 (precipitation hardening stainless steel)：この系のステンレス鋼は，マルテンサイト系と同等の強度に加えオーステナイト系の耐食性も兼ね備えた鋼種である．おおよそ17%Cr，7%Niの他に1%Alを添加したものは**17-7PHステンレス鋼** (17-7PH stainless steel, SUS 631) とも呼ばれている．溶体化処理状態ではオーステナイト基質であり，実用的にはこの状態で成形加工後，二重熱処理 (T, H処理) によりマルテンサイト組織にNi–Al化合物を析出させて高力化を図っており，耐食性を必要とするシャフト，タービン部品やばね材など用いられている．耐食性はオーステナイト系よりもやや劣るけれども，強度はステンレスの中で最も高く，1,000 MPa以上の引張強さが得られる．3～5%Ni, 3～5%Cuとし，Nbを加えたSUS 630もこのタイプである．

【演習問題】

11.1　オーステナイトとフェライト生成元素をそれぞれ3つ挙げ，Fe–M二元系状態図を用いて両者を説明せよ．ただし，Mは合金元素とする．

11.2　合金鋼に与えるNiとCrの影響を，いくつかの面から比較せよ．

11.3　鋼の被削性向上のために必要な合金元素を2つ挙げて説明せよ．

11.4　合金工具鋼および高速度工具鋼に添加されるVの役割について説明せよ．

11.5　ステンレス鋼が炭素鋼に比べて耐食性に優れている理由を述べよ．

第12章　鋳　鉄

溶融金属を製品に相当する空洞がある鋳型（砂形，金型など）に鋳込み，凝固・冷却して製品にする技術を**鋳造**（casting）といい，その製品が鋳物（または鋳造品）である．鋳造用の材料は溶湯の流動性が良く，融点が低くて凝固の際に収縮が少ないなどの性質が必要である．この意味においてC量が2.14～6.67％含む**鋳鉄**（cast iron）は，Fe–C状態図において4.32％Cの共晶組成に近い成分ほど融点が低いので鋳造に好都合な鉄鋼材料である．ここでは，鋳鉄の状態図，組織やその性質などについて基本的な事項を学ぼう．

12.1　鋳鉄の状態図と組織

鋳鉄を学ぶ上で重要なFe–C状態図を図12.1に示す．これは準安定相のセメンタイト（Fe_3C）が生成する$Fe–Fe_3C$状態図（実線で示した準安定系）と，安定相の黒鉛（G）が生成するFe–G状態図（破線で示した安定系）を併記した複平衡状態図である．実際の鋳鉄には，鋼と同様に五大元素（C, Si, Mn, P, S）が含まれており，一般的な鋳鉄には2.4～4.0％C，0.5～3.0％Siを含むFe–C–Si三元系合金である．便宜的にSiの組織に与える影響をC量に換算し，Fe–C二元合金として取り扱うことが可能である．この場合，C量の代わりに次式の炭素当量C_Eを用いる．

$$C_E = C\% + \frac{1}{3}Si\% \qquad (12.1)$$

鋳鉄の分類法はいくつかあるが，その代表的なものとして鋳鉄の破断面の色に由来した分類では，**白鋳鉄**（white cast iron，または**白銑** white pig iron），**まだら鋳鉄**（mottled cast iron）および**ねずみ鋳鉄**（gray cast iron）がある．これらは組織

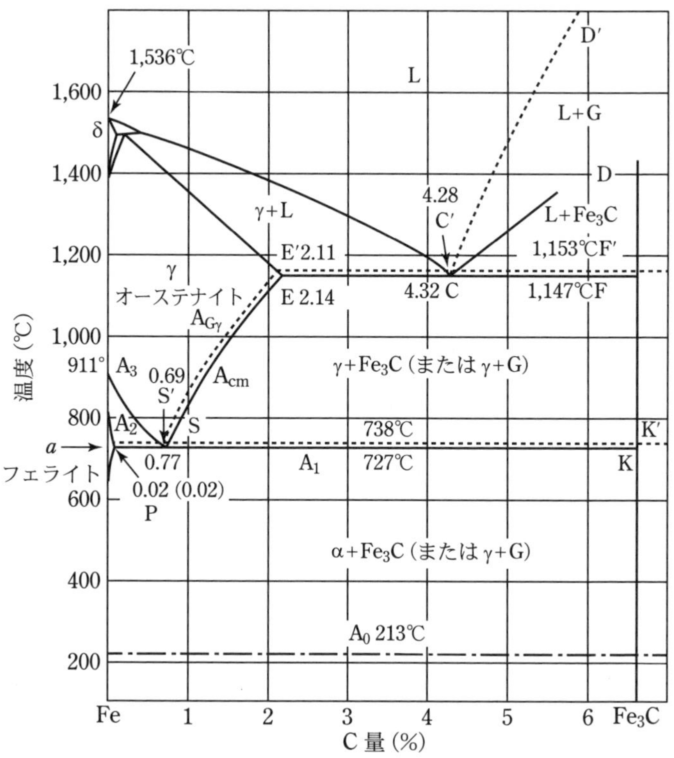

図 12.1　Fe–C 複平衡状態図（実線：Fe–Fe_3C 系，破線：Fe–G 系）

が異なり，図 12.2 に示すように C, Si 量や溶湯（融液）からの冷却速度に加え鋳物の肉厚などの違いによっても異なる．C は黒鉛やセメンタイトとして現れ，一般に凝固時の冷却速度を遅くするほど安定相の黒鉛が，逆に速くするほど準安定相のセメンタイトが現れやすくなり，機械的性質に大きな影響を及ぼす．冷却速度を一定にして C 量を縦軸に，Si 量を横軸にとり，それらと組織の関係を表した**マウラーの組織図**（Maurer's structural diagram）を図 12.3 に示す．図中のⅠは白鋳鉄，Ⅱはパーライト地のねずみ鋳鉄，Ⅲはフェライト地のねずみ鋳鉄，Ⅱa はまだら鋳鉄，Ⅱb はフェライトとパーライト混合地のねずみ鋳鉄がそれぞれ生成する領域である．ハッチングを入れた領域はⅡのパーライト地のねずみ鋳鉄であり，特に 2.8～3.2%C，1.5～2.0%Si 付近は機械構造用鋳物として良好な性質を

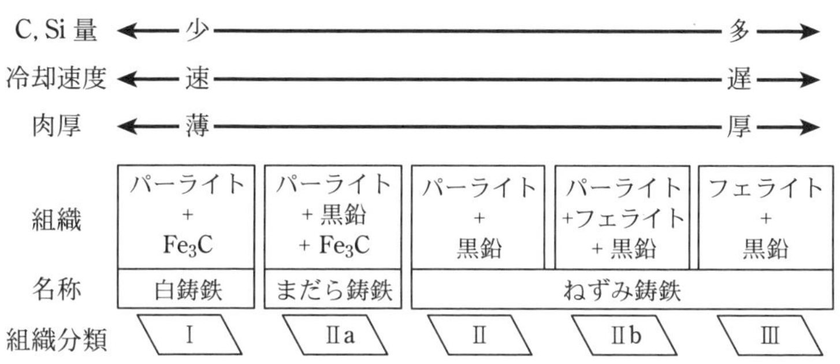

図 12.2　鋳鉄の組織に及ぼす C, Si 量，冷却速度および肉厚の影響（組織分類は，図 12.3 のマウラー組織図に対応）

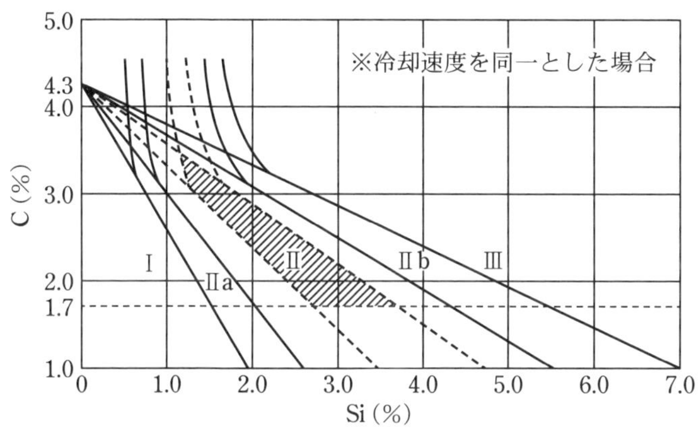

図 12.3　C, Si 量と組織の関係（マウラーの組織図）

示す．

鋳鉄中の黒鉛は，凝固の際の共晶反応により生成される．鋳物の冷却速度が速いと，Fe–G 系の共晶温度以下に過冷されて準安定系の共晶温度で共晶反応が起こり，この場合に白鋳鉄となる．凝固終了後に 738～727℃に達するとオーステナイトが共析反応により，フェライト + 黒鉛，フェライト + セメンタイトのいずれかの組織になるが，その両者の反応が起こる場合もある（図 12.2 参照）．黒鉛は強度が極めて小さいので，外力が作用すると黒鉛部分が切欠きとなり，応力が集中して破壊に至る．この応力集中の程度は黒鉛の形態に大きく依存する．鋳

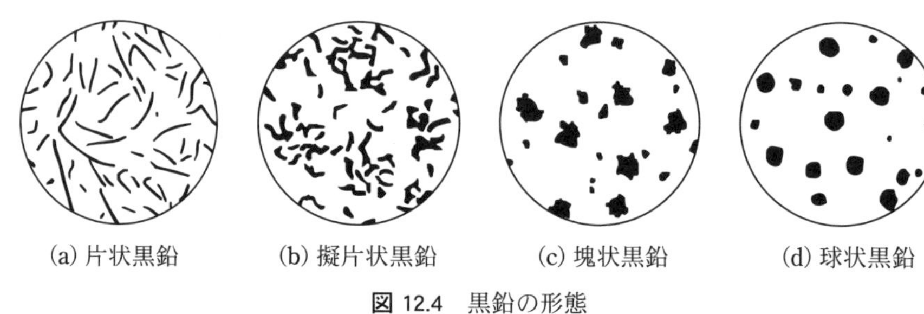

(a) 片状黒鉛　(b) 擬片状黒鉛　(c) 塊状黒鉛　(d) 球状黒鉛

図 12.4　黒鉛の形態

鉄中の黒鉛の形態は図 12.4 に示すようなものがある．同図 (a)，(d) はそれぞれ典型的な片状黒鉛，球状黒鉛であり，球状化が不十分な同図 (b) の擬片状黒鉛 (芋虫状黒鉛) や同図 (c) の塊状黒鉛などがある．

12.2　実用鋳鉄の種類と性質

鋳鉄の化学成分，熱処理，溶湯処理の違いによる組織や機械的性質などの変化から，実用鋳鉄はいくつかに分類できる．白鋳鉄を基に熱処理により組織改良して延性を増した**可鍛鋳鉄** (malleable cast iron)，ねずみ鋳鉄を基に鋳込み直前の溶湯への添加元素により黒鉛形状を改良した**球状黒鉛鋳鉄** (spheroidal graphite cast iron) や CV **黒鉛鋳鉄** (compacted vermicular graphite cast iron)，さらに合金元素を添加して各種特性を向上させた**合金鋳鉄** (alloy cast iron) などがある．

(1)　ねずみ鋳鉄

ねずみ鋳鉄は特別に合金元素を添加しない標準的な鋳鉄であり，最も広く使用されていることから**普通鋳鉄** (common grade cast iron) とも呼ばれる．ねずみ鋳鉄の組織の基地はフェライトとパーライトであり，図 12.5 に示すように組織中に細長く片状の黒鉛が分散している．表 12.1 はねずみ鋳

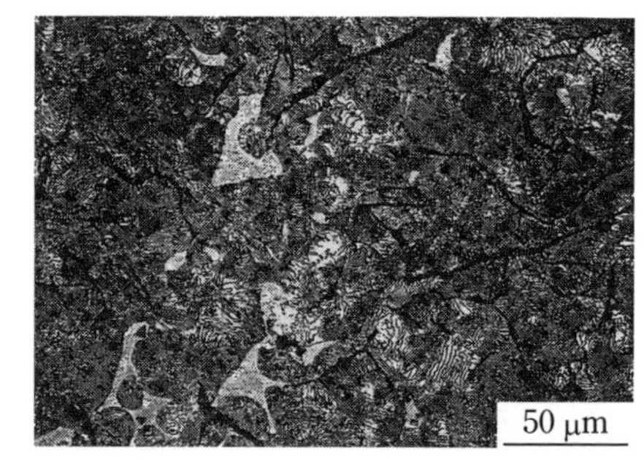

図 12.5　ねずみ鋳鉄の組織写真

表 12.1　ねずみ鋳鉄の機械的性質 (JIS G 5501 抜粋)

記号	供試材の鋳放し直径 (mm)	引張強さ (MPa)	抗折性		硬さ HB
			最大荷重 (N)	たわみ (mm)	
FC 100	30	100 以上	7,000 以上	3.5 以上	201 以下
FC 150	30	150 以上	8,000 以上	4.0 以上	212 以下
FC 200	30	200 以上	9,000 以上	4.5 以上	223 以下
FC 250	30	250 以上	10,000 以上	5.0 以上	241 以下
FC 300	30	300 以上	11,000 以上	5.5 以上	262 以下
FC 350	30	350 以上	12,000 以上	5.5 以上	277 以下

鉄品の機械的性質を示しており，JIS 規格では組成の規制は設けずに機械的性質だけの表示である．引張強さは 100～400 MPa の範囲にあり，また成分組成の C, Si 量が低いほど，肉厚が薄くなるほど引張強さは高くなる．伸びは 1%程度であり，硬さは *HB* 130～280 の範囲で，引張強さにほぼ比例する．ねずみ鋳鉄の組織中に細長く片状に分散している黒鉛が破壊の起点になりやすいため，圧縮応力よりも引張応力に対しては注意を要する．ねずみ鋳鉄は振動の減衰能が優れており，また黒鉛自体が潤滑的な性質を持つため，被削性，伝熱性や耐摩耗性が良く，歯車，軸受，ブレーキシューや摺動面など多くの機械要素に用いられている．

(2) 可鍛鋳鉄

可鍛鋳鉄は，熱処理により延性や靭性を得ることで鍛造可能とした鋳造品である．その破断面の色調により**黒心可鍛鋳鉄** (black-heart malleablc cast iron) と**白心可鍛鋳鉄** (white-heart malleable cast iron) に大別される．

黒心可鍛鋳鉄は，図 12.6 に示すように白鋳鉄を 2 段の黒鉛化処理 (焼なまし) により塊状黒鉛を析出させている．すなわち，1 段目の焼なましにより共

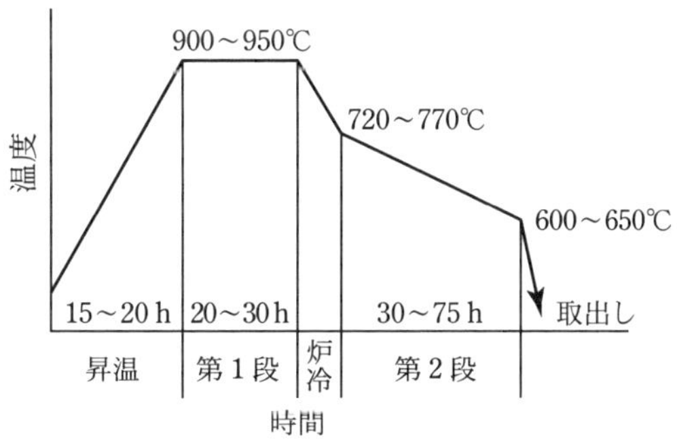

図 12.6　白鋳鉄の黒鉛化のための熱処理

表 12.2　黒心可鍛鋳鉄の機械的性質（JIS G 5705 抜粋）

種類	記号	引張強さ（MPa）	耐力（MPa）	伸び（%）
1 種	FCMB 270	270 以上	165 以上	5 以上
2 種	FCMB 310	310 以上	185 以上	8 以上
3 種	FCMB 340	340 以上	205 以上	10 以上
4 種	FCMB 360	360 以上	215 以上	14 以上

表 12.3　パーライト可鍛鋳鉄の機械的性質（JIS G 5705 抜粋）

種類	記号	引張強さ（MPa）	耐力（MPa）	伸び（%）	硬さ *HB*
1 種	FCMP 440	440 以上	265 以上	6 以上	149 ～ 207
2 種	FCMP 490	490 以上	305 以上	4 以上	167 ～ 229
3 種	FCMP 540	540 以上	345 以上	3 以上	183 ～ 241
4 種	FCMP 590	590 以上	390 以上	3 以上	207 ～ 269
5 種	FCMP 690	690 以上	510 以上	2 以上	229 ～ 285

晶組織である**レデブライト**（ledeburite）中のセメンタイトを黒鉛化し，引き続き 2 段目の焼なましにより共析変態で生成されたパーライト中のセメンタイトを黒鉛化する．表 12.2 に黒心可鍛鋳鉄の機械的性質を示す．ねずみ鋳鉄に比較して靭性に優れ，自動車部品，鉄道車両や軌道用部品や管継手など多量生産品に使用される．後者の 2 段目の焼なましを省略すると，パーライト基地に塊状の黒鉛が分散した鋳鉄となり，これを**パーライト可鍛鋳鉄**（pearlitic malleable cast iron）という．表 12.3 にパーライト可鍛鋳鉄の機械的性質を示す．靭性は劣るが，強度と耐摩耗性が優れている．自動車のクランク軸，カム軸，自在継手やポンプ部品など用途は広い．

一方，白心可鍛鋳鉄は白鋳鉄を酸化鉄とともに容器中で 900～1000℃に長時間加熱してセメンタイトを脱炭・消失させ，基地がパーライト化したものである．その反応は

$$Fe_3C + CO_2 \rightarrow 3Fe + 2CO \qquad (12.2)$$

で表される．実際には鋳鉄品の内部まで脱炭されることは少なく，表面はフェライト，内部はパーライトと塊状黒鉛となるが，あまり肉厚の大きい鋳物には適しない．可鍛性を有する鋳鉄であり，自転車部品，継手類や紡織機部品などに使用

される．

(3) 球状黒鉛鋳鉄

球状黒鉛鋳鉄は，図12.7に示すように組織中の黒鉛を球状化させたものであり，ねずみ鋳鉄よりも伸びが大きく延性に優れるので**ダクタイル鋳鉄**(ductile cast iron)とも呼ばれる．黒鉛を球状化させるために，鋳込み直前の溶湯にCe，Mgなどの球状化元素を添加する．この手法を**接種**(inoculation)といい，黒鉛が鋳放しのままで球状となる．このようにして晶出した黒鉛は球状に近い形状のため応力集中が低減し，ねずみ鋳鉄のように黒鉛の形状により強度が異なることはない．球状黒鉛鋳鉄は，表12.4に示すように引張強さ350～800 MPa以上，伸び2～20％以上と優れた強度や靭性を有する．鋼に匹敵する強度を持ち，靭性に優れていることから，自動車のエンジン部品や水道用鋳鉄管などに使われる．ただし，振動の減衰能はねずみ鋳鉄に比べて低下する．黒鉛以外の基地組織によっても機械的性質は変化し，フェライト基地の場合は伸びが大きい．これに対してパーライト基地の場合は引張強さが高く，高強度化にはMn，Cu，Snなどのパーライト安定化元素の添加が有効である．

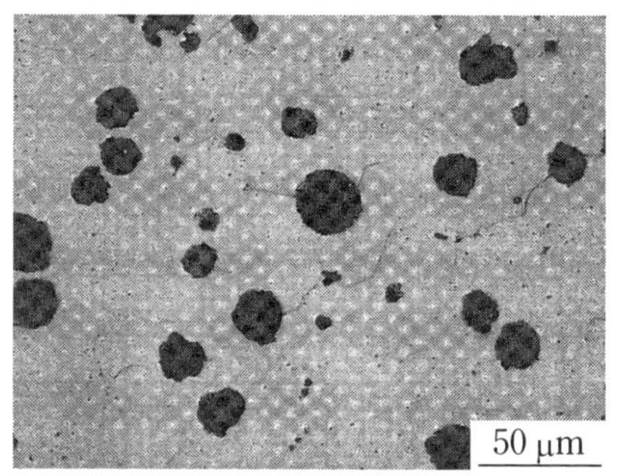

図 12.7　球状黒鉛鋳鉄の組織写真

表 12.4　球状黒鉛鋳鉄の機械的性質 (JIS G 5502 抜粋)

記号	引張強さ (MPa)	耐力 (MPa)	伸び (％)	硬さ *HB*	基地組織
FCD 350	350以上	220以上	22以上	150以下	フェライト
FCD 400	400以上	250以上	12以上	130 ～ 180	フェライト
FCD 450	450以上	280以上	10以上	143 ～ 217	フェライト
FCD 500	500以上	320以上	7以上	170 ～ 241	フェライト＋パーライト
FCD 600	600以上	370以上	3以上	192 ～ 269	パーライト
FCD 700	700以上	420以上	2以上	229 ～ 302	パーライト
FCD 800	800以上	480以上	2以上	248 ～ 352	ソルバイト

表 12.5　オーステンパ球状黒鉛鋳鉄の機械的性質（JIS G 5503 抜粋）

種類の記号	引張強さ（MPa）	耐力（MPa）	伸び（%）	硬さ *HB*
FCAD 900-4	900 以上	600 以上	4 以上	—
FCAD 900-8	900 以上	600 以上	8 以上	—
FCAD 1000-5	1,000 以上	700 以上	5 以上	—
FCAD 1200-2	1,200 以上	900 以上	2 以上	341 以上
FCAD 1400-1	1,400 以上	1,100 以上	1 以上	401 以上

球状黒鉛鋳鉄をさらに強靭化するために，近年，オーステンパ処理により基地をベイナイト（+ 残留オーステナイト）組織にした**オーステンパ球状黒鉛鋳鉄**（austempered ductile cast iron）が開発され，表 12.5 にその機械的性質を示す．図 12.8 は各種鋳鉄の引張強さと伸びを比較したものであり，オーステンパ球状黒鉛鋳鉄は球状黒鉛鋳鉄の約 2 倍の引張強さを有するため，自動車分野などの分野で使用量が増えている．

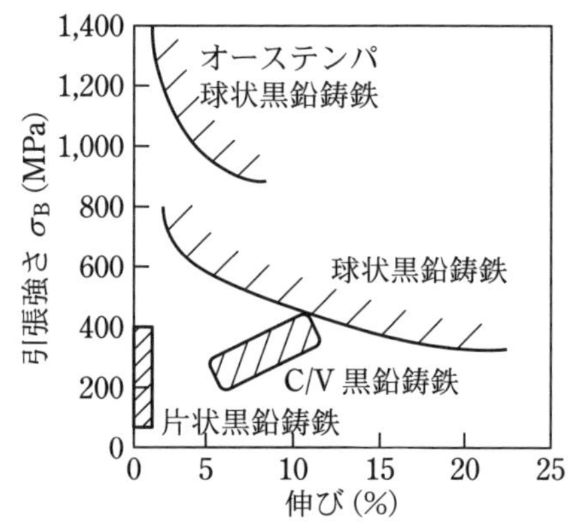

図 12.8　各種鋳鉄の引張強さと伸びの比較

(4) CV 黒鉛鋳鉄

CV 黒鉛鋳鉄は，黒鉛形状が片状と球状の中間的な芋虫状であり，その鋳鉄品もねずみ鋳鉄と球状黒鉛鋳鉄の中間的な特性を示す．ねずみ鋳鉄と同等の鋳造性，熱伝導性や減衰能を有し，さらに球状黒鉛鋳鉄に近い強度を兼ね備えることから自動車部品などに用いられる．

(5) 合金鋳鉄

合金鋳鉄は，鋳鉄の機械的性質，耐食性，耐熱性，耐摩耗性などの特性改善のために種々の合金元素を添加した鋳鉄であり，**特殊鋳鉄**（special cast iron）ともいう．この添加元素は合金鋼と同様に基地組織に対する効果であり，機械構造用として Cr 鋳鉄，Cu–Cr 鋳鉄，Cr–Ni 鋳鉄などの合金鋳鉄が挙げられる．鋳鉄の黒鉛は潤滑剤としての機能もあり，また油の溜まり場ともなるので耐摩耗性が期待できる．一般に溶融した鋼を金型に鋳込む際に，金型と接する表面部分では急速に凝固して非常に硬い白鋳鉄が生成（いわゆるチル化）させる．内部組織はパーライトと黒鉛のねずみ鋳鉄にして，全体として靭性を確保しているので**チルド鋳鉄**（chilled cast iron）と称する．これに Ni，Cr を添加した鋳鉄を**ニハード鋳鉄**（ni-hard cast iron）といい，いずれも優れた耐摩耗性鋳鉄として利用されている．また，耐食性を高めるために Ni，Cr，Cu を添加し，オーステナイト組織にした**ニレジスト鋳鉄**（ni-resist cast iron）や**モネル鋳鉄**（monel cast iron）などがある．

12.3　鋳鋼と鍛鋼

(1) 鋳　鋼

鋳鉄より強靭性に優れた製品を作るために，溶湯を鋳型に注いで凝固させたままの鋼である**鋳鋼**（cast steel）が使われている．一般に，圧延や鍛造などの塑性加工法では製造が困難な複雑形状の製品を作る場合に用いられる．鋳鋼品は，鋳造組織を均質化・微細化するなどして機械的性質を改善するための焼なまし，焼ならし，焼戻しなどの熱処理を行うのが一般的である．

鋳鋼品には**炭素鋼鋳鋼**（carbon steel cast iron）と**合金鋼鋳鋼**（alloy steel cast iron）に大別できる．表 12.6 に炭素鋼鋳鋼品の化学成分と機械的性質を示す．この炭素鋼鋳鋼品より高い強度と靭性を持たせ，さらに耐摩耗性，耐熱性や耐食性などを向上させるために，Mn，Cr，Ni，Mo，Al，Cu，V などの合金元素を添加し

表 12.6　炭素鋼鋳鋼の化学成分と機械的性質（JIS G 5101 抜粋）

種類の記号	化学成分（%）			降伏点または耐力（MPa）	引張強さ（MPa）	伸び（%）	絞り（%）
	C	P	S				
SC 360	0.20 以下	0.040 以下	0.040 以下	175 以上	360 以上	23 以上	35 以上
SC 410	0.30 以下	0.040 以下	0.040 以下	205 以上	410 以上	21 以上	35 以上
SC 450	0.35 以下	0.040 以下	0.040 以下	225 以上	450 以上	19 以上	30 以上
SC 480	0.40 以下	0.040 以下	0.040 以下	245 以上	480 以上	17 以上	25 以上

たのが合金鋼鋳鋼である．鋳鋼の主な用途として，産業機械の船舶用のケーシングや自動車エンジンのクランクシャフトなど広範囲に利用されている．

(2) 鍛　鋼

鉄鋼材料を始めとして金属製品の多くは，鋳造品のように凝固したままで使用されることは少なく，所定の機械的性質を得るために圧延，押出し，引抜きなどの塑性加工を施して最終製品が作られる．**鍛鋼** (forged steel) とは，鋼塊を鍛造して所定の形状に仕上げるための鋼であり，一貫鍛造または圧延と鍛造を繰り返して所定の形状に仕上げる．一般に鍛鋼は鋳鋼と同様に強靱性に優れるので，小型から大型までの工業分野の重要部品に使用される．

鍛鋼品は次の 2 つの方法によって製造されるが，いずれも加工されたままの状態で使用されることはなく，所定の熱処理を行うのが一般的である．

自由鍛造法 (free forging)：鋼塊を解放型の鍛造機を用いて製造する方法である．少量生産向けに用いられることが多く，大型の発電機軸やタービン軸，船舶用のプロペラ軸，高温・高圧容器壁などの重要工業部材の製造に適用される．

型鍛造法 (closed die forging)：製品の形状を呈した型により鋼塊を鍛造する方法であり，製品精度が良く，材料に無駄が少ないなどの優れた特長を有する．自動車エンジンの小形クランク軸，車軸や歯車などの主要な製造方法である．

【演習問題】

12.1　鋳鉄を白銑化するにはどのようにすればよいか．

12.2　代表的な実用鋳鉄を 3 つ挙げ，白鋳鉄やねずみ鋳鉄を基本に，どのように改良を加えたのかを簡単に説明せよ．

12.3　鋳鉄が鋼に比べて優れている点，劣っている点を挙げ，その原因を組織の点から説明せよ．

12.4　片状黒鉛鋳鉄は折り曲げただけで破損してしまうが，球状黒鉛鋳鉄は容易に折り曲げることができる．加工性が向上した理由を述べよ．

12.5　鋳鉄中の黒鉛を片状以外の形態にして強靱化する方法を述べよ．

第 13 章　非鉄金属材料

炭素鋼，合金鋼，鋳鉄など Fe を主成分とする鉄鋼材料以外の金属材料を**非鉄金属材料**（nonferrous materials）という．鉄鋼材料には見られない優れた物理的・化学的特性を有し，とりわけ密度が 4.5 Mg/m^3 以下の非鉄金属材料を**軽金属**（light metal）といい，Al，Mg，Ti が該当する．これらは高付加価値な機器・構造物の軽量化が進展する中で着実に需要が伸びており，鉄鋼材料からの置換はもとよりプラスチックとも競合し得る素材である．ここでは，広く実用されている Al，Mg，Cu，Ti およびそれらの合金を中心に説明する．

13.1　アルミニウムおよびその合金

(1) アルミニウムの特性

金属の**アルミニウム**（aluminum，Al）は，元素としてクラーク数が大きい方から 3 番目であり，地殻を構成する金属元素の中では最も多い．Al の地金を製造するには，まず原鉱石のボーキサイトからアルミナ（Al_2O_3）を製造し，これを電解精錬して Al を製造する．このように Al の新地金を製造するときには多くの電力を消費するが，既製品から Al を回収することによってわずかなエネルギー消費で再生地金の製造が可能であるためリサイクル性に優れる．また，精錬の際の不純物としては Si，Fe，Cu などが挙げられ，これらの含有量により物理的性質が異なる．Al の代表的な物理的性質を表 13.1 に示す．密度が 2.7 Mg/m^3 で鉄鋼材料の約 1/3 と軽量であり，電気や熱伝導性が Cu に次いで良いのが大きな特長である．融点が 660℃と比較的低く，熱膨張係数は鋼の約 2 倍である．Al は大気中において銀白色の金属であり，強固な酸化皮膜に覆われているため耐食性に優れている．耐食性を改善するための**陽極酸化処理**（anodic oxidation treatment,

表 13.1　アルミニウムの物理的性質

性　質	測定温度 (K)	アルミニウム
結晶構造		面心立方晶 (fcc)
格子定数	293	a＝0.40496 (nm)
融　点		933.25 (K)
密　度	273 ～ 373	2.6985 (Mg/m^3)
比　熱	273 ～ 373	917 (J/(kg･K))
熱膨張率	273 ～ 373	24.6 × 10^{-6} (K^{-1})
熱伝導率	293	238 (W/(m･K))
電気抵抗率	293	26.9 (nΩ/m)
縦弾性係数	293	70.6 (GPa)

または**アルマイト処理** alumite treatment) は人工的に厚い酸化皮膜を形成する方法であり，着色も可能である．また，Al は非磁性で毒性がなく，低温脆性を示さず塑性加工が容易である．熱間加工性はもとより冷間加工性も良好であり，圧延や引抜きなどにより板，棒，線，管，箔などに加工されるだけでなく，曲げ加工や深絞り加工にも利用される．

(2) アルミニウム合金の種類と特性

Al は展伸性，電気・熱伝導性など優れた特性を有するが，強度が低いため種々の元素を添加して特性の改善を図った上で実用に供する場合が多い．実用の**アルミニウム合金** (aluminum alloy) は，図 13.1 に示すように熱間および冷間の鍛造や圧延加工などの塑性加工を施して均一微細な組織にした**展伸用合金** (wrought alloy) と，鋳造のままで使用する**鋳物用合金** (casting alloy) に大別される．また，展伸用および鋳物用合金は，いずれも熱処理により強度の改善を図るタイプと熱処理の不要なタイプの合金に分けられる．前者は主として析出強化により，後者については固溶強化，分散強化，加工硬化あるいは結晶粒の微細化により強度を高める．以下，代表的なアルミニウム合金を用途によって分類しよう．

a. 耐食アルミニウム合金

Al 合金では，一般に Al 単体よりも耐食性と電気・熱伝導性が低下する．Al の耐食性を低下させる元素として Cu, Ag, Ni, Fe などがある．一方，低下させない元素として Mg, Mn などがあり，これらを主要添加元素とした耐食 Al 合金がある．

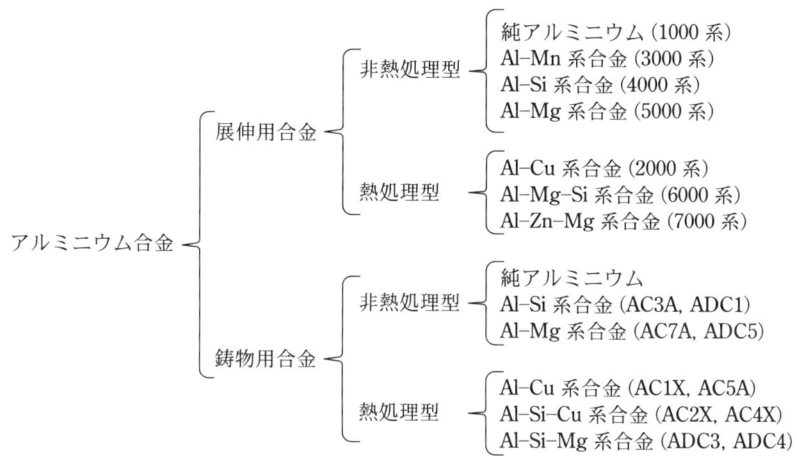

図 13.1　アルミニウム合金の種類と記号（JIS H 4000，5202 抜粋）

Al–Mn 系合金（3000 系合金）：工業用純アルミニウム（1000 系）の加工性・耐食性を損なわずに強度を高めた合金で，代表的な合金として 1.0～1.5%Mn を添加した 3003 があり，それをさらに強化した 3004，3005，3105 などがある．本系合金は，飲料缶や建築材などに使われている．

Al–Mg 系合金（5000 系合金）：固溶体強化型の非熱処理合金であり，耐食性，加工性，溶接性に優れており，特に海水中では工業用純 Al よりも優れた耐食性を示す．Al 合金として中程度の強度を有し，耐食性とのバランスも良く，5052，5056，5083 などが最も多方面で使用されている．なお，Mg 含有量がやや高い 5083 は，非熱処理型 Al 合金として最も高強度な合金である．

Al–Mg–Si 系合金（6000 系合金）：析出硬化型の熱処理合金で，延性，靭性が高く，加工性，耐食性に優れている．代表的な合金の 6061 は構造用材として船舶，車両などに用いられ，また 6063 は強度が低いが熱間押出性が優れ，耐食性，表面処理性が良いので建築用サッシ，熱交換器や電気機器部品などに多用されている．

b. 高力アルミニウム合金

Al–Cu–Mg 系合金（2000 系合金）：この系の合金は Al–Cu 合金に少量の Mg と Mn を添加した合金で，第 8 章の 8.4 節で示した時効硬化を起こして高強度を示すが，Cu を多く含むため耐食性が悪いので注意を要する．代表的な合金として

2017のジュラルミン (duralumin)，2024の**超ジュラルミン** (super duralumin) が有名であり，炭素鋼に匹敵する強度を持つ．

Al-Zn-Mg 系合金 (7000系合金)：上述の超ジュラルミンよりもさらに高いAl合金中最高の強度を持つ7075があり，**超々ジュラルミン** (extra super duralumin) の名称で知られる．しかし，この系の高力合金はSCCを起こしやすいのでCrやZnを添加することにより防止できる．

一般に，ジュラルミン系の高力Al合金は鋼材に匹敵する強度が得られるため，車両・航空機の構造や機械部品などに使用される．しかし，それらの耐食性が低くSCCも起こしやすいので，耐食用Al合金板の薄板を接合し，**合せ板** (alclad，または**アルクラッド**) として使用している．

c．耐熱アルミニウム合金

Al-Cu-Mg-Ni 系合金 (2000系合金)：代表的な耐熱合金として，上述の高力合金2017のMnを約2%のNiで置き換えたような組成の2018と2218がある．これらの合金は鍛造性に優れ，Ni添加により高温強度が高い．

Al-Si 系合金 (4000系合金)：AlにSiを添加して熱膨張率を低く抑えた耐熱合金であり，代表的なものとして4032がある．耐摩耗性や耐熱性の良い鍛造用合金であり，シリンダーヘッドやピストンなどに多用される．

13.2　マグネシウムおよびその合金

(1) マグネシウムの特性

マグネシウム (magnesium, Mg) は，マグネサイト ($MgCO_3$) などの鉱石として存在する．また，海水中でもわずかに存在しており，製塩の際に苦汁 (にがり) もその原料となる．これらの原料から塩化マグネシウム ($MgCl_2$) または酸化マグネシウム (MgO) を製造し，溶融電解により金属のMgを得る．

Mgは表13.2に示すように実用の金属材料中で最も軽く，比重が1.74であるため，その合金はリサイクル性に優れるプラスチックの代替品として利用される．Mgはhcp構造であり，常温ではすべり系が底面に限定されるために加工性がやや悪いが，温度を約250℃以上に上げると底面以外のすべり系も活動するために加工が比較的容易になる．また，化学的にも活性で耐食性が劣り，特に海水中で

表 13.2　マグネシウムの物理的性質

性　質	測定温度 (K)	マグネシウム
結晶構造		最密六方晶 (hcp)
格子定数		a=0.32092 (nm)　c=0.52105 (nm)
融　点		923 (K)
密　度	278	1.738 (Mg/m^3)
比　熱	293	1.05 (kJ/(kg･K))
熱膨張率	273～473	27.0×10^{-6} (K^{-1})
熱伝導率	293	167 (W/(m･K))
電気抵抗率	293	44.5 (nΩ･m)
縦弾性係数	293	44.3 (GPa)

は激しい腐食が起こる．液体の Mg は蒸気圧が非常に高く，酸化しやすいために大気中で爆発的に燃焼する．このため，Mg およびその合金は大気中での溶解や鋳造は困難で酸化防止の雰囲気中で行う必要があり，最大限の注意が払われる．

(2) マグネシウム合金の種類と特性

マグネシウム合金 (Magnesium alloy) の主な添加元素は Al, Zn, Mn, Zr および Ce や La などの希土類元素 (RE) であり，特に Al や Zn が一般に広く添加されている．

a. 展伸用マグネシウム合金

純マグネシウムはその結晶構造から常温での塑性加工性が劣るため，展伸用には合金が用いられる．主要な展伸用 Mg 合金としては，表 13.3 のような Mg-Mn 系合金，Mg-Al-Zn 系および Mg-Zn-Zr 系が挙げられる．

表 13.3　展伸用マグネシウム合金の化学成分 (JIS H 4203 抜粋)

系	ASTM Spec.	化学成分 (%)							
		Al	Mn min	Zn	Zr	Ca	Si max	Cu max	Ni max
Mg-Mn	M1A	—	1.20	—	—	0.08～0.14	0.30	0.05	0.01
Mg-Al-Zn	AZ 31 C	2.5～3.5	0.20	0.6～1.4	—	<0.04	0.30	0.10	—
	AZ 61 A	5.8～7.2	0.15	0.4～1.4	—	—	0.30	0.05	0.005
	AZ 80 A	7.8～9.2	0.15	0.2～0.8	—	—	0.30	0.05	0.005
Mg-Zn-Zr	ZK 21 A	—	—	2.0～2.6	0.45～0.8	—	—	—	—
	ZK 40 A	—	—	3.5～4.5	<0.45	—	—	—	
	ZK 60 A	—	—	4.8～5.2	<0.45	—	—	—	—

Mg–Mn 系合金：この合金系は M1A に代表され，Mn を 1～2％添加している．低強度であるが，耐食性は良い．一般に Mg 合金の圧縮耐力 / 引張耐力の比が約 0.7 であるのに比べて M1A は 0.4 とさらに小さい．このように，圧縮耐力が引張耐力に比べて低いのも Mg 合金の特徴である．しかし，すべり系が増加する高温側で，かつ結晶粒径が小さくなるほど 1.0 に近づく．

Mg–Al–Zn 系合金：本系の実用合金として AZ31C, AZ61A, AZ80A などある．Mg に Al や Zn を単独に，あるいは両元素をともに添加すると機械的性質が向上し，加工性も良くなる．Mg, Al の両元素がともに添加量が多いほど引張強さが増大するが，伸びは約 3％の添加量で極大値を示し，それ以上では延性が逆に低下する．加工性を重視する AZ31B 合金での Al 添加量は，この関係から定められており，また 3％以上の Al を添加すると SCC を起こしやすくなるためでもある．

AZ31B 合金は実用合金の中で比較的強さは低いが，加工性が良いので本系の合金の中で最も広く用いられている．AZ80A 合金は AZ61A とともに Mg 合金の中で高強度材として鍛造ホイール素材に用いられ，T6 処理材の引張強さは 350～380 MPa にも達するが，加工性が悪いため圧延材には用いられない．AZ61A 合金は，AZ31B と AZ80A の中間的な組成である合金で機械的性質も中程度である．

Mg–Zn–Zr 系合金：代表的な合金として ZK60A があり，T5 または T6 処理により高強度な合金となる．この合金系では，Zn を添加して機械的性質を改善している．亜鉛の添加量が多くなると溶融開始温度が低下するため，熱間割れを起こしやすくなる．これを改善するため，通常，1％以下の Zr を添加するので，展伸用合金にとって有効な添加元素である．

b. 鋳造用マグネシウム合金

鋳造用合金による鋳物は，砂型，金型およびダイキャストにより鋳造されている．代表的な鋳造用合金には，表 13.4 に示すように鋳造性と強度増大のために Al, Zn が，結晶粒微細化のために Zr が，耐熱性を持たせるために希土類元素がそれぞれ添加されている．

Mg–Al 系合金：Mg は 12.7％まで Al を固溶するので，溶体化処理により化合物を固溶させれば $Mg_{17}Al_{12}$ が析出する過程で時効硬化を起こし，T4, T6 の熱処理により機械的性質が改善される．強度は Mg–Zn 系合金ほど高くないが，熱処

表 13.4　鋳造用マグネシウム合金の化学成分（JIS H 5203 抜粋）

系	ASTM Spec.	化学成分（%）							
		Al	Mn min	Zn	Zr	R.E.（希土類元素）	Si max	Cu max	Ni max
Mg–Al	AM 100 A	9.3～10.7	0.1	<0.30	—	—	0.30	0.10	0.01
Mg–Al–Zn	AZ 63 A	5.3～6.7	0.15	2.5～3.5	—	—	0.30	0.10	0.01
	AZ 81 A	7.0～8.1	0.13	0.4～1.0	—	—	0.30	0.10	0.01
	AZ 91 A	8.3～9.7	0.13	0.35～1.0	—	—	0.50	0.10	0.03
	AZ 91 B	8.3～9.7	0.13	〃	—	—	0.50	0.30	0.03
	AZ 91 C	8.1～9.3	0.13	0.4～1.0	—	—	0.30	0.10	0.01
	AZ 92 A	8.3～9.7	0.10	1.6～2.4	—	—	0.30	0.25	0.01
Mg–Zn–Zr	ZK 51 A	—	—	3.6～5.5	0.50～1.0	—	—	0.10	0.01
	ZK 61 A	—	—	5.5～6.5	0.50～1.0	—	—	0.10	0.01
	ZE 41 A	—	—	3.5～5.0	0.40～1.0	0.75～1.75	—	0.10	0.01
Mg–RE	EZ 33 A	—	—	2.0～3.1	0.50～1.0	2.5～4.0	—	0.10	0.01
	WE 43 A	—	—	<0.2	0.40～1.0	2.4～4.4	0.01	0.03	—
	WE 54 A	—	—	<0.2	0.40～1.0	1.5～4.0	0.01	0.03	—
	QE 22 A	—	—	<0.2	0.40～1.0	1.8～2.8	—	0.1	0.01

理材は Mg–Al–Zn 系合金と同等であり，靭性もある．耐食性は Mg–Al–Zn 系や Mg–Zn 系合金より劣る．

Mg–Al–Zn 系合金：代表的な合金として AZ91C があり，機械的性質，鋳造性や耐食性のバランスのとれた合金であるので，最も多く使用されている．この系の合金は Mg–Al 系合金に Zn を添加した合金であるが，1％程度の Zn の添加では溶解度曲線が Mg–Al 系合金とほぼ同じである．したがって，$Mg_{17}Al_{12}$ の化合物が析出する過程において時効硬化を起こす．

Mg–Zn–Zr 系合金：本系の主な合金である ZK61A は，Mg 合金中で最も強度が高く，高靭性で疲労強度特性も優れた合金である．この系の合金は，MnZn 化合物の析出過程において時効硬化を起こし，特に T5 処理により高強度や高靭性が得られる．さらに，Zr の添加により結晶粒を微細化して機械的性質の向上を図っている．

Mg–RE（希土類元素）系合金：希土類元素（Ce あるいは Nd が主成分）の添加により，粒界に $Mg_{12}RE$ をネットワーク状に晶出させた合金である．この系の合金の特徴は高温での特性が良好で，200～250℃で強度が高く，クリープ特性に優れている．実用合金には EZ33A，WE43A，WE54A，QE22A などがある．

13.3　銅およびその合金

(1) 銅の特性

人類の歴史上，金属の**銅** (copper, Cu) は最も古くから利用されてきた金属である．Cu は赤銅色であり，これを精錬するには，まず黄銅鉱 ($CuFeS_2$) または輝銅鉱 (Cu_2S) の鉱石を溶鉱炉で溶融し，Cu を 20～30％含む**マット** (matt, または**かわ**) を製造する．これを転炉で精錬して純度 98～99％の粗銅をつくり，これをさらに電気分解することにより陰極板上に純度の高い電気銅を製造する．

Cu は表 13.5 に示すように電気および熱の伝導性が非常に良く，Cu およびその合金の大半は導電材および熱交換器として用いられる．電気伝導率は不純物および冷間加工の影響を受け，特に Fe, P, Si, As, Sb が極わずかに存在していても低下する．また，大気中や海水中での耐食性にも優れ，加工性も良いので線，棒，板，管などに容易に加工される．特に，Cu を屋外大気中に暴露すると短期間にその表面が酸化物に覆われて暗赤褐色に変色し，やがては塩基性硫酸銅 ($CuSO_4 \cdot 3Cu(OH)_2$) になる．この酸化物は**緑青** (patina) と呼ばれ，建築物の屋根など落ち着いた美しい緑色を呈するので好まれる．

工業用純銅の精錬過程において O が残留し，これが Cu の諸特性に大きな影響を与えるので，Cu は含有 O 量によって大きく次の 3 種類に分けられる．

タフピッチ銅 (tough pitch copper)：高純度の電気銅を溶解・鋳造したものであり，精錬工程で 0.03～0.04％程度の O を残留させ，酸化物 (Cu_2O) の形にして

表 13.5　銅の物理的性質

性　質	測定温度 (K)	銅
結晶構造		面心立方晶 (fcc)
格子定数		a = 0.361465 (nm)
融　点		1,356.0 (K)
密　度	293	8.93 (Mg/m^3)
比　熱	273 ～ 373	386 (J/(kg・K))
熱膨張率	273 ～ 373	17.0×10^{-6} (K^{-1})
熱伝導率	273 ～ 373	397 (W/(m・K))
電気抵抗率	293	16.94 (nΩ・m)
縦弾性係数	293	110.2 (GPa)

導電性を高めている．しかし，H を含む還元性雰囲気中で加熱されると，H が Cu 中に拡散侵入してその酸化物は水素脆化を起こしやすい．

脱酸銅 (deoxdized copper)：水素脆化を防止するために電気銅を P で脱酸処理したもので，O 量は 0.02％以下である．微量の 0.015～0.04％P が残留するため電気伝導率は低下するが，水素脆化を起こさないので高温の還元性雰囲気中での使用や溶接には向いている．

無酸素銅 (oxygen free high conductivity copper，略して OFHC 銅)：高純度の電気銅を真空中や低周波誘導炉中で溶解・鋳造すると，O 量は 0.001％以下の Cu となり，水素脆化を起こす恐れもなく，脱酸材を使っていないので電気伝導性に優れているとともに，展伸性，溶接性，耐食性が良好である．

(2) 銅合金の種類と特性

Cu は Fe のように変態点がないが，種々の合金元素に対して広い固溶域を有しているので，**銅合金** (copper alloy) はこの点を利用してその性質を改善することができる．主要な添加元素としては Zn, Sn, Si, Ni, Al, P, Be などがあり，Cu–Zn 系合金と Cu–Sn 系合金に大別できる．

a. 黄　銅

Cu-Zn 系合金とこれに少量の添加元素を加えて性質を改善したものを**黄銅** (brass) といい，古くは**真鍮** (しんちゅう) と呼ばれた．Cu に Zn を添加すると銅赤色から黄金色に変化し，約 50％でやや赤味を帯びた黄色に変化する．黄銅製の金管楽器に象徴されるように，この種の合金は適度な強度，優れた展延性・鋳造性を持ち，また耐食性も良好であることから船舶用部品などにも利用されている．しかし，黄銅はアルカリ環境中において SCC の危険性があり，また酸やアルカリの水溶液中では黄銅中の Zn 成分のみが溶出して多孔性の Cu だけが残る現象があり，これを**脱亜鉛** (dezincification) といい，Sn を少量添加することにより防止できる．

図 13.2 に示す Cu–Zn 系合金の平衡状態図において約 39％Zn までは α 相であるが，それ以上に Zn 量が多くなると β 相が現れて $\alpha+\beta$ 二相組織の合金となる．39～45％ Zn 合金の β 相は，454℃以下で β' 相に変態する．α 相は常温で塑性加工性が良いが，β 相が現れると硬くなる．しかし，β 相は高温において α 相より

も変形抵抗が小さいので，α+β 二相合金はα単相合金よりも**熱間加工性**(hot formability) に優れる．

七三黄銅：この合金は 70% Cu-30% Zn の組成を有し，α単相組織であるため，伸びが大きく冷間加工性や展延性が良好で，めっき性にも優れる．特に**深絞り性** (deep drawing) が良いので，複雑な加工品や装飾品にも適用される．

六四黄銅：この合金は 60%Cu–40% Zn の組成を有し，α+β 二相組織であるため，七三黄銅に比べて強度が高く，冷間加工性が若干劣るものの熱間加工性に優れる．打抜き状態の電気配線器具部品，時計部品，歯車など広範囲に使用される．

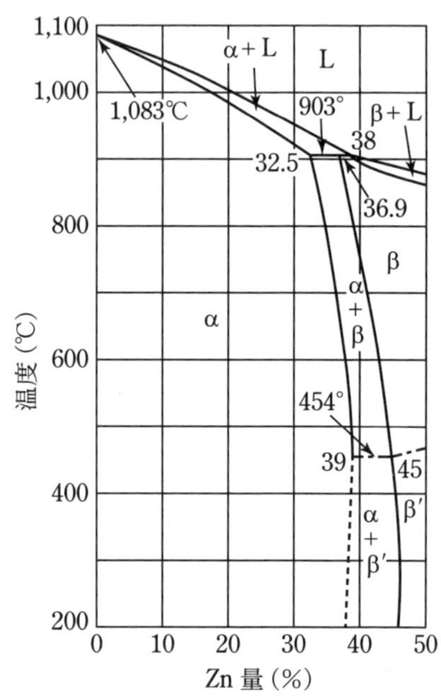

図 13.2　Cu-Zn 系合金の平衡状態図（一部）

特殊黄銅：普通の黄銅に第三の元素として Mn, Sn, Fe, Al, Ni, Pb などの一部あるいはその組み合わせの添加により，諸特性を改良している．代表的なものとして，被削性を高めるために Pb を添加した**快削黄銅** (free cutting brass)，Sn を添加し海水中での耐食性を高めた**ネーバル黄銅** (naval brass)，Mn, Al, Fe を添加した**高力黄銅** (high strength brass)，18%Ni を含み耐食性とばね性に優れた**洋白** (nickel silver，または**洋銀** German silver) などがある．

b. 青　銅

黄銅より歴史が長い実用金属である**青銅** (bronze) は，一般には Cu–Sn 合金を指すが，Zn 以外の合金元素を添加した Cu 合金を青銅と総称することもある．たとえば，後述の Cu–Al 合金のアルミニウム青銅や Cu–Be 合金のベリリウム青銅などはこれに該当する．青銅は，融点が低く溶湯の流動性があるため鋳造性が良好であり，被削性や耐食性が良く，機械的性質も優れている．その意味において青銅は鋳造用銅合金の代表的なものである．

リン青銅 (phosphor bronze)：約 10％Sn 以下の青銅を基本合金とし，通常，脱酸剤として添加した P を，0.05～0.15％程度残留させた合金である．溶湯の流動性，機械的性質や耐摩耗性が改善され，歯車，軸受やピストンリングなどに用いられる．

砲金 (gun metal)：この合金の名前は大砲の砲身に使われていたことに由来し，約 10％Sn の青銅に 1～9％Zn を添加した合金である．鋳造性や機械的性質も良く，機械部品やバルブコックなどの鋳物に多用される．

アルミニウム青銅 (aluminum bronze)：この合金は Cu に 8～12％Al を添加した Cu–Al 合金であり，Cu–Sn 系の青銅に Al を加えた合金ではない．海水中での耐食性はステンレス鋼と大差なく，また黄銅系に比較して耐 SCC 性に優れる．舶用推進器材料として，耐キャビテーション・エロージョン性を向上させた合金でもある．

ベリリウム青銅 (beryllium bronze)：1.2～2.0％の Be を含む Cu–Be 合金であり，銅合金の中で数少ない時効硬化型合金である．時効硬化処理後の引張強さは 1,300 MPa にも達し，銅合金の中で最大の強度を有する．耐摩耗性，ばね特性や導電性に優れることから高級ばねや電気接点など特殊な用途に用いられる．

13.4　チタンおよびその合金

(1) チタンの特性

金属の**チタン** (titanium, Ti) は，非常に活性すなわち酸化しやすい金属である．鉱石として存在しているときは O と強固に結びついているため，精錬は非常に困難である．しかし，Mg を用いた還元法いわゆる**クロール法** (Kroll process) が確立したことで，工業的な生産が可能になった．この方法は，Ti の原料鉱石であるイルメナイト ($FeTiO_3$) やルチル (TiO_2) などを高温で塩素と反応させて四塩化チタン ($TiCl_4$) を作り，さらに Mg で還元してスポンジチタンとする方法である．現在，このスポンジチタンを真空中で電子ビームなどを用いて溶解・精錬し，チタン鋳塊を製造しているが，鉄鋼のような大量生産は困難であり，価格が非常に高く，冷間・熱間加工性が悪いことも用途拡大の阻害要因になっている．

Ti は‘軽くて，強くて，錆びない’という言葉で形容され，銀灰色の金属であり，

表 13.6　チタンの物理的性質

性　質	測定温度 (K)	チタン
結晶構造		αTi：稠密六方晶 (hcp)
格子定数		a=0.29551 (nm)　c=0.46843 (nm)
変態点 (hcp/bcc)		1,155 (K)
融　点		1,941 (K)
密　度	293	4.51 (Mg/m^3)
比　熱	273 ～ 373	528 (J/(kg・K))
熱膨張率	273 ～ 373	8.35×10^{-6} (K^{-1})
熱伝導率	273 ～ 373	18.0 (W/(m・K))
電気抵抗率	293	420 (nΩ・m)
縦弾性係数	293	120.2 (GPa)

密度が 4.51 Mg/m^3 で鉄鋼の約 60％であるにもかかわらず高張力鋼に匹敵するほど強く，耐熱性や耐食性が非常に良い．Ti の物理的性質を表 13.6 に示す．また，Ti は Fe と同様に同素変態を起こす金属であり，常温では hcp 構造の α 相であるが，高温の 1,155 K では体心立方 (bcc) 構造の β 相となる．常温では Mg と同様に hcp 構造であるため，すべり系が少なく，塑性変形においては双晶変形を起こしやすい．また，α 相は集合組織を形成して力学的特性の異方性が生じやすい傾向にある．

(2) チタン合金の種類と特性

Ti は工業用純チタンとしても使用されるが，これに Al, Sn, Mn, Fe, Cr, Mo, V などの合金元素を添加し，固溶強化や熱処理によりさらに強力な**チタン合金** (titanium alloy) として使用される場合が多い．図 13.3 は，Ti に添加する元素の種類によって二元系 Ti 合金の平衡状態図がどのように変化するかを示したものである．同図 (a) の α 領域が拡大する α 安定型には Al, Sn, Zr, C, B, O, N, Be などの合金元素がある．同図 (b) は β 安定共析型で，β ⇆ α+γ の共析変態を生じさせ，これに属する合金元素には Cr, Mn, Fe, Si, Cu, H などがある．しかし，この共析変態を生じさせるには添加量を相当増やす必要があるため，実用合金では利用されてない．同図 (c) の β 領域を拡大する β 安定固溶型元素には Mo, Nb, V, Ta などがあり，これらの元素は β ⇆ α 変態点を低下させ，ある添加量以上では常温でも β 相が得られるようになる．このように Ti 合金は，合金元素

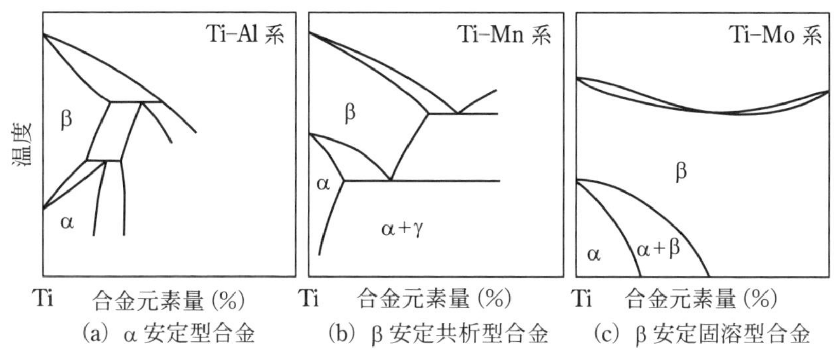

図 13.3　Ti–M 二元系チタン合金の平衡状態図の型

表 13.7　チタン合金の種類と機械的性質

種　類	合金 (%)	熱処理	引張強さ (MPa)	伸び (%)	特　長
α　型	Ti–5Al–2.5Sn	焼なまし	850	18	
	Ti–8Al–1V–1Mo	加 工 材	1,000～1,100	15～18	高強度
	Ti–6Al–2Sn–4Zr–2Mo–0.1Si	時効硬化	890	15	耐熱・耐クリープ性
	Ti–6Al–5Zr–0.5Mo–0.25Sn	時効硬化	1,060	12	耐熱・耐クリープ性
α+β 型	Ti–6Al–4V	焼なまし	990	14	汎用合金
		時効硬化	1,170	10	
	Ti–6Al–2Sn–4Zr–6Mo	時効硬化	1,260	10	焼入れ性大
	Ti–6Al–6V–2Sn	時効硬化	1,165	8	加工性良好
	Ti–11Sn–5Zr–2.5Al–1Mo–1.25Si	時効硬化	1,100	10	耐熱性
β　型	Ti–13V–11Cr–3Al	焼なまし	1,110	16	高強度
		時効硬化	1,270	8	
	Ti–11.5Mo–4.5Sn-6Zr	焼なまし	860	—	高強度・加工性
		時効硬化	1,380	11	
	Ti–15Mo–5Zr	時効硬化	1,660	7.5	高強度・加工性・耐食性

の α 相と β 相の変態点に与える影響が大きいため，常温の構成相によって α 型合金，α ＋ β 型合金，β 型合金の 3 種類に分類できる．表 13.7 にチタン合金の種類と機械的性質を示す．

a.　α 型合金

α 型合金は，Ti に α 相の安定化元素を添加することにより固溶強化された α 単相の合金である．添加元素として Al が使用され，その代表的な合金は Ti–5%

Al–2.5%Sn や Ti–8%Al–1%V–1%Mo などである．Al は高温強度や耐クリープ性を高める効果があるので，ほとんどの Ti 合金に Al が添加されて Ti_3Al 相が生成するが，Al の限界量は 7%である．なお，この種の α 型合金は熱処理による強化が起こらず，焼なましを施して使用する．

b.　α＋β型合金

α+β 型の Ti 合金は，α 相の安定化元素と β 相の安定化元素の複合添加により，常温で α，β の二相組織とした合金である．この最も代表的な Ti–6%Al–4%V 合金は加工性，溶接性が良好で，時効硬化処理によって強化される高強度合金であり，航空宇宙機器に用いられる．α+β 型合金において，β 相が 10%以下のものを準 α 合金，α 相の少ない合金を準 β 合金といい，前者は Ti–8%Al–1%Mo–1%V 合金，後者は Ti–10%V–2%Fe–3%Al 合金などがある．

c.　β型合金

β 安定型の合金元素を添加し，高温の β 相を急冷することにより常温に残留させた β 単相合金であり，Ti–8%Mo–8%V–2%Fe–3%Al 合金や Ti–13%V–11%Cr–3%Al 合金などが代表的である．この種の β 型合金は，時効硬化により高強度・高靱性が得られ，bcc 構造であることから熱間・冷間加工性にも優れ，しかも Mo を含有する合金では耐食性が非常に高い．

【演習問題】

13.1　飲料用アルミニウム缶には Al–Mn 系と Al–Mg 系である 2 種類の Al 合金が用いられているが，前者に要求される（後者に劣る）特性を述べよ．

13.2　Mg は耐食性が劣るため，製品化に大きな支障をきたしている．これを解決するための対策を考察せよ．

13.3　工業用純銅，黄銅および青銅の有する特徴を挙げ，微細組織，鋳造性や機械的性質の観点から比較せよ．

13.4　Mg 合金や Ti 合金は，どのような特性を利用してどのような分野への適用が増大しているかを述べよ．

13.5　二元系 Ti 合金を α 相，β 相の相変態の観点から分類し，それらの特徴を述べよ．

第 14 章　非金属材料

金属材料以外の**非金属材料** (nonmetalic materials) は，無機材料と有機材料に大別できる．無機材料は代表的なものとしてセラミックスの他にガラスなどがある．有機材料は C を主たる元素として O，H，N 原子などから構成され，代表的なものとして分子量の大きい高分子材料のプラスチック (樹脂) やゴムの他に**接着剤** (adhesive) などが挙げられる．ここでは，代表的な非金属材料について基本的な理解を深めよう．

14.1　セラミックス

セラミックス (ceramics) は代表的な無機材料であり，身の周りにある陶磁器，花瓶，タイルや煉瓦などは伝統的なセラミックスに属する．近年，精製された無機材料の微粉末あるいは超微粉末を原料として用い，従来にはない優れた性質を備えるセラミックスが開発されてきた．これらは**ニューセラミックス** (new ceramics) または**ファインセラミックス** (fine ceramics) と呼ばれるが，機械材料

表 14.1　代表的なセラミックスの特性

特　性	アルミナ Al_2O_3	ジルコニア ZrO_2	炭化ケイ素 SiC	窒化ケイ素 Si_3N_4
比　　重	3.8	5.9	3.1	3.3
ビッカース硬さ HV	2,000	1,300	2,400	2,500
曲げ強度 (GPa)	0.5	1.0	1.0	0.5
破壊靭性 ($MPa\cdot\sqrt{m}$)	4	4.5	2	1.5
弾性係数 (GPa)	400	250	600	800
融　　点 (℃)	2,050	2,500	2,220	
熱伝導率 (室温) (cal/cm·s·℃)	0.10	0.005	0.2	0.03
線膨張係数 (室温) ($\times 10^{-6}$ ℃$^{-1}$)	8	11	4	5

を意識する場合には**エンジニアリングセラミックス**（engineering ceramics）ともいう．表 14.1 に代表的なセラミックスの特性を示す．セラミックスを化学組成で分類すると，アルミナ（Al_2O_3）やジルコニア（ZrO_2）などの酸化物セラミックスと，炭化ケイ素（SiC）や窒化ケイ素（Si_3N_4）などの非酸化物セラミックスに大別できる．このようなセラミックスは，一般に金属材料に比べて耐熱性，耐高温酸化・腐食性や高温強度などに優れる．

(1) セラミックスの分類と結晶構造

化合物であるセラミックスをイオン結合，共有結合および金属結合の結合特性により分類すると，図 14.1 に示すように表される．セラミックスはイオン結合と共有結合が主であり，イオン結合の多い化合物はアルカリハライド＞酸化物＞窒化物＞炭化物の順になる．炭化物は共有結合に富む化合物であり，その中でダイヤモンドは共有結合が 100％である．実際にはイオン結合と共有結合が混ざり合った結合特性を有し，隣接する原子間で電気陰性度が異なる場合，電気陰性度の大きな原子側にマイナス電荷が偏り，イオン結合性が現れてくる．図 14.2 にセラミックスにおける電気陰性度差とイオン・共有結合度の関係を示す．

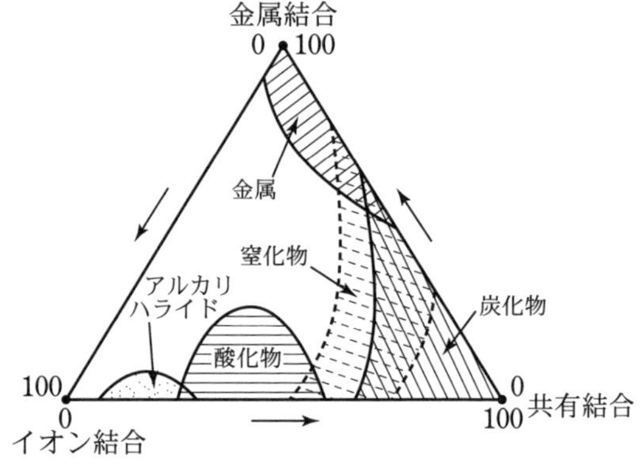

図 14.1　各種化合物の結合特性

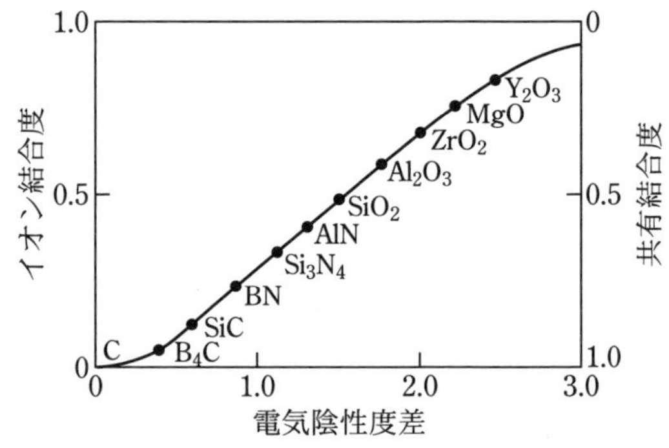

図 14.2　セラミックスの電気陰性度差とイオン・共有結合度の関係

酸化物セラミックスはイオン結合が強く，炭化物やホウ化物などの非酸化物セラミックスは逆に共有結合が強い．

表 14.2　イオン半径比と配位数の関係

R_c/R_a	配位数	配位多面体
0.155～0.225	3	三角形
0.225～0.414	4	四面体
0.414～0.732	6	八面体
0.732～1.0	8	立方体
1.0～	12	立方八面体

イオン結合の結晶では，一般的に陽イオンに比べて陰イオンが大きいため，陰イオンの最密充填構造が基本となる．また，陽イオンと陰イオンの半径比 (R_c/R_a) がその結晶構造に影響を及ぼす．すなわち，R_c/R_a によって配位数が決まり，最密充填構造のタイプから結晶構造が決まる．表 14.2 にイオン半径比と配位数の関係を示す．配位数 4 の場合には，四面体の角に半径 R の剛体球を配置したとき，その中心にできる空間に 0.225R の球が入る．配位数 6 の場合には，中心の空間には 0.414R の球が入る．また，配位数に関する経験則として，次のような**ポーリングの原理** (Pauling's principle) がある．すなわち，①陽イオンの周囲には陰イオンによる配位多面体が形成され，陽イオンの配位数は陽イオンと陰イオンの半径比によって決定される．②安定な配位構造において，配位多面体をなす陰イオンの電荷は，多面体の中心にある陽イオンから到達する静電原子価結合の強さによって相殺されようとする．③配位構造において稜の共有だけでなく，特に面を共有することはその安定性を極めて低下させる．

セラミックスの基本的な結晶構造は，金属と同様に立方晶と六方晶であり，以下では単純な結晶構造を例に結合方式について説明する．

a.　イオン結合の場合

イオン結合したセラミックスの結晶構造は，多くが非金属陰イオンを最密充填した四面体位置あるいは八面体位置にある隙間に金属陽イオンを配置する構造をとり，ここでは MX 型および M_2X_3 型構造について簡単に説明する．

代表的なイオン結合として，図 14.3 に MX 型の岩塩 (NaCl) と M_2X_3 型のアルミナ (Al_2O_3) の結晶構造を示す．金属陽イオンと非金属陰イオンの組成比が 1：1 の NaCl は，Na^+ イオンと Cl^- イオンの半径比から配位数は 6 となり，同図 (a) のようないわゆる **NaCl 構造** (sodium chloride structure) をとる．一方，Al_2O_3 はイオン半径比が 4 配位と 6 配位の境界に近いため，多くが**コランダム構造** (corundum structure) となり多形で存在する．したがって，同図 (b) に示すよう

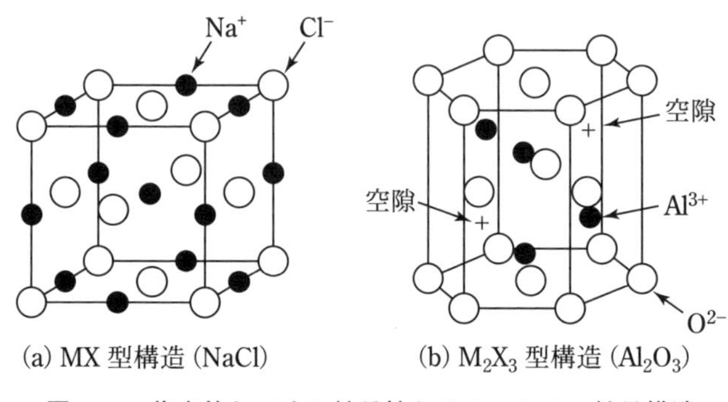

(a) MX 型構造（NaCl）　　(b) M_2X_3 型構造（Al_2O_3）

図 14.3　代表的なイオン結晶性セラミックスの結晶構造

に O^{2-} イオンの hcp 構造における八面体位置の 2/3 を Al^{3+} イオンが占有し，Al^{3+} イオンが規則的に欠損して電気的中性を保っている．

b．共有結合の場合

上述のように，電気陰性度差が大きな原子の組み合わせで構成される酸化物セラミックスはイオン結合が強い．これに対して，窒化物，炭化物やホウ化物などの非酸化物セラミックスは逆に共有結合が強く，強固な共有結合の性質が反映して，これらのセラミックスは高強度，高融点などの特長を有している．代表的な共有結合として，図 14.4 にダイヤモンド（C）と炭化ケイ素（SiC）の結晶構造を示す．同図（a）の**ダイヤモンド構造**（diamond structure）では，C 原子が正四面体を形成するように配置し，個々の C 原子は隣接する 4 個の C 原子と共有結合している．一方，SiC の結晶構造は同図（b）に示すように**閃亜鉛構造**（sphalerite

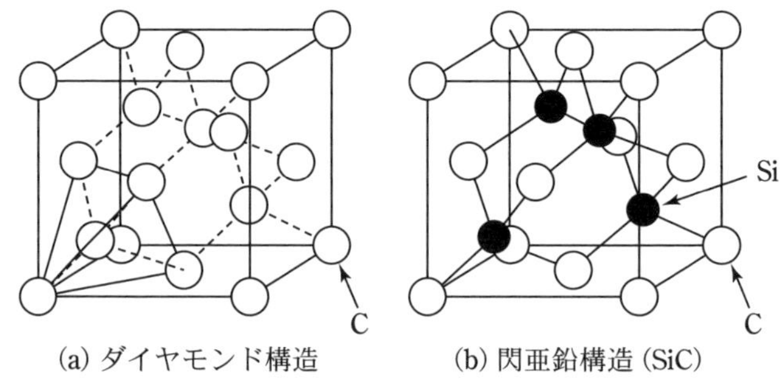

(a) ダイヤモンド構造　　(b) 閃亜鉛構造（SiC）

図 14.4　代表的な共有結合性セラミックスの結晶構造

structure，または zinc blende structure）となり，これはダイヤモンド構造の正四面体中心位置にある C 原子が Si 原子に置換されたものである．

(2) セラミックスの種類と特性

セラミックスは耐熱性，耐食性や硬さなどに優れるが，脆性材料であるという欠点が機械材料への適用を見送らせてきた．しかし，高い靭性を持つ窒化ケイ素やセラミック系複合材料などの開発により優れた面にも目を向けられるようになってきた．とりわけ機械材料を意識したエンジニアリングセラミックスについては，量産品として品質を保証し，廉価に造る技術が必ずしも十分ではないが，ここでは機械材料としてのセラミックスを中心に紹介する．

アルミナ (alumina, Al_2O_3)：これはイオン結合の強いセラミックスであり，化学的・物理的にも高い安定性を有する．アルミナセメントとしての用途の他に，るつぼ，反応管などの高温材料や耐火物，耐摩耗性材料，切削工具や研磨材として用いられる．アルミナ系工具は強度・靭性が中程度であり，大部分の金属材料の切削は可能であるが，アルミニウムの切削に対しては濡れ性のため不向きである．また，アルミナは電気絶縁性が高いのでエレクトロニクス用部材としても代表的なセラミックスである．Al_2O_3 の単結晶の中で無色のものを**サファイヤ** (sapphire)，1％以下の酸化クロム (Cr_2O_3) を含有するピンク色のものを**ルビー** (ruby) といい，半導体の基板や固体レーザの発信器などに使用される．

ジルコニア (zirconium, ZrO_2)：これもイオン結合の強いセラミックスであり，2,700℃以上の融点を持ち耐熱性，耐食性，高強度，イオン伝導性など優れた機能性を有している．熱伝導率は低く，特定の温度範囲で次式のように相転移（変態点）を生じ，

$$\boxed{単斜晶} \leftarrow (1{,}150℃) \rightarrow \boxed{正方晶} \leftarrow (2{,}370℃) \rightarrow \boxed{立方晶} \qquad (14.1)$$

体積変化によって破壊してしまう欠点がある．これを防止するために酸化マグネシウム (MgO)，酸化カルシウム (CaO)，酸化イットリウム (Y_2O_3) を添加し，全ての温度範囲で立方晶にしたものを**安定化ジルコニア** (fully stabilized zirconia, 略して FSZ) といい，煉瓦や断熱材として利用される．MgO, CaO, Y_2O_3 の添

加量を抑制して破壊靱性を向上させたものを**部分安定化ジルコニア** (partially stabilized zirconia, 略して PSZ) といい，構造材料や耐摩耗材料などの工業用途から，家庭品としての包丁やナイフなどへ用途が広がっている．

窒化ケイ素 (silicone nitride, Si_3N_4)：これは共有結合の強いセラミックスとして物理的・化学的にも非常に安定であり，最も期待されているエンジニアリングセラミックスである．軽量で高温強度に優れ，靱性も比較的高い．特に，熱膨張係数は非酸化物セラミックスの中で最も低く，耐熱衝撃性にも優れているので，高温機械部品，自動車用ターボチャージャ (過給器) のロータブレード (動翼) やベアリングのローラやボールなど用途は広い．また，セラミックスエンジンの本体材料としても有望であり，すでにディーゼルエンジンが開発されている．

炭化ケイ素 (silicone carbide, SiC)：これは極めて強固な共有結合を有するため難焼結性であり，物理的・化学的にも安定である．耐熱性，高強度，高硬度，耐食性など優れた性質を持ち，また熱伝導率が高いという特長もある．上述の Si_3N_4 と並ぶ代表的なエンジニアリングセラミックスであり，軸受やバーナーノズルなどの耐摩耗，耐熱部材の他に，研磨剤や切削工具などに利用されている．

窒化ホウ素 (boron nitride, BN)：これも共有結合の強いセラミックスであり，強度および硬さが非常に高く，電気絶縁性にも優れる．特に，立方晶窒化ホウ素 (cBN) はダイヤモンドに次ぐ硬さを有し，研削材料としてセラミックスの加工を含め，硬度の高い材料用の切断刃や研磨砥石などに使用されている．一方，六方晶窒化ホウ素 (hBN) は潤滑性や摺動性に優れ，固体潤滑や化粧品用として利用されている他に，坩堝や絶縁体にも用いられている．

14.2　ガラス

(1) ガラスの構造

高温で溶融した状態の無機材料を冷却すると，あるものは一定温度で凝固して結晶質体となる．しかし，冷却しても凝固・結晶化せずに次第に粘性を増して過冷却状態となり，さらに温度が下がると流動性を失って非晶質体 (またはアモルファス) の固体になり，これが**ガラス** (glass) である．すなわち，ガラスは熱力学的に非平衡であり，結晶のような周期配列構造を持たない非晶質体の代表的な物質である．図 14.5 に液相から固相への相転移に伴う体積変化を示す．ここで，T_m は融点，T_g は粘性が増加して固化する（過冷却液体から固体ガラスに転移する）温度で**ガラス転移点**（glass transition temperature，または**ガラス転移温度**）といい，T_g 以下の温度ではガラス特有の曲線に沿って収縮する．ガラス転移点を示す物質をガラスと定義するのに対し，非晶質体は原子配列の特徴から定義される概念である．構造から見ればガラスも非晶質体に含まれるが，非晶質Siや不定形Cなどガラス転移点を示さない非晶質体もある．

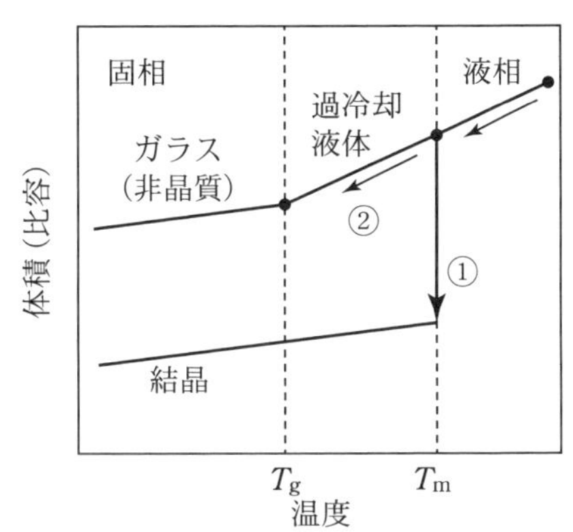

図 14.5　液相から固相への相転移に伴う体積変化　①結晶，②ガラス

光の透過性を有するガラスは，単結晶と同様に光を反射する界面が少ないことに起因している．このようなガラスを 700～1,000℃に長時間保つと微細結晶が析出して不透明になり，この現象を**失透**（devitrification）という．失透を利用したガラスには結晶化ガラスや乳白ガラスがある．

(2) ガラスの種類と特性

ガラスの歴史は古く，工業的には硅砂や天然鉱物など SiO_2 を主成分とする原料を高温で溶解・成型して作られ，基本組成によって次のように分類できる．

石英ガラス（quartz glass）：このガラスの基本組成は SiO_2 のみであり，**シリカガラス**（silica glass）ともいう．石英ガラスは熱膨張率が約 0.5×10^{-6} K^{-1} と非常に小さく，熱衝撃性や耐食性などに優れているため，用途としては素子基板，断熱・熱器具材や紫外線透過用光学器具材などが挙げられる．また，天然 SiO_2 の透明結晶は**水晶**（rock crystal）と呼ばれ，これも 100％の SiO_2 からなる．上述の石英ガラスと異なり，原子が規則正しい結晶構造を有し，振動子として非常に重要な材料である．

ソーダ石灰ガラス（soda-lime glass）：これは SiO_2 の融点を下げるためにソーダ（Na_2O）を添加したものであり，**ソーダガラス**（soda glass）とも呼ばれる．65～

75％SiO_2–10～20％Na_2O–5～10％CaO を基本組成とし，その他に Al_2O_3 や MgO などを少量含んでおり，線膨張率は $10 \times 10^{-6}\,K^{-1}$ と鉄に近い値を有する．通常は‘普通ガラス’として汎用され，窓ガラス，瓶ガラス，容器ガラスとして生産量は最大である．

ホウケイ酸ガラス (borosilicate glass)：これは SiO_2 にホウ酸 (H_3BO_3) を添加してガラス化を容易にしており，基本組成は >70％SiO_2–10～25％B_2O_3–5％Na_2O–1～5％Al_2O_3 である．熱膨張率が $3 \times 10^{-6}\,K^{-1}$ と小さく，硬度も高い．一般のガラスに比べて熱衝撃に強く，耐熱性や耐薬品性に優れていることから，理化学・医療器具や台所用品などに多用されている．耐熱ガラスの商品名「パイレックス」が有名である．

鉛ガラス (lead glass)：SiO_2 に酸化鉛 (PbO) を添加したガラスであり，これによりガラスの溶解温度が低く抑えられ，成型もソーダ石灰ガラスに比べて容易になる．また，透明度と屈折率が高まり水晶のように輝く透明なガラスになることから**クリスタルガラス** (crystal glass) ともいう．基本組成は 30～65％SiO_2–20～65％PbO であり，光学ガラス，理化学用機器，高級装飾品などに使用される．特に，Pb 含有量が多いものについては放射線防護ガラスとして用いられる．

14.3　プラスチック

(1)　プラスチックの種類と特性

高分子材料は有機化合物を重合して生成される高分子化合物であり，一般に**プラスチック** (plastics，または**樹脂** resin) という．プラスチックは金属より軽量であるが，弾性係数が金属と比較して低いため，構造材料としての適用範囲は限定される．しかし，今日では多種多様なプラチックが開発されていることから，それらの特性を十分吟味すれば適切な部材へ適用すること重要である．プラスチック材料の長所を列記すると，①機械加工・接合の成形性が良い，②比重が小さく軽量である，③透明性・着色性が良い，④電気・熱の絶縁性が良い，⑤腐食せず化学的安定性が良い，⑥吸振性・耐衝撃性がある，⑦自己潤滑性がある，などが挙げられる．一方，短所については，①金属と比べて低強度・低弾性である，②常温でもクリープ強度が低い，③熱膨張率が大きい，④使用温度範囲が狭い，⑤

経時的寸法変化を起こす，⑥紫外線や熱により経年劣化を起こす，⑦吸水性のため膨潤することもある，⑧可燃性であるものが多い，などが挙げられる．

このようにプラスチックは，金属材料には持ち合わせていない優れた特性が多くあり，**汎用プラスチック** (commodity plastics) として多くの樹脂が実用化されている．これらは大きく**熱可塑性プラスチック** (thermoplastics) と**熱硬化性プラスチック** (thermosetting plastics) に大別でき，図 14.6 に示すように分類できる．熱可塑性プラスチックは，金属材料と同様に加熱すると軟化して流動性が現れ，冷却すると固体になる．すなわち，図 14.7 (a) に示すように固体⇆液体の可逆過

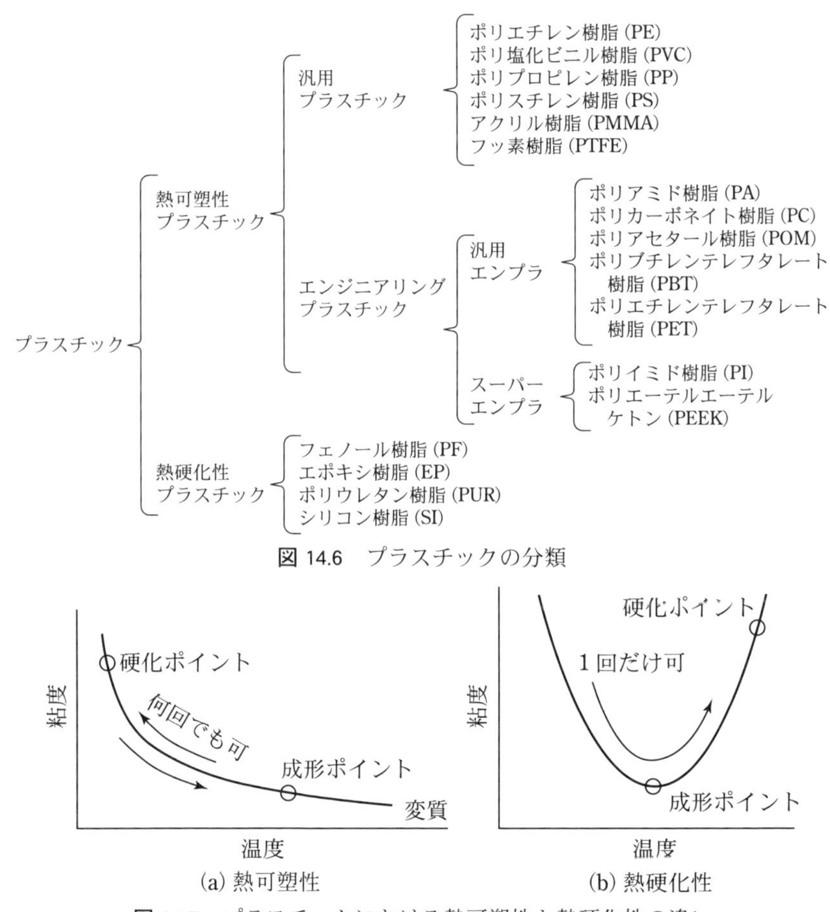

図 14.6　プラスチックの分類

図 14.7　プラスチックにおける熱可塑性と熱硬化性の違い

程を示し，この過程では化学反応が起こらない．このため高温で成形すれば，その形状のまま常温使用ができる．一方，熱硬化性プラスチックは最初に熱を加えると軟化するが，さらに加え続けると硬化して固体になる．これは加熱により化学反応を起こすためであり，同図 (b) に示すように固体→液体→固体の不可逆過程を示す．したがって，硬化後は再加熱しても硬さはほとんど変化せず溶けることもない．

(2) 汎用プラスチック

a. 熱可塑性プラスチック

ポリエチレン樹脂 (polyethylene resin, PE)：エチレン (C_2H_4) を高温高圧下で重合して作られ，最も単純な構造を持つ高分子であり，原料が安く成形しやすい．耐水・耐薬品性が良く，白色，半透明であるため着色して薄いフィルム状に成形する．使用量はプラスチックの中で最も多い．

ポリ塩化ビニル樹脂 (polyvinyl chloride resin, PVC)：アセチレン (C_2H_2) から気相法で，またはエチレン (C_2H_4) からオキシ塩化法でそれぞれ合成され，可塑剤を加えて加熱ゲル化させる．通称「塩ビ」と呼ばれ，原料が安くホースや電線被覆など多目的に利用されている．

ポリプロピレン樹脂 (polypropylene resin, PP)：ポリエチレンの水素をメチル基で置換したものであり，強度はポリエチレンよりも高いが，延性は劣る．最も安価なプラスチックであり，容器類や自動車用バンパーなど用途は幅広い．

ポリスチレン樹脂 (polystyrene resin, PS)：スチレン (C_8H_8) のモノマーに過酸化ベンゾイルを少量加え，重合させて作る．熱に比較的安定であり成形加工しやすい．また，発泡が容易であるため，食品容器や衝撃を吸収する緩衝材として使用できる．

アクリル樹脂 (acrylic resin, PMMA)：アクリル酸エステルあるいはメタクリル酸エステルの重合体である．光の透過率が高く，光学的性質は実用プラスチックの中で最も優れている．また，軽量で表面硬度が高く，耐候性や加工性にも優れていることから，照明器具や電装品などに多用されている．

フッ素樹脂 (fluorocarbon resin, PTFE)：フッ素を含むオレフィンを重合して得られる合成樹脂の総称であり，耐熱・耐薬品性が高く，自己潤滑性に優れる．

特に**ポリ四フッ化エチレン** (polytetrafluoroethylene, PTFE) は，商品名「テフロン」として良く知られ，アイロンやフライパンなど日用品に多用されている．

b. 熱硬化性プラスチック

フェノール樹脂 (phenol resin, PF)：フェノールやクレゾールなどにホルマリンを反応させて作る．普通，フェノール樹脂は**フェノール・フォルムアルデヒド樹脂** (phenol formaldehyde resin) を指し,「ベークライト」の名称で知られている．古くから機械材料として使用され，安価で優れた電気絶縁性を呈する．

エポキシ樹脂 (epoxy resin, EP)：エポキシ樹脂とは，エポキシ基を複数個持つエポキシドが硬化剤と反応してできた樹脂の総称である．極めて種類が多く，優れた接着剤として用いられ，また強化プラスチックの基材としても重用されている．

ポリウレタン樹脂 (polyurethane resin, PUR)：主にジイソシアン酸とグリコールの重付加反応で作られ，合成繊維としてのスパンデックス，発泡体や弾性体用のポリウレタンフォーム，ウレタンゴム，さらに塗料や合成皮革などにも用いられる．

シリコン樹脂 (silicone resin, SI)：シリコン樹脂は有機ケイ素化合物の総称であり，特に主骨格のシロキサン結合 (Si–O–Si) は，優れた耐熱・絶縁性を呈する．CH_3/Si の値が大きいと油に，小さいと硬い樹脂になり，シリコン油，グリース，コンパウンド，シリコンゴムなどに広く用いられている．

(3) エンジニアリングプラスチック

汎用プラスチックと比較して，強度などの性能が著しく優れるものを**エンジニアリングプラスチック** (engineering plastics, 通称**エンプラ**) といい，軽量化を図るために自動車部品やその他の工業製品に対し，金属材料の代替材料として使用量が急増している．エンジニアリングプラスチックの多くは多成分系の高分子材料であることから**ポリマーアロイ** (polymer alloy) とも呼ばれる．機械的性質としては，引張強さが 49 MPa 以上，衝撃強さが 59 J/m 以上，耐熱性が常時 100℃以上でクリープが小さいプラスチックであり，代表的な樹脂として次のようなものがある．

ポリアミド樹脂 (polyamide resin, PA)：エンプラの代表的樹脂であり，商品名

「ナイロン」が有名である．強度，靱性が大きく，耐摩耗性，自己潤滑性に優れているので，自動車の強度・機構部品などに用いられている．

ポリカーボネート樹脂（polycarbonate, PC）：透明材料として貴重であり，成形収縮率が小さく，寸法精度の良い成型品が得られるため，カメラ本体，光学ディスク，自動車ヘッドライト部品など非常に広範囲に使用されている．

ポリアセタール樹脂（polyacetal resin, POM）：ナイロンと並ぶエンプラの代表的樹脂であり，強度，靱性，剛性が大きく，耐摩耗性なども優れていることから電機・自動車等の強度・機構部品として使用される．

ポリブチレンテレフタレート樹脂（polybuthylene terephthalate resin, PBT）：これは**ポリエステル樹脂**（polyester resin）の一種であり，寸法・熱安定性が良好なために電気・電子部品，自動車電装部品，OA 機器などを中心に使われる．

ポリエチレンテレフタレート樹脂（polyethylene terephthalate resin, PET）：上述のポリブチレンテレフタレート樹脂と同様に熱可塑性ポリエステル樹脂であり，結晶性樹脂としての特性を生かしてフィルム・磁気テープの基材，衣料用の繊維などに用いられる．

近年，エンジニアリングプラスチックの中でも特に優れた性能を備え，耐熱温度が 150℃以上で長時間使用できる**スーパーエンプラ**（super engineering plastics）と称される次のような樹脂が開発されている．

ポリイミド樹脂（polyimide resin, PI）：非結晶性の熱硬化樹脂の中で最も耐熱性に優れ，フィルム，コーティング剤，保護膜など電気絶縁材料全般の他に，耐熱塗料，断熱軸，断熱トレーなどに用いられている．

ポリエーテルエーテルケトン樹脂（polyetheretherketone resin, PEEK）：結晶性の熱可塑性樹脂の中で最も高い耐熱性があり，耐疲労性，耐磨耗性，寸法安定性，耐薬品性に加え，絶縁性や耐放射線性も優れているが，非常に高価である．

14.4　ゴムと接着剤

(1) ゴムの種類と特性

材料としての**ゴム**（rubber）の特徴は，極めて小さな力で大きな変形を引き起こし，力を除去すると直ちに元の状態に戻る点にある．このようなゴム弾性を示す天然および合成物質を**エラストマー**（elastomer）とも呼び，本来的には弾性のある高分子材料の総称である．ここでは，加硫剤を原料として混練した天然ゴムと合成ゴムを扱う．

a. 天然ゴム（natural rubber, NR）

ゴムの木の樹液（いわゆる**ラテックス** latex）を原料して作られるのが，これにギ酸または酢酸を加えて固まらせた無色透明の生ゴムがある．生ゴムを直接使うことはなく，S を添加して網状高分子とすることで，天然ゴムとしての優れた弾性体になる．この操作を**加硫**（vulcanization）といい，加硫の程度によって次の 2 つに大別できる．

軟質ゴム：S の添加量が 15％以下（通常は 6％程度）で，柔軟で弾力性に富む天然ゴムを指す．

硬質ゴム：S の添加量を 25～30％以上として長時間加熱した天然ゴムであり，**エボナイト**（ebonite）とも呼ばれ，黒色で硬度が高い．

天然ゴムは，耐油性や耐熱性が悪く，さらに加硫ゴムは経年劣化によりひび割れを生じる欠点があるので，重要部品には使用されることが少ない．

b. 合成ゴム（synthetic rubber）

天然ゴムは，原料が地球上で偏在していることに加え，厳しい使用環境に耐えられないなどいくつかの欠点がある．特に，ゴムの代表的用途である自動車用タイヤに要求される性能は，自動車の進歩とともに飛躍的に厳しくなっている．これらの理由から開発されたのが合成ゴムであり，主にブタジエンやクロロピレンを合成し，これらを付加重合して作られる．代表的なものとして**スチレンブタジエンゴム**（styrene butadiene rubber, SBR），**ブタジエンゴム**（butadiene rubber, BR）や**イソプレンゴム**（isoprene rubber, IR）などの汎用ゴムがあり，これらの特徴を表 14.3 に天然ゴムと比較して示す．一般に，合成ゴムを作る場合には多種多様の配合剤を用いる．これまでに耐油性，耐熱性や耐オゾン性などに加えて高付加価値のある多くの特殊ゴムが開発され，さまざまな分野で多数の部品が重要な用途に使われている．

(2) 接着剤の種類と特性

各種部材を接着により接合する場合，各部材の材種に応じて適切な**接着剤**

表 14.3　天然ゴムと汎用ゴムの特徴の比較

種　類	利　点	欠　点
天然ゴム (NR)	価格が安い．強靭性がある耐疲労性に優れる	加工エネルギーが大きい．品質や価格の変動が大きい
スチレンブタジエンゴム (SBR)	品質が均一．加工エネルギーが小さい．耐老化性，耐熱性，耐摩耗性が優れる	粘着性，反発弾性，耐寒性が劣る．動的発熱が大きい
ブタジエンゴム (BR)	耐摩耗性，低温特性が優れる．反発弾性が高い．動的発熱が少ない	チッピングやカッティングに対する抵抗が弱い
イソプレンゴム (IR)	品質が均一．振動吸収性，電気特性に優れ，臭気性がよい	価格が高い

(adhesive) を選定しなければならない．また，同一材種の部材を接合する場合と異種部材を接合する場合があるが，後者については両方の部材に対して接着効果の大きい接着剤を選定する必要がある．さらに，接合面の粗さや洗浄度などについても接着部の強度に大きく影響し，表面加工や洗浄処理の諸条件についても十分な配慮が要求される．

接着剤による接合性能は**接着強さ** (adhesive strength) で評価され，接合面に垂直方向に作用する引張抵抗力と接合面に平行に作用するせん断抵抗力により評価されることが多い．実際の破壊は，構造材で割れ，衝撃，振動で起こり，非構造材で剥離の形で起こることが多い．また，接着剤については原料・用途別はもとより，接着強さや硬化方法など多くの分類法がある．にかわ (膠)，うるし (漆)，デンプン糊，天然ゴムなど身近な天然接着剤もあるが，表 14.4 に代表的な合成接着剤の分類例を示す．硬化方法によって溶融蒸発型，化学反応型，溶融固化型，感圧型に分けられる．

一方，接着剤は原料系統別の種類によって次のように分類され，ここではそれらの性能や特徴を簡単に説明する．

a．熱可塑性樹脂系接着剤

低温では固体であるが，加熱により軟化 (可塑化) して液状に，冷却すると元の固体になる．熱可塑性樹脂を溶剤に溶かして接着剤として使用し，この溶剤を塗

表 14.4　代表的な合成接着剤の分類例

<table>
<tr><th colspan="2" rowspan="2">種　類</th><th colspan="4">硬化方法</th></tr>
<tr><th>溶融蒸発型</th><th>化学反応型</th><th>溶融固化型</th><th>感圧型</th></tr>
<tr><td rowspan="2">合成樹脂系</td><td>熱可塑性</td><td>酢酸ビニル
塩化ビニル
アクリル
セルロース</td><td>ジアノアクリレート
ウレタン
アクリル</td><td>エチレン酢酸ビニル
ポリアミド
ポリエステル</td><td>アクリル系</td></tr>
<tr><td>熱硬化性</td><td>—</td><td>ユリア，メラミン
フェノール，エポキシ</td><td>—</td><td>—</td></tr>
<tr><td colspan="2">ゴム系
(エラストマー系)</td><td>クロロプレンゴム
ニトリルゴム
SBR</td><td>—</td><td>ブロックゴム
(SBS, SIS)</td><td>ブロックゴム
(SBS, SIS)，NR,
ポリイソブチレン，ブチルゴム，シリコン</td></tr>
<tr><td colspan="2">混合型</td><td>—</td><td>ビニル・フェノリック
エポキシ・フェノリック
ナイロン・エポキシ
ニトル・エポキシ</td><td>—</td><td>—</td></tr>
</table>

布加圧して溶剤を蒸発させれば，元の固体に戻って接着できる．時間を短縮する場合には加熱乾燥し，また固体のまま加熱溶融しても接着できる．万能接着剤として馴染みの酢酸ビニル接着剤はこのタイプの接着剤であり，一般に接着強度が小さく耐熱性が乏しいため，構造用ではなく非構造用接着剤として使用される．

b. 熱硬化性樹脂系接着剤

常温では液状で，加熱または硬化剤や触媒の作用により硬化する．このタイプは機械材料として主流の接着剤であり，エポキシ樹脂，フェノール樹脂，尿素樹脂による接着剤などが挙げられる．耐熱性に優れ，引張強度が極めて大きいので，航空機・車両・船舶・機械など大きな外力に対応できる構造用接着剤として使用される．しかし，常温では硬化に長時間を要し，短縮するには高温加熱などが必要となるなど不便な面もある．

c. ゴム系接着剤

常温で弾性，柔軟性に富むが，高温になると逆に硬化，脆化して弾性を失う．水溶性のラテックス型接着剤では，塗布後，水を蒸発させるだけで接着できる．一般に衝撃強度，剥離強度，屈曲強度が大きいが，引張強度は小さく，耐熱性が劣るため，熱硬化性樹脂の配合で改良している．

d. 混合型接着剤

衝撃強度，剥離強度，屈曲強度などが低い熱硬化性樹脂の欠点を，ゴムまたは熱可塑性樹脂の配合で改良し，または引張強度，耐熱性が低いゴムや熱可塑性樹脂の欠点を，熱硬化性樹脂の配合で改良した混合接着剤である．ニトリルゴム，ネオプレンゴム系接着剤の大半はフェノール樹脂に配合されている．

【演習問題】

14.1　化合物のセラミックスを結合特性により分類し，それぞれの特徴を簡潔に述べよ．

14.2　相転移を伴う体積変化よりガラスを定義すると，どのようになるのか図を用いて説明せよ．

14.3　熱可塑性プラスチックと熱硬化性プラスチックの特徴や相違点を簡潔に述べよ．

14.4　汎用ゴムの最大の用途は自動車用のタイヤである．タイヤに要求されるゴムの特性はどのようなものかを論じよ．

14.5　熱可塑性樹脂系と熱硬化性樹脂系の接着剤についてそれぞれの特徴を挙げ，どのような用途が考えられるかを述べよ．

第 15 章　複合材料と機能材料

これから学ぶ**複合材料** (composite materials) や**機能材料** (functional materials) は，第 10～14 章で学んだ通常の機械材料では持ち得ない特性を，人為的に創り出した新しい材料，いわゆる**新材料** (new materials) の分野である．これらの材料を機械材料として用いていくためには，基本的な知識を習得していく必要がある．**ナノテクノロジー** (nanotechnology) が急速に進展する今日，新規な材料が次々に生まれてくるが，ここでは実用材料としてすでに広く使用されている代表的な新材料について学ぼう．

15.1　複合材料

(1) 複合材料の種類と特性

複合材料は，2 種類以上の素材を一体化することにより優れた機能を出現させた材料であり，一般に基となる**母材** (matrix) とそれに混合される**強化材** (reinforcement, または**分散材**) から成り立っている．このような複合材料は，化学的に結合された**界面** (interface) を有する材料であり，金属材料における合金やプラスチックにおけるポリマーアロイとは基本的に異なる．

一般に ‘軽くて強い’ 材料である複合材料は，構造材料の中で**比強度** (specific strength) や**比剛性** (specific stiffness) が大きい．また，金属材料や高分子材料などの**等方性材料** (isotropy materials) とは異なり，複合材料は強化材の形態や力の作用方向によって機械的性質が大きく異なる**異方性材料** (anisotropy materials) である．また，複合材料は強化材とそれを含有する母材で構成されているため，力学的特性は強化材の性質，機能性は母材の性質がそれぞれ出るように工夫されている．したがって，複合材料の分類は強化材の構造による分類と母材の種類による分類に大別できる．前者は強化材の構造の観点から粒子分散型，繊維強化型，積層型に，後者は母材の種類によりプラスチック基，セラミック基，金属基にそれぞれ分類される．いずれにせよ，強化材の種類や母材との組み合わせが多種多様であり，また目的に応じた材料設計も可能である．

a．強化材の構造による分類

複合材料は強化材の構造の観点から，図 15.1 に示すように粒子分散型，繊維強化型，積層型の 3 つに大別できる．

粒子分散型複合材料 (particle reinforced composite materials)：金属を母相とし，セラミック粒子を微細均一に分散させた焼結合金であり，高温における機械的性質が良好であり，特にクリープに対する抵抗が大きい．前述のサーメット（第Ⅱ章 11.3 節参照）に比べて熱衝撃にも強いが，母相金属の融点以上には耐えられない．母材に Al_2O_3 を分散させた**焼結アルミニウム合金** (sintered aluminum powder, 略して SAP) や, Ni の母材に酸化トリウム (ThO_2) を分散させた **TD ニッケル** (thoria dispersed nickel) などがある．

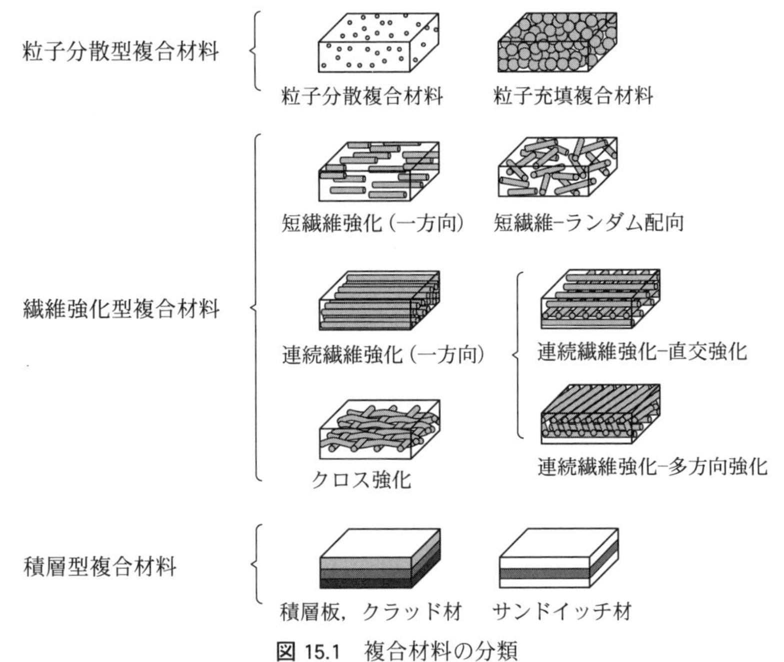

図 15.1　複合材料の分類

繊維強化型複合材料 (fiber reinforced composite materials)：特定の繊維を母材と一体化した複合材料である．母材がプラスチックの場合は**繊維強化プラスチック** (fiber reinforced plastics，略して FRP)，金属の場合は**繊維強化金属** (fiber reinforced metal，略して FRM)，セラミックスの場合は**繊維強化セラミックス** (fiber reinforced ceramics，略して FRC) という．特定の繊維強化型複合材料を指す場合は，使用する強化繊維の名前を付けて**ガラス繊維強化プラスチック** (glass fiber reinforced plastics，略して GFRP)，**炭素繊維強化プラスチック** (carbon fiber reinforced plastics，略して CFRP) と称する．さらに，強化繊維の形態がわかるように一方向 GFRP，平織 GFRP などと呼ぶこともある．とりわけ FRP や CFRP などの複合材料は，異方性を持たせた軽量構造材料として航空宇宙，自動車やスポーツ用品などに使用される．

積層型複合材料 (multilayer composite materials)：2 種類以上の異種材料を重ね合わせて一体化し，単一部材として使用できる材料であり，**クラッド材料** (clad materials) ともいう．この場合，構造部材に使用されるクラッド材料は，母材と金属学的に完全に接合されていることが条件となる．強力 Al 合金（ジュラルミン）と Al や耐食 Al 合金を接合してジュラルミンの耐食性を高めた**アルクラッド材料** (alclad materials)，純鉄に Ti を接合した**チタンクラッド材料** (titanium-clad materials) などがある．接合の方法には圧延法，爆着法，拡散法などがあり，母材にクラッド材料を機械的に取り付ける**ライニング** (lining) とは基本的に異なるので注意されたい．

b. 母材の種類による分類

複合材料は母材の種類によりプラスチック基，金属基，セラミック基の 3 つに大別される．一方，強化材としても高分子材料，金属材料，セラミックスのいずれもが用いられ，全ての組み合わせが可能である．複合化の目的は，材料が実際に使用される環境条件によって多種多様である．

プラスチック基複合材料 (plastic matrix composite materials)：高分子材料（プラスチック）を母材とする最も一般的な複合材料であり，軽量，成型加工性，耐食性，断熱性などの利点を持つが，強度や剛性が金属やセラミックスに比べて低い．これを高強度で高弾性率の繊維や粒子で強化することにより軽量で比強度，比剛性を高めている．母材には主として強度と接着性に優れる熱硬化性プラスチック（EP, PURなど）が，また加工の容易さから射出成形が可能な熱可塑性プラスチック（PE, PPなど）も用いられる．強化材に上述のガラス繊維や炭素繊維を使った繊維強化型複合材料（FRP, GFRP, CFRPなど）は，いずれも代表的なプラスチック基複合材料である．

金属基複合材料（metal matrix composite materials）：金属材料を母材とする複合材料であり，母材として用いられる材料はAl, Mg, Ti合金などの軽金属が挙げられる．これらの合金は強度や弾性率が比較的低く，耐熱性や高温域での強度特性も低いことから，セラミックス粒子や繊維などを複合化することにより，高温域での強度特性を向上させることができる．また，Fe基あるいはNi基などの耐熱合金や，TiAlなどの金属間化合物を母材とした超耐熱性複合材料の開発も行われている．

セラミック基複合材料（ceramic matrix composite materials）：セラミックスは金属材料に比べて低密度であり，耐熱性に優れているが，靭性が低いという欠点を有している．このようなセラミックスの特性を，靭性の高い金属繊維などで強化した軽量耐熱材料である．母材はAl_2O_3，SiCなどであり，強化材には金属繊維の他に炭素繊維，セラミックス繊維，ウィスカーなども考えられる．鋼線入りの安全ガラスや鋼繊維を分散させた繊維強化コンリートなどは，セラミック基複合材料と見なすことができる．このようなセラミック基複合材料は耐熱性・耐摩耗性材料として使用されるが，今後も既存材料では持ち得ない特性・機能を出現させるため，新しい複合材料が開発されるものと期待される．

(2) 複合材料の強化理論

複合材料は強化材の構造により粒子分散型，繊維強化型，積層型があり，構造用複合材料として用いられるのは主に繊維強化型複合材料である．ここでは，その弾性特性と強度特性について述べる．

繊維強化型複合材料の力学モデルでは，図15.2に示すように強化材の分散形態が並列に並んだ(a)並列型，直列に

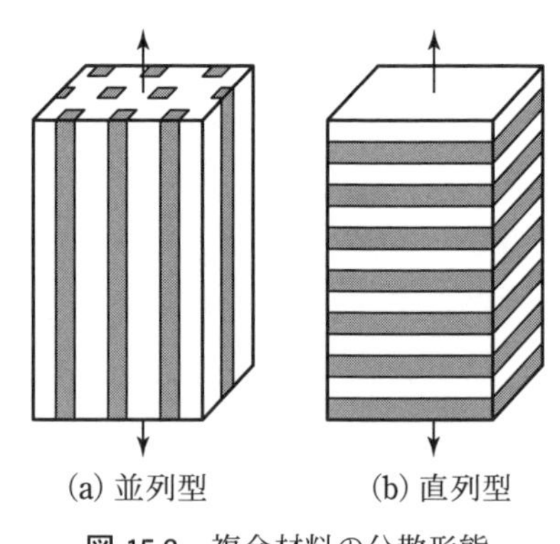

図15.2　複合材料の分散形態

並んだ (b) 直列型に分けられる．一方向強化材の繊維を一箇所に寄せ集めると，繊維の**体積含有率** (volume fraction) は $V_f = 1 - V_m$ となる．ここで，V_m は母材の体積含有率である．いま，応力 σ が繊維方向と平行 (L 方向) に作用する場合，各構成素材のひずみ ε が等しく，フック法則が成り立つと考えれば，複合材料の弾性係数 E_L は $\sigma = V_f \sigma_f + V_m \sigma_m$，$\sigma = E_L \varepsilon$，$\sigma_f = E_f \varepsilon$，$\sigma_m = E_m \varepsilon$ より

$$E_L = V_f E_f + V_m E_m = V_f E_f + (1 - V_f) E_m \tag{15.1}$$

となる．ここで，繊維，母材の応力をそれぞれ σ_f, σ_m, 繊維，母材のヤング率をそれぞれ E_f, E_m とする．一方，応力が繊維方向と直角 (T 方向) に作用する場合については，各構成要素材に作用する応力 σ が等しいとすると，複合材料の弾性係数 E_T は $\varepsilon = V_f \varepsilon_f + V_m \varepsilon_m$，$\varepsilon = \sigma / E_T$，$\varepsilon_f = \sigma / E_f$，$\varepsilon_m = \sigma / E_m$ より

$$\frac{1}{E_T} = \frac{V_f}{E_f} + \frac{V_m}{E_m} = \frac{V_f}{E_r} + \frac{1 - V_r}{E_m} \tag{15.2}$$

となる．式 (15.1) および式 (15.2) を複合材料における弾性係数の**複合則** (rule of mixture) といい，その性質を強化剤の体積分率で表した模式図を図 15.3 に示す．なお，繊維直角方向に応力が作用する場合の式 (15.2) は，変形や応力の局所的な変化を無視しているので，同図に示すように良い近似とはならず，並列型は上限を，直列型は下限を与えるものとされている．

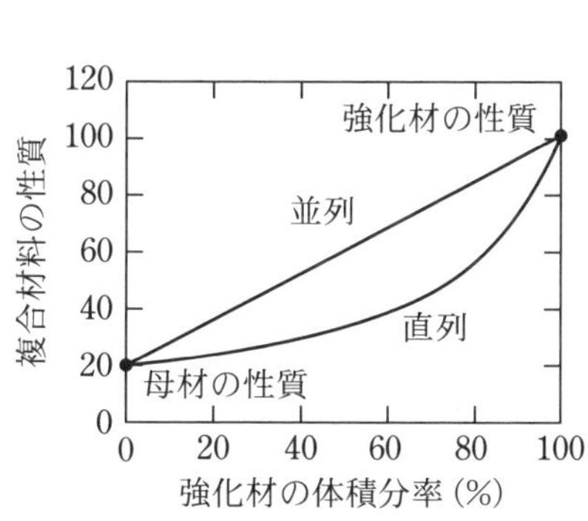

図 15.3　複合材料の複合則

15.2　機能材料

(1)　金属間化合物

2 種類以上の金属元素が，簡単な整数比で結合した化合物を**金属間化合物** (intermetallic compound) という．極めて特異な性質を有する金属間化合物は，一般に軽量で耐熱性に優れるなどの特長があるものの，基本的に無機質に近い性

質を有するので脆弱で展延性が低い．一口に金属間化合物といっても実に多種多様であり，①鋼や合金の構成相，②機能材料，③構造材料として利用する場合の3通りがある．たとえば，炭素鋼中のFe_3CやAl–Cu合金中の$CuAl_2$などは，①の構成相として母材に分散する．②の機能材料として利用する場合，形状記憶に着目したNi–Ti系，Cu–Al–Zn系など，水素吸蔵に着目したFeTi, $CaNi_5$など，超伝導に着目したNb_3Ge, V_3Gaなどが挙げられる．また，③の構造材料として利用する場合，耐熱性に着目したNi–Al系，Ti–Al系などに加え，高硬度な特性に着目したTiC，BN，WCなどが代表的な金属間化合物である．表15.1に構造材料および機能材料としての用途を示す．ここでは，③の構造材料として利用する代表的な金属間化合物を中心に述べる．

表 15.1　金属間化合物の材料としての用途

用　途		金属間化合物名
構造材料	耐熱材料	Ni_3Al, TiAl, $MoSi_2$
	耐食耐酸化材料	$MoSi_2$, NiAl
	耐照射材料	Zr_3Al
	高硬度材料	TiC, BN, WC
機能材料	形状記憶材料	NiTi, CuAlZn, Fe_3Pt
	超伝導材料	Nb_3Ge, V_3Ga, V_2(Hf, Nb)
	磁性材料	Fe_3(Al, Si), FeCo, MnAl
	水素吸蔵材料	FeTi, $CaNi_5$, Mg_2Ni
	半導体材料	$FeSi_2$, PbS, InSb

Ni–Al系の金属間化合物NiAl, Ni_3Alは，原子配列（第6章図6.2参照）や性質なども大きく異なる．NiAlは融点が1,640℃と高く，耐酸化性に優れるのでコーティング材として利用されている．しかし，常温で延性に乏しく，800℃以上で強度が急激に低下する．一方，金属間化合物のNi_3Alは，Ni基超耐熱合金の分散析出強化相（いわゆるγ'相）として利用されている．Ni_3Alは，温度の増加とともに耐力（降伏強さ）が増加する特異な現象，いわゆる**逆温度依存性**（inverse temperature dependence）を有する．これはNi基超耐熱合金に比較して比強度が高くかつ耐熱性に優れるので，ガス・蒸気タービン翼などで利用されている．

Ti–Al系の金属間化合物TiAlは，比重が3.8と小さいため比強度が大きく，Ti合金に比較して耐酸化性に優れ，軽量耐熱材料として利用されている．一方，金属間化合物のTi_3Alは，800℃を超えると高温強度が急激に低下する．しかし，Nbを約10%添加した合金では高温強度と塑性加工性が向上し，750℃まで耐える材料として航空機部材に使用されている．

その他の構造材料として，耐照射材料としての Zr_3Al や高硬度材料としての TiC, BN, WC などは代表的な金属間化合物であり，広範囲に利用されている.

(2) 形状記憶合金と超弾性合金

通常の金属材料は，弾性限度以上の応力を加えると，応力を取り除いても塑性変形して永久ひずみが残る．一方，**形状記憶合金** (shape-memory alloy) は，図 15.4 (a) のように応力を加えて変形し，除荷することによりひずみが残るが，加熱すると変形前の形状に戻る挙動を示す．また，**超弾性合金** (super elasticity alloy) は，同図 (b) のようにある応力を超えると容易に変形するものの，応力を除荷すると速やかに変形前の形状に戻る挙動を示す．現在の形状記憶合金は，Ni–Ti 系を始め，Cu–Al–Zn 系や Fe–Mn–Si 系などがある．その中で Ni–Ti 系の形状記憶合金は，Ni と Ti の比率が原子比でほぼ 1：1 の実用合金の最初とされ，この合金は頭文字をとって**ニチノール** (nitinol) と呼ばれている．また，この Ni–Ti 系の形状記憶合金は，多結晶でも 7%以上の弾性回復ひずみが得られ，形状回復特性，繰り返し特性や耐食性に優れるため，眼鏡フレームや医療用ワイヤーなど様々な分野で利用されている.

形状記憶合金の変形機構は，一般的な金属材料の塑性変形である転位の移動によるすべり変形ではなく，無拡散変態であるマルテンサイト変態とその逆変態に伴う結晶構造の変化によって機能が発現する．冷却時のマルテンサイト変態と加

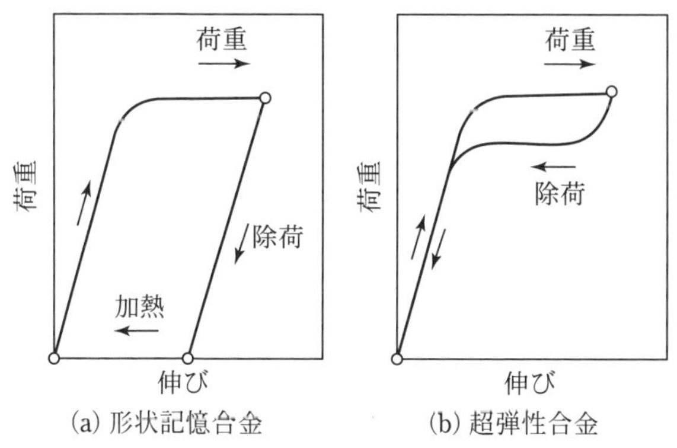

図 15.4　形状記憶合金および超弾性合金の応力–ひずみ曲線

熱時のマルテンサイト逆変態の温度は若干異なり，これを図15.5にマルテンサイト変態量に対応する電気抵抗の温度ヒステリシスで示す．形状記憶合金を冷却する場合，マルテンサイト変態開始温度が M_s 点であり，変態終了温度が M_f 点である．逆に形状記憶合金を加熱するとき，マルテンサイト相から母相のオーステナイト相に相変化し始める温度が A_s 点であり，オーステナイト変態開始温度（または逆変態開始温度）である．また，マルテンサイト相から母相のオーステナイト相へ完全に相変化が終了する温度が A_f 点であり，オーステナイト変態終了温度（または逆変態終了温度）である．このように冷却方向の変態温度と加熱方向の逆変態温度の間に差，すなわち温度ヒステリシスが生じる．

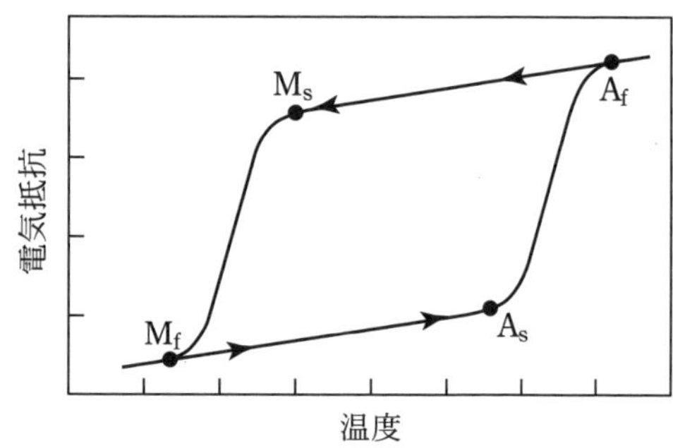

図 15.5　マルテンサイト変態における温度ヒステリシス

以上のように，形状記憶合金はマルテンサイト変態（無拡散変態）と密接な関係にある．多くの金属材料で生じるマルテンサイト変態においては，冷却時の M_s 点と加熱時の A_s 点に大きな差が生じる．たとえばFe–Ni系合金においては温度ヒステリシス（A_s–M_s）が400℃以上にもなる．しかし，形状記憶合金ではこの差が20℃以下と小さく大半が可逆的であり，**熱弾性型マルテンサイト変態**（thermo-elastic martensitic transformation）による変形が起こる．したがって，形状記憶効果は熱弾性型マルテンサイト変態で生じた低温相（マルテンサイト）が変形を受け，再加熱によって高温相に逆変態する際に起こる現象と見なすことができる．このような形状記憶効果が現れる変形機構を超弾性効果の場合と比較した模式図を図15.6に示す．形状記憶効果は，逆変態終了温度である A_f 点以下の温度で応力を加えて加熱すると現れる現象であり，超弾性効果は A_f 点以上の温度で応力を加えると現れる現象である．すなわち，形状記憶合金は加熱すると記憶している形状に変化することから，マルテンサイト変態温度が室温以上の合金であり，逆に変態温度が室温以下の合金は，室温でマルテンサイト逆変態が起こるので超弾性合金と呼ぶことができる．

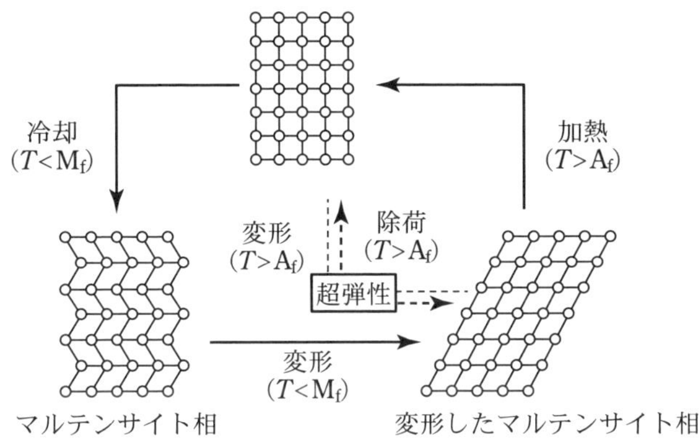

図 15.6　形状記憶効果と超弾性効果

(3) アモルファス合金

一般に，金属は原子が空間的に規則正しく長周期配列した結晶構造からできている．このような周期的配列がなく，液体状態から急速に冷却した過冷却液体のような原子配列を持った非平衡状態の合金を**アモルファス合金** (amorphous alloy，または**非晶質合金**) といい，その一種に**金属ガラス** (metallic glass) がある．アモルファス合金は液体から急冷することにより形成され，結晶構造を有していないため，原子配列がランダムで転位や結晶粒界などの格子欠陥を持たない等方性材料である．すなわち，アモルファス合金と金属ガラスのいずれも長周期構造を持たないため，X 線回折では幅広のピークが現れる特徴を有する．金属ガラスの場合，前章の図 14.5 で示したようにガラス転移点が明瞭に観察されることでアモルファス合金と区別される．

アモルファス合金と金属ガラスの製造方法にはさまざまな方法があり，代表的なものに**液体急冷法** (melt-quenching) がある．この製造方法は，溶融状態にある合金を融点以上の温度からガラス転移温度以下まで，結晶化温度よりも速く急冷凝固 (10^3～10^6 ℃/s) する．この結果，液相と同じようなランダムな原子配列が固体合金中に固定され，アモルファス合金や金属ガラスが得られる．金属ガラスはアモルファス合金の一種であり，いずれも優れた材料特性を示す．速い冷却速度 (10^3℃/s 以上) が必要なアモルファス合金との違いは，遅い冷却速度 (10^3 ℃/s

表 15.2　代表的なアモルファス合金の機械的性質と結晶化温度

合　金	硬度 HV	引張強さ (×10³N/mm²)	縦弾性係数 (×10³N/mm²)	引張強さ／縦弾性係数	伸び (%)	結晶化温度 (℃)
$Pd_{80}Si_{20}$	325	1.33	66.6	0.020	0.11	380
$Cu_{60}Zr_{40}$	540	1.96	74.5	0.026	0.1	480
$Co_{75}Si_{15}B_{10}$	910	3.00	88.2	0.034	0.20	490
$Ni_{75}Si_8B_{17}$	858	2.65	78.4	0.034	0.14	460
$Fe_{78}Si_{12}B_{10}$	910	3.33	118	0.028	0.3	500
$Fe_{80}P_{13}C_7$	760	3.04	122	0.025	0.03	420
$Fe_{60}Ni_{20}P_{13}C_7$	660	2.45	—	—	0.1	390
$Fe_{72}Cr_8P_{13}C_7$	850	3.77	—	—	0.05	440
$Al_{85}Y_{10}Ni_5$	380	0.92	62.8	0.015	1.5	307
$Al_{87}La_8Ni_5$	260	1.08	88.9	0.012	1.2	277
$Mg_{80}Ce_{10}Ni_{10}$	199	0.75	50.2	0.015	1.5	—

以下）でもランダムな原子配列が得られる点にある．これはバルク形状の材料のみならず鋳造・射出成形・精密加工などの成形加工が可能であることを意味しており，近年，その実用化・製品化が急速に進んでいる．

金属ガラスはアモルファス合金の一種であり，アモルファス合金と同様に優れた材料特性を有する．表 15.2 は代表的なアモルファス合金の常温における機械的性質と結晶化温度であり，それらの三大特性として高強度，高耐食性，高軟磁性の特徴が挙げられる．

高強度：一般的な多結晶金属に比べ，アモルファス合金の引張強さが非常に大きく 300 MPa を超え，高い靭性を示す．ただし，結晶化温度に達するとこれらの特性は消失し，転位の運動によって変形しないので塑性加工性には欠ける．

高耐食性：Cr 含有のアモルファス合金は，表面に強固な不動態皮膜を形成するため非常に高い耐食性を示す．不動態皮膜を形成するステンレス鋼，Al 合金や Ti 合金などと異なり，転位や結晶粒界など局所的な欠陥が存在せず，各種腐食溶液中に対して極めて優れた耐食性材料である．

高軟磁性：原子配列がランダムな非晶質であり，結晶磁気異方性が非常に小さいため，高透磁率や低磁気ヒステリシスなどの軟磁性特性に優れている．Fe 基の金属ガラス（Fe–B–Si）では飽和磁束密度が高く，鉄損が極めて低いために電力用トランス鉄心として実用化されている．

(4) 水素吸蔵合金

多くの金属は水素を固溶したり，**水素化物** (hydride) が形成したりするが，その量は極めて少量である．しかし，固体の状態で多量の水素を吸蔵・放出したりすることができる合金や金属間化合物が見出されており，これを**水素吸蔵合金** (hydrogen storage alloy) という．

水素吸蔵合金に H_2 ガスを流すと，合金表面で原子状 H に解離・吸着し，これが拡散侵入して固溶体を形成する．一定温度でガス圧を上げれば H の拡散侵入は増大し，固溶体が**金属水素化物** (metal hydride) となり水素が貯蔵される．水素吸蔵合金における水素の吸蔵と放出反応は次式で示される．

$$\text{合金} + nH_2 \underset{\text{放出（吸熱）}}{\overset{\text{吸蔵（発熱）}}{\leftrightarrows}} 2MH_n\text{（金属水素化物）} \mp \Delta Q \tag{15.3}$$

水素を吸蔵するときは，合金と H が発熱反応 (ΔQ は負の値) を起こして金属水素化物が形成される．また，金属水素化物に熱を加えると吸熱反応 (ΔQ は正の値) を起こして吸蔵した H を放出し，金属水素化物は元の合金に戻る．

水素吸蔵合金における水素の吸蔵量は，温度と水素圧に依存する．図 15.7 は一定温度 (常温，高温) における水素圧力と水素濃度 (組成) の関係を示す．A → B の固溶体の領域では，**シーベルツの法則** (Sieverts low) により水素溶解量は水素圧力の 1/2 乗に比例して増加する．さらに，水素溶解量が増加して一定圧の B → C の領域では水素化物が形成され，固溶体と水素化物の共存状態となる．この領域は，ギブスの相律 (組成の数 n=2，相の数 p=3 の場合，自由度 f=1) によ

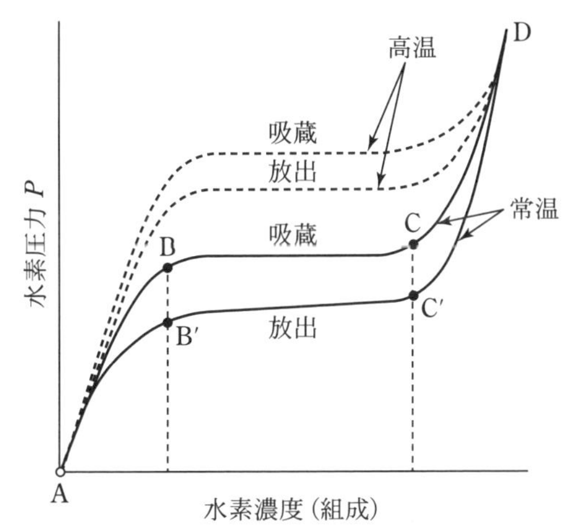

図 15.7　水素圧力-水素濃度の等温線図 (常温，高温)

り水素圧力が変化しない**プラトー領域**（plateau region）が現れ，そのときの水素圧力を**プラトー圧**（plateau pressure）と呼ぶ．全てが水素化物になる C → D 間では，水素が水素化物に固溶して再び水素圧が上昇する．このような水素の吸蔵過程 ABCD は，同図中の放出過程 DC′B′A は異なった曲線を示し，また温度によっても異なったプラトー圧を示す．このように水素圧力を上げるか，温度を下げるかにより水素が吸蔵され，逆に水素圧力を下げるか，温度を上げるかにより水素が放出されることがわかる．

代表的な水素吸蔵合金として，V, Ti, Mg 合金，Mg_2Ni, $LaNi_5$, FeTi などがある．この内，Mg_2Ni, $LaNi_5$, FeTi などは 2 種類の構成原子がそれぞれの結晶の中で規則正しく配列した金属間化合物であり，水素はこれらの金属間化合物の格子間位置に侵入して金属水素化合物を形成して水素を吸蔵する．たとえば，図 15.8 に示す fcc 構造の水素吸蔵合金において，格子間位置として 6 個の金属原子に囲まれた八面体位置と，4 個の金属原子に囲まれた四面体位置が存在する．八面体位置に水素が入る場合，すべての八面体位置が水素で占められれば，MH 組成（M は金属元素）の水素化物が形成される．

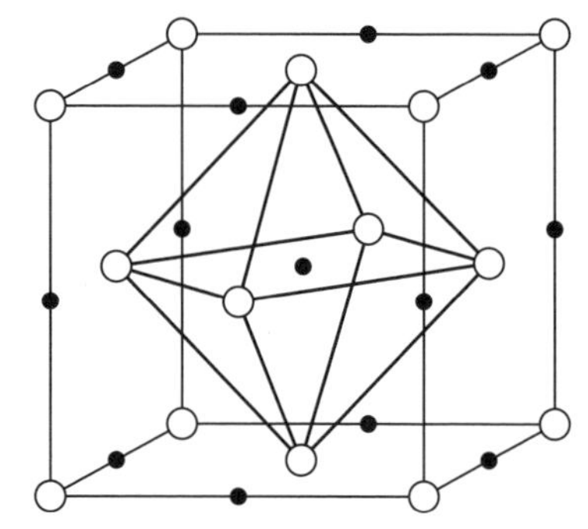

図 15.8　水素吸蔵合金中の水素位置（●）

(5) その他の機能材料

a．超伝導材料

金属には電気抵抗があるため，電流を流せば電力の消費が起こる．金属の電気抵抗は，絶対零度（0 K）で理論的にゼロとなり，温度の上昇とともに増加する．しかし，ある種の合金や金属間化合物では温度を下げると電気抵抗が零に近い状態が起こり，このような材料を**超伝導材料**（superconductor materials）という．超伝導材料は，温度，磁界，電流密度のそれぞれがある臨界値を超えると超伝導性を消失する．図 15.9 に示すように電気抵抗が低い状態で維持される温度を**臨界温度**（critical temperature, T_c）といい，この温度以下では超伝導体内部の磁束密度が零となり，超伝導体が磁場を通さない**マイスナー効果** (Meissner effect) を示す．たとえば超伝導体上の磁石は，磁束を退けるマイスナー効果により浮上し，**ピン止め効果** (flux pinning) による支持力が発生して静止できるのである．

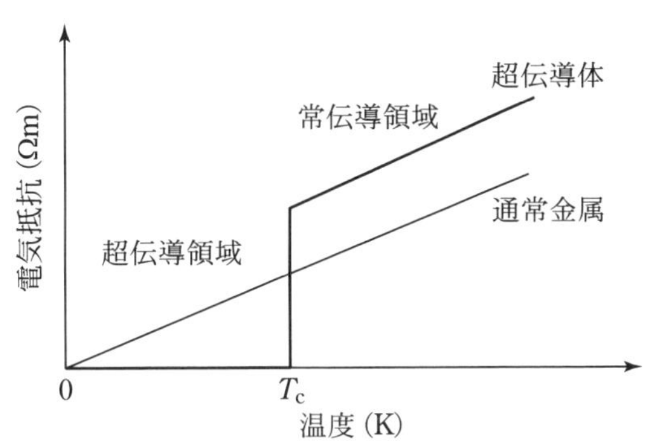

図 15.9　超伝導材料の電気抵抗と温度の関係

超伝導を示す材料には，純金属，金属間化合物，酸化物，有機物などがある．代表的な超伝導材料の発見年とその臨界温度 T_c を図 15.10 に示す．1911 年に Hg の超伝導現象が発見されて以来，Nb–Ti 合金や金属間化

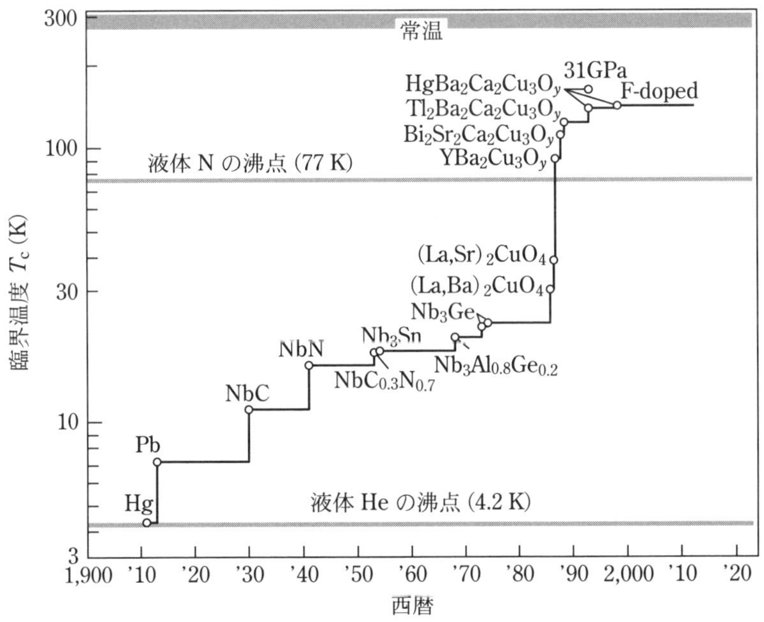

図 15.10　代表的な超伝導材料の発見年と臨界温度

合物 Nb_3Sn, Nb_3Ge などが実用化された．1986 年，La–Ba–Cu–O 系における超伝導現象の発見を契機に，酸化物系超伝導材料の開発が急速に進展し，現在では Hg–Ba–Ca–Cu–O 系において遷移温度 T_c=138 K に達している．とりわけ臨界温度が液体 N (沸点：77 K) よりも高い高温超伝導体は，高価で資源としても限りのある液体 He (沸点：4.2 K) を使わなくても，安価で原料が無尽蔵にある液体窒素を使って超伝導を作ることができるので，応用面からも大きな期待を集めている．

常温並みに高い臨界温度を有する超伝導材料が開発されており，発電機，変圧器や送電線などの電力消費を低減することが可能である．特に，少ない消費電力で強力な磁場を発生することができるため，リニアモーターカー (磁気浮上列車) や超伝導推進船などに応用されている．また，核融合炉や加速器用の電磁石など研究用のほか，磁気共鳴診断 (NMR) など医療用にも幅広く使われている．

b.　超塑性材料

金属材料を融点の 1/2 程度の高温で引張変形を与えると，くびれを生ずることなく数 100% も伸びることがある．このような高温における異常伸びを**超塑性** (superplasticity)，超塑性を示す機能材料を**超塑性材料** (superplastic materials) という．高温では大半がひずみ硬化することなく，変形応力 σ とひずみ速度 $\dot{\varepsilon}$ の間には

$$\sigma = A\dot{\varepsilon}^m \tag{15.4}$$

の関係が成り立つ．ここで，A は定数，m はひずみ速度感受性指数である．仮に m の値が大きいとすれば，引張変形中にくびれが生じてもこの部分のひずみ速度が大きくなり，くびれ部分の変形応力が上昇するため，変形はくびれ以外の部分に伝播してくびれによる破断が起こりにくい．したがって，このような異常伸びを起こして発現する超塑性は一般に $m \gtrsim 0.3$ の場合であり，次のような 3 種類のタイプがある．

微細結晶粒超塑性：平均粒径が数 μm 以下の微細な結晶粒を有する材料では，加工温度が高くてひずみ速度が小さい条件下で，結晶粒内のすべり変形よりも結晶粒界でのすべり変形が優先されて超塑性が発現する．これは，図 15.11 に示すような粒界に沿うすべりと，その際に生じる空洞や応力集中の粒界・粒内拡散に

よって起こり，必然的に結晶粒が微細で高温，低ひずみ速度の変形であることが要求される.

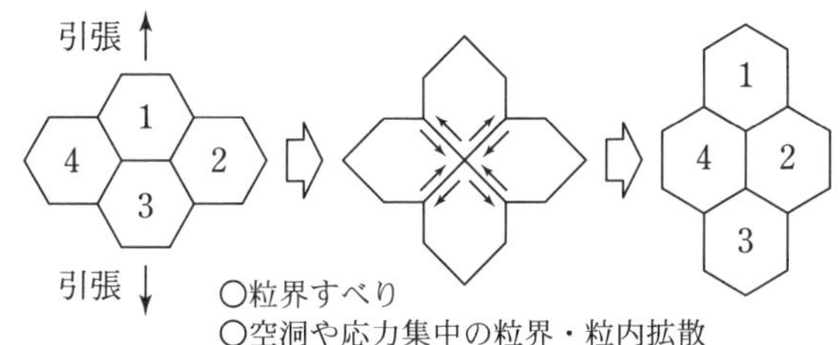

図 15.11　結晶粒の粒界すべりによる変形

変態超塑性：変形と相変態が繰り返し続けることによって大きな塑性変形が得られ，これを**変態超塑性** (transformation superplasticity) と呼ぶ．たとえば，同素変態を示す材料を，変態点を挟んで熱サイクルを与えながら変形すると超塑性が発現する．この場合は微細結晶である必要はない.

変態誘起塑性：18-8 ステンレス鋼や高 Mn 鋼などいわゆるオーステナイト鋼を急冷するとマルテンサイト変態が起こるが，M_s 点以上の温度でも加工を加えるとマルテンサイト変態が生じて異常な塑性を呈することがある．この現象を**変態誘起塑性** (transformation induced plasticity，略して TRIP 現象) という．また，TRIP 現象を利用して鋼を強靱化することができる.

超塑性現象を利用すると，小さな荷重で複雑な形状の加工が可能になる．表 15.3 に超塑性材料の加工温度と伸びを示す．超塑性が現れる合金として，難加工材の Ti 合金を始め，Al 合金，Cu 合金，Mg 合金，Ni 合金，Zn 合金などの非鉄金属材料が挙げられ，難削材料に対して有効な塑性加工技術となっている.

表 15.3　超塑性合金の加工温度と伸び

合金系	合金例	加工温度 (℃)	伸び (%)
Ti 合金	Ti–6Al–4V	800～1,000	1,000
Cu 合金	Cu–9.8Al	700	700
Al 合金	Al–33Cu	440～520	>500
Zn 合金	Zn–22Al	400	2,100
Ni 合金	Ni–39Cr–10Fe	810～980	～1,000

c. 傾斜機能材料

金属にセラミックを貼り合わせてコーティングした場合，界面における熱膨張係数の違いに起因する熱応力が生じ，セラミックに割れやはく離を発生することが少なくない．金属とセラミックの接合部における熱応力を緩和する方法として，材料設計の段階において使用環境に合わせて制御された不均一性を積極的に導入し，材料の組成を連続的に変化させて界面をなくすることにより熱応力緩和機能を発現させることがある．このような機能材料を**傾斜機能材料**（functionally gradient materials）といい，広い意味ではクラッド材料，あるいはFRPなどと同様の複合材料である．クラッド材料は強度と耐食性，FRPは比強度向上を目的に製造されるが，傾斜機能材料はこれらとは異なる目的で開発されてきている．

図15.12は傾斜機能材料の特性概念図を示しており，耐熱性を有するセラミックの特性と，冷却のための高い熱伝導率と強度・靭性を有する金属の特性を連続的に変化させることで，熱応力を緩和し，さらに強度部材としての特性も満たすようになっている．しかし，特性を連続的に変化させることが実質的にむずかしい場合には，特性の異なる材料を段階的に複数組み合わせることで目的を達成することが多い．近年，原子・分子レベルの組成制御が可能な**化学蒸着**（chemical vapor deposition，略してCVD）や**物理蒸着**（physical vapor deposition，略してPVD）などによる積層技術が急速に発達し，用途・目的に応じた種々の傾斜機能材料が開発されている．

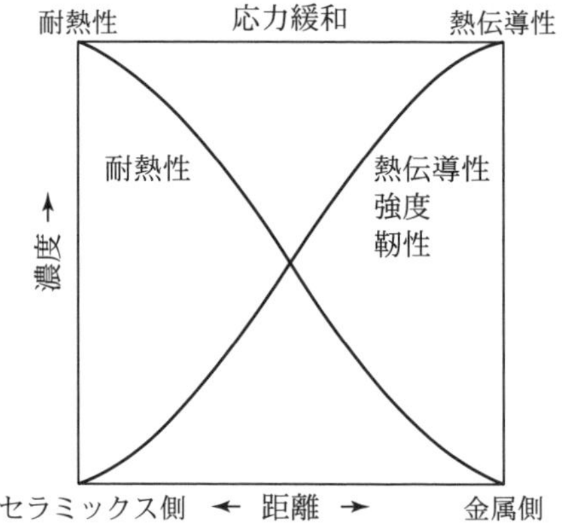

図 15.12　傾斜機能材料の特性概念図

d.　制振材料

高い振動減衰能を有する機能材料を**制振材料**（damping material）といい，振動の機械エネルギーを吸収して熱エネルギーに変化することで振動を抑える．振動が問題になるのは多くが金属材料であり，一般に無機材料や有機材料は金属に比較して制振性が高い．特に，優れた制振性を有する代表的な材料はゴムである．金属材料の制振機能は，その機構・構造から次のように分類できる．

金属自体が制振機能を有する場合：振動エネルギーを吸収するメカニズムとして，①母相と第二相の界面における塑性流動や粘性で振動が熱エネルギーに変化する．代表的な材料として，ねずみ鋳鉄やAl–Zn系合金などがある．②強磁性体の中に存在する磁壁の不可逆的な移動によって振動を熱に変化するものであり，Fe–Cr 系合金のような**強磁性材料**（ferro-magnetic material）がこれに相当する．③熱弾性型マルテンサイトにおける母相–マルテンサイト相間の界面およびマルテンサイト相内の双晶境界の移動であり，形状記憶合金のニチノールはもちろんのこと Mn–Cu 系合金などが挙げられる．

複合材料として制振機能を有する場合：金属の間にプラスチックなどの制振性の高い材料を挿入し，プラスチックの粘性流動で熱を発生させて制振するものであり，代表的なものに制振鋼板がある．この制振鋼板は，プラスチックの厚さが数十 μm 程度あり，普通鋼板の 1,000 倍に及ぶ振動吸収能を示し，普通鋼板と同等の強度，加工性，溶接性を有する．

e.　生体材料

生体と直接接触する箇所で使用し，生体に対する侵襲性がなく，生体組織との適合性などに優れた材料を**生体材料**（biomaterials，または**バイオマテリアル**）といい，次のような条件が要求される．

生物学的条件：生体に対して毒性，発熱，炎症，アレルギーや組織損傷など異物反応，拒絶反応を起こさず**生体適合性**（biocompatibility）に優れ，消毒や滅菌が可能である．

力学的条件：材料自体の静的強度はもちろんのこと，適当な弾性率と硬さがあり，耐疲労特性，耐摩耗性，耐食性，潤滑性など目的とする期間内において材料の強度や性質が変化しない十分な耐久性を有する．

その他の条件：材料自体に機能材料としての特性（たとえば物質透過性）を有するとともに，加工性や接着性などにも優れている．

以上のような条件の下で，生体材料として金属材料，高分子材料，セラミックスなどの素材が広く探求されてきた．人工関節として生体反応が小さく耐食性のあるステンレス鋼，Co–Cr 系合金，軽量で人骨の弾性係数に近い Ti 合金，歯の矯正用として形状記憶合金のニチノールなどが用いられている．また，人間の骨の成分に近い**ハイドロキシアパタイト**（hydroxyapatite，または**ヒドロキシアパタイト**）が開発されており，骨に埋め込むと新生骨が侵入して短期間に合体することから，人工骨，充填剤，人工歯根（インプラント）などに用いられている．いずれにせよ，次世代医療の大きな柱と考えられている再生医療分野においても，これらの生体材料に関する研究開発は益々進展し，さらに重要になるであろう．

【演習問題】

15.1　複合材料を分散材の形状・構造の観点から3つに分類し，それぞれの特徴を述べよ.

15.2　ガラス繊維60%含有の一方向強化FRPの弾性係数と引張強さを求めよ．ただし，ガラス繊維の弾性係数を70 GPa，引張強さを3.5 GPaとし，プラスチックスの弾性係数を30 GPaとしてその引張強さへの寄与分は無視してよい.

15.3　形状記憶合金と超弾性合金の特徴を説明するとともに，それぞれ具体的な応用事例を1つ挙げて利用される理由を述べよ.

15.4　アモルファス合金の特徴を3つ挙げ，具体的に説明せよ.

15.5　金属材料が超塑性を発現するタイプを2つ挙げ，具体的に説明せよ.

15.6　傾斜機能材料を開発する際に生物に学ぶことが多い．具体的にどのようなことが考えられるかを考察せよ.

【演習問題解答】

第1章　総　論

1.1　材料はその役割により構造材料と機能材料に大別できるが，一般的には構成材料の種類により金属材料，非金属材料，複合材料に分類できる．なお，金属材料はFeをベースにした鉄鋼材料とそれ以外の元素による非鉄金属材料に分けられ，それぞれ構成材料に応じた特徴を有する（1.1節，図1.1参照）．

1.2　1.2節，図1.2参照

（ヒント）まず溶鉱炉に何を投入して何を吹き込み，そして炉底から何を分離して何が取り出されるのか？ 引き続きこれを転炉の中に入れて何を吹き込み，何を取り除くのかを考えながら鉄鋼の製造工程を説明しよう．

1.3　1.3節，図1.3参照

（ヒント）材料の加工法は成形加工，除去加工および付加加工に大別できるが，ここではそれぞれの中から代表的な加工法を1つ以上選び，各特徴を簡単に説明しよう．

1.4　装置や機械を「設計」通りに「素材」を「加工」して造るためには，まず材料の特性を理解し，的確な材料選択の下で設計図通りの形状寸法に加工しなければならず，そのための材料学や加工学である（1.4節，図1.4参照）．

1.5　1.4節，表1.1，図1.5参照

（コメント）我々は限られた地球資源から材料を造り出す原料を得ている．したがって，地球環境問題との係わりも十分に視野に入れながら，人間社会という広い視点から機械材料学を学ぶ目的や役割を考えよう．

第 2 章　原子と結晶構造

2.1　Al の各軌道における収容電子数は，K 殻の 1s に 2 個，L 殻の 2s に 2 個，2p に 6 個，M 殻の 3s に 2 個，3p に 1 個であるので，その電子配置数は $1s^2 2s^2 2p^6 3s^2 3p$ のように表記できる（2.1 節，表 2.2 参照）.

2.2　fcc 格子の格子定数 a（=3.615Å）と原子半径 r の関係は $a = 4r/\sqrt{2}$ であり，r=1.278Å となる（2.4 節，図 2.5 参照）.

2.3　Fe の原子半径を r とすると，bcc 構造および fcc 構造の格子定数はそれぞれ $a_{\rm bcc} = 4r/\sqrt{3}$，$a_{\rm fcc} = 4r/\sqrt{2}$ となる．原子当たりの占有体積は単位格子体積 / 単位格子原子数で表され，$V_{\rm bcc} = (a_{\rm bcc})^3/2$，$V_{\rm fcc} = (a_{\rm fcc})^3/4$ となる．したがって，bcc 構造から fcc 構造への体積変化は

$$(V_{\rm fcc} - V_{\rm bcc})/V_{\rm bcc} = 0.081$$

となり，8.1％収縮する（2.4 節参照）.

2.4　いま，付図 2.1 に示す hcp 格子の底面中心の原子 1，2 と，1 つおきの三角柱中心の原子 3, 4, 5 に注目する．原子を完全な球体であると仮定すれば，軸比 c/a は六角柱の高さ c は正四面体（2-3-4-5）の高さ h の 2 倍であるから，

$$h = \sqrt{a^2 - \left(\frac{2}{3} \times \frac{\sqrt{3}}{2} \times a\right)^2} = \sqrt{\frac{2}{3}}a$$

$$c = 2h = 2 \times \sqrt{\frac{2}{3}}a$$

となる．よって，軸比は $c/a = \sqrt{8/3}$ となる（2.4 節参照）.

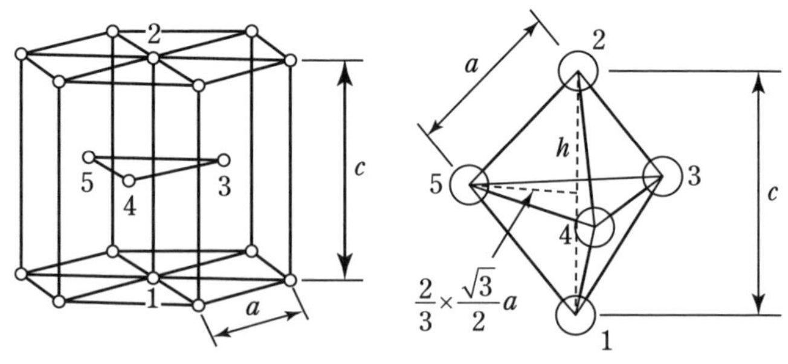

付図 2.1　hcp 格子の原子配列

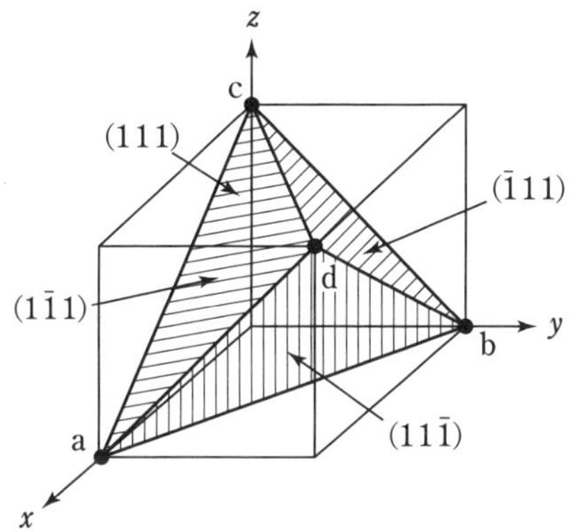

付図 2.2　{111} 面で構成される正四面体

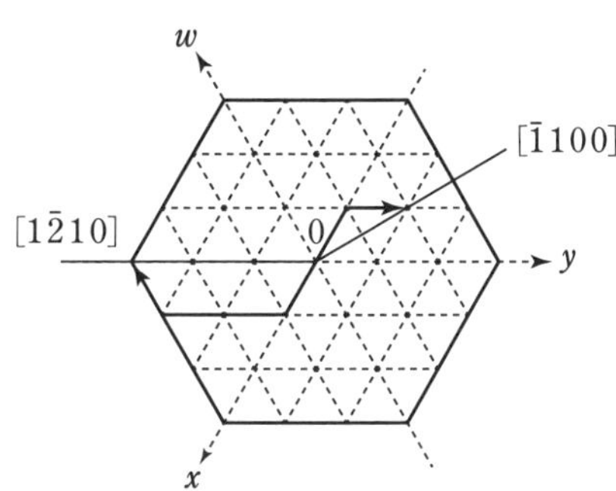

付図 2.3　hcp 格子の底面すべり方向

2.5　ミラー指数および六方指数を用いて次のようになる (2.5 節参照).

(1)　△ abc の (111) 面，△ abd の $(11\bar{1})$ 面，△ bcd の $(\bar{1}11)$ 面，△ acd の $(1\bar{1}1)$ 面で構成される正四面体を付図 2.2 に示す.

(2)　hcp 格子の指数 $(hkil)$ において，$l=0$ であるので底面内における方向である．また，いずれも $i=-(h+k)$ の関係を満たしており，両方向を付図 2.3 に示す.

2.6　本文中の格子面間隔を示した式 (2.12) およびブラッグの法則を示した式 (2.15) を用いて両式を計算すると

$$d_{hkl}=\lambda/(2\sin\theta)=154\ \mathrm{nm}/(2\sin 44.7^\circ)=0.226\ \mathrm{nm}$$
$$a=d_{hkl}\times(1^2+1^2+0^2)^{1/2}=0.287\ \mathrm{nm}$$

となり，格子定数 a が求められる (2.6 節参照).

第 3 章　転位と結晶塑性

3.1　付図 3.1 に示すように，bcc 格子では 6 種類のすべり面とそれぞれの面に 2 種類のすべり方向があるため，計 12 種類のすべり系が存在する (3.2 節，表 3.2，図 3.11 参照).

3.2　$\phi=\lambda=45^\circ$ のときにシュミット因子は $\cos\lambda\cos\theta=0.5$ となる (3.2 節参照).

3.3　Fe 単結晶を [010] 方向に引っ張ったとき，すべり系 (110) $[\bar{1}11]$ では本文

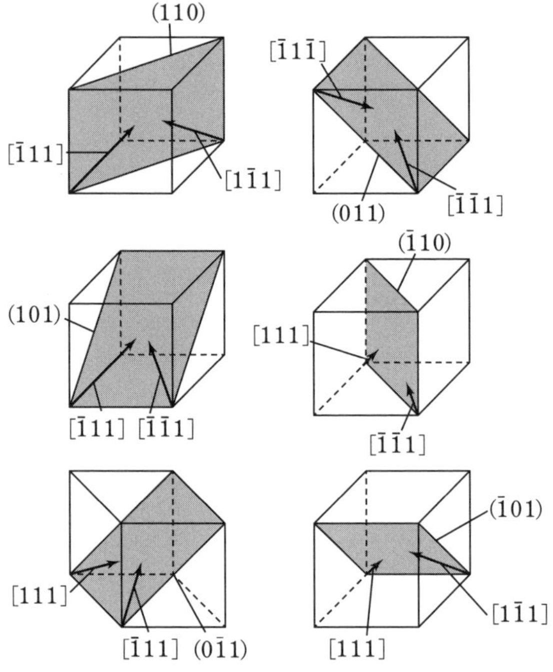

付図 3.1　bcc 格子のすべり系

中の図3.12においてθ=45°,λ=54.7°であるのでシュミット因子 ($\cos\lambda\cos\theta$) は 0.41 である．また，臨界分解せん断応力 τ_{CRSS} は式 (3.4) より $\tau_{\mathrm{CRSS}}=\sigma_{\mathrm{y}}\cos\lambda\cos\theta\fallingdotseq 26$ MPa となる (3.2 節参照)．

3.4　付図 3.2 に示すすべり面上において，長さ dl の転位部分が x だけ動く場合を考える．ここで作用するせん断力を τ とすると，面積 $dl\times x$ のすべり面においてバーガース・ベクトルの大きさ b だけずれることになる．外力 f のした仕事 w は

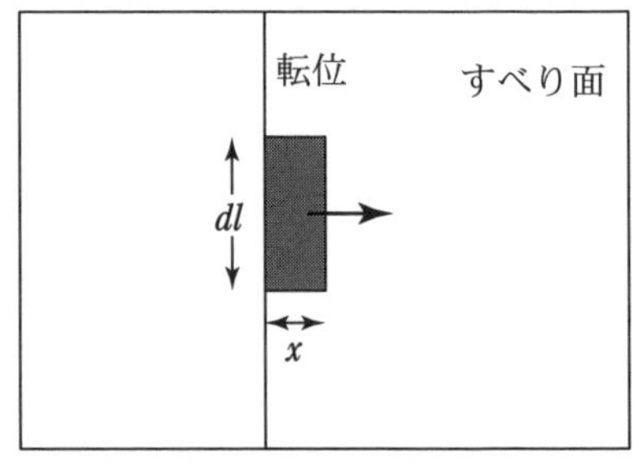

付図 3.2　転位部分が受けるせん断力

$$w=fb=(\tau\times dl\times x)\times b$$

となる．これを $w=\tau bdl\times x$ と見ると，w は長さ dl の転位が $\tau b\ dl$ の力を受けて x だけ動いたときに外力のした仕事と考えることができる．すなわち，転位があたかも実体がある物と見なせば，単位長さ当たりの力 F は $F=\tau b$ であるという関係が得られる（3.3 節参照）．

3.5 本文中の式 (3.9) に G，ν，b，r_0 の値を代入すると

$$E=\frac{4.5\times10^{10}\times(2.6\times10^{-10})^2}{4\pi(1-0.37)}\ln\left(\frac{1\times10^{-6}}{5\times2.6\times10^{-10}}\right)=2.5\times10^{-9}(\mathrm{J/m})$$

である．この値を 1 原子当たりの eV の単位にすると

$$\frac{2.5\times10^{-9}\times2.6\times10^{-10}}{1.60\times10^{-19}}=4.2(\mathrm{eV})$$

となり，Cu の空孔形成エネルギー 1 eV に比べるとかなり大きい（3.3 節参照）．

第 4 章　拡　散

4.1 結晶格子内で起こる拡散は格子拡散（体拡散）である．線欠陥や面欠陥に沿う拡散には転位芯拡散，粒界拡散，表面拡散などあり，これらは格子拡散より低い温度でも原子の移動が速やかになる（4.1 節，図 4.2 参照）．

4.2 （コメント）設問 (2) の具体例として，炭素鋼の表面硬化法の 1 つである浸炭処理と深く係わっており，解答前に第 10 章 10.4 節を参照されたい．

(1) 題意より付図 4.1 において，拡散前の $t=0$ のとき $0<x<\infty$，$c=c_\mathrm{o}$，さらに端面の $x=0$ において $0<t<\infty$，$c=c_\mathrm{s}$ の境界条件下で本文中の式 (4.7) を解くと，

$$c(x,t)=(c_\mathrm{s}-c_\mathrm{o})\left\{1-\mathrm{erf}\left(\frac{x}{2\sqrt{Dt}}\right)\right\}+c_\mathrm{o}$$

の解が得られる．

(2) 上 式 に $c_\mathrm{o}=0.3\%$，$c_\mathrm{s}=1.3\%$，$x=1\times10^{-3}\mathrm{m}$，$t=36\times10^3\mathrm{s}$，$D=1.0\times10^{-10}\mathrm{m^2/s}$ の数値を代入すると，

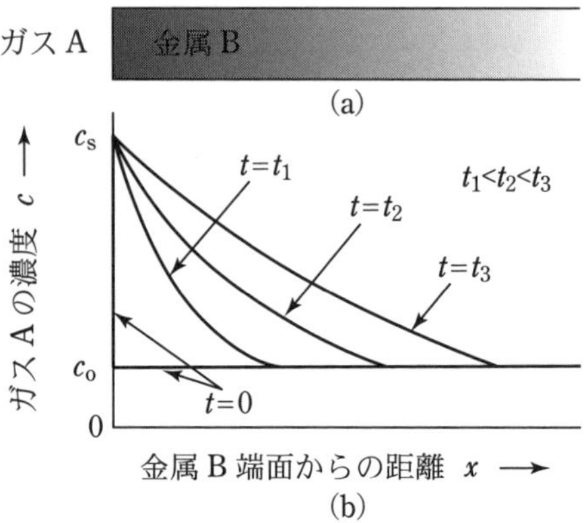

付図 4.1 端面から拡散に伴う濃度分布

$$c(x,t)=(1.3-0.3)\left[1-\mathrm{erf}\{1\times10^{-3}/2(1.0\times10^{-10}\times36\times10^{3})^{1/2}\}\right]+0.3$$
$$=1.3-\mathrm{erf}(0.0265)$$

となる．ここで，表 4.1 において z の値が 0.0265 となる誤差関数 $\mathrm{erf}(z)$ を内挿計算により求めると，

$$c(x,t)=1.3-0.02=1.28\ (\%)$$

となる (4.3 節参照)．

4.3 題意より Al 中のある特定の点での Cu の濃度に関して同じ拡散を起こさせる (両方の拡散状態の濃度が同じ位置で等しくなる) ことであり，本文中の式 (4.8) において $Dt=$ 一定となる．すなわち，

$$(Dt)_{500}=(Dt)_{600}$$

となり，次式より

$$t_{500}=\frac{(Dt)_{600}}{D_{500}}=\frac{(5.3\times10^{-13}\,\mathrm{m^2/s})\times8\mathrm{h}}{4.8\times10^{-14}\,\mathrm{m^2/s}}=88.3\mathrm{h}$$

が得られる (4.3 節，図 4.6 参照)．

4.4 いま，A と B 二元系の相互拡散において，A 中の B の拡散速度と B 中の

A の拡散速度が異なる場合, 拡散の進行とともに初期界面の移動が生じる. これをカーケンドール効果と呼び, カーケンドールによる空孔拡散機構の検証実験として広く知られている (4.3 節, 図 4.6 参照).

4.5 α-Fe 中の C 原子の拡散において, 本文中の表 4.2 より振動数因子 $D_0=6.2\times10^{-7}$ m²/s, 活性化エネルギー $Q=80$ kJ/mol であり, 気体定数 $R=8.314$ J/(mol·K), 温度 $T=1{,}073$ K とともに式 (4.10) に代入すると,

$$D=6.2\times10^{-7}\exp\left(-\frac{80{,}000}{8.314\times1{,}073}\right)=6.2\times10^{-7}\times\exp(-8.968)$$

$$=7.90\times10^{-11}\,(\mathrm{m^2/s})$$

となる (4.4 節参照).

4.6 本文中の式 (4.12) において, 付表 4.1 をアレニウス・プロットした直線部分における勾配は $-Q/R$ に等しく, $1/T=0$ での切片は $\ln D_0$ の値になる. いま, 気体定数を $R=8.314$ J/(mol·K) として $T_1=1{,}273$ K, $T_2=1{,}473$ K, $D_1=9.4\times10^{-16}$ m²/s, $D_2=2.4\times10^{-14}$ m²/s を代入すると,

$$Q=-R\frac{\ln D_1-\ln D_2}{1/T_1-1/T_2}$$

$$=-8.314\times\frac{\ln(9.4\times10^{-16})-\ln(2.4\times10^{-14})}{1/1{,}273-1/1{,}473}=252{,}400(\mathrm{J/mol})$$

$$D_0=D_1\exp\left(\frac{Q}{RT_1}\right)=(9.4\times10^{-16})\times\exp\left(\frac{252{,}400}{8.314\times1{,}273}\right)$$

$$=2.1\times10^{-5}(\mathrm{m^2/s})$$

となり, 活性化エネルギー Q と振動数因子 D_0 が求められる (4.4 節参照).

第 5 章　熱力学と相変化

5.1 5.1 節, 式 (5.1), (5.4), (5.5) 参照

(コメント) 具体例については, 本文でも述べたシリンダー内のピストンの運動や透過性の壁に仕切られた水槽内の水位, さらには永久機関の非在など日常生活で体験できる事例を用いて基本則の意味を説明しよう.

5.2　物質の変化はギブスの自由エネルギー G が減少する方向に進み，平衡状態は熱力学的に系の G が最小状態になる．定温，定圧の可逆反応における G の微小変化 dG は $dG=0$ となり，不可逆反応を含めると $dG \leqq 0$ となる (5.2 節，式 (5.8) 参照)．

5.3　5.3 節，図 5.3，式 (5.10) 参照

（ヒント）純金属は一元系 ($n=1$) であるため，本文中の式 (5.10) に示したギブスの相律による自由度は $f=2-p$ となり，相の数 p により自由度 f が決まる．

5.4　5.4 節参照

（ヒント）本文中の式 (5.16) に関する問題であり，図 5.5 における凝固の潜熱の意味を考えて式 (5.16) を導出されたい．

5.5　上述の問題 5.4 の応用である．

(1) 本文中の式 (5.16) に界面エネルギー γ，凝固の潜熱 ΔH_{f}，融点 T_{M}，過冷度 ΔT の値を代入して臨界半径 r^* を求めると次のようになる．

$$r^* = \frac{2\gamma T_{\mathrm{M}}}{\Delta H_{\mathrm{f}} \Delta T} = \frac{2 \times 1.44 \times 10^{-1} \times 1{,}356}{1.88 \times 10^{9} \times (1{,}356 - 1{,}073)} = 7.34 \times 10^{-10}\,(\mathrm{m}) = 73.4\,(\mathrm{nm})$$

(2) 臨界核の体積は $V_{r*} = 4\pi r^*/3$ である．また，Cu 原子 1 個の占める体積 V_a は，格子定数 $a=0.36$ nm の立方体に 4 個の原子が詰まっていることにより $V_a=a^3/4$ となる．したがって，臨界核の中の原子数は次のようになる．

$$n = V_{r*}/V_a = 16\pi r^*/(3a^3) = 16\pi \times 73.4/(3 \times 0.36^3) = 26{,}359\ (\text{個})$$

第 6 章　合金の平衡状態図

6.1　6.1 節，図 6.1 参照

（ヒント）固溶体には溶媒原子の格子点に溶質原子が置き換わった置換型と，溶質原子が溶媒原子の格子間に入り込んだ侵入型の 2 種類があり，溶質原子の原子半径に関連付けて説明しよう．

6.2　いま，元素 A と B よりなる合金の mass％を W_{A}, W_{B}, at％を A_{A}, A_{B}, また両元素の原子量を M_{A}, M_{B} とすると，mass％から at％への換算式は次式のように表される．

$$A_B = 100 \times M_A W_B / \{M_A W_B + M_B (100 - W_B)\}$$
$$= 100 \times 26.98 \times 3 / \{26.98 \times 3 + 63.55 (100 - 3)\} = 1.3 \ (\text{at\%})$$

したがって，Al–3mass%Cu は Al–3.1at%Cu 合金で表される．なお，at% から mass%への換算式は次式で表されるので各自確認されたい（6.1 節参照）．

$$W_B = 100 \times M_B A_B / \{M_A (100 - A_B) + M_B A_B\}$$

6.3　6.2 節，図 6.8 参照

(1)　①全率固溶体，②共晶

(2)　付図 6.1 参照

(3)　A–50 %B 合金を溶融状態（A 点）から液相線（B 点），共晶線（C, D 点）を通りながら常温（E 点）まで徐冷した場合の温度変化（付図 6.1 中の A～E 点に対応）を付図 6.2 に示す．凝固金属あるいは溶融金属のみが存在する区間では，ギブスの相律により自由度 f =1 となって温度が変化するが，共晶線に達すると自由度 f =0 となり，温度一定で共晶凝固が進行する（第 5 章 5.3 節参照）．

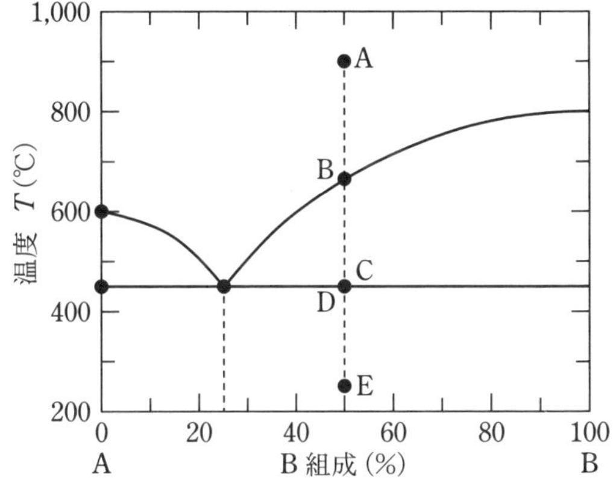

付図 6.1　A–B 二元系共晶型合金の状態図

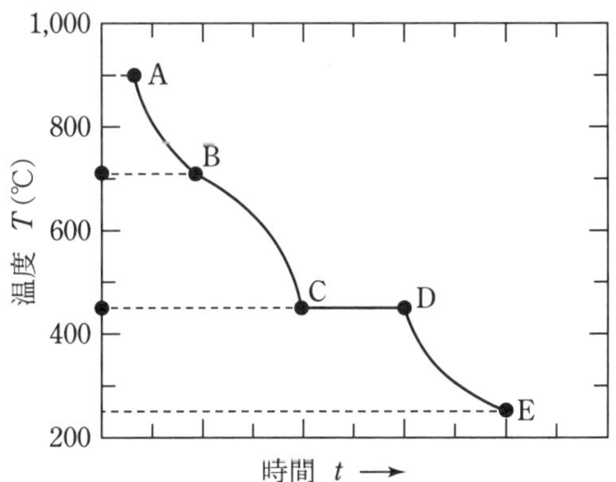

付図 6.2　A–B 二元系共晶型合金の示差熱分析曲線

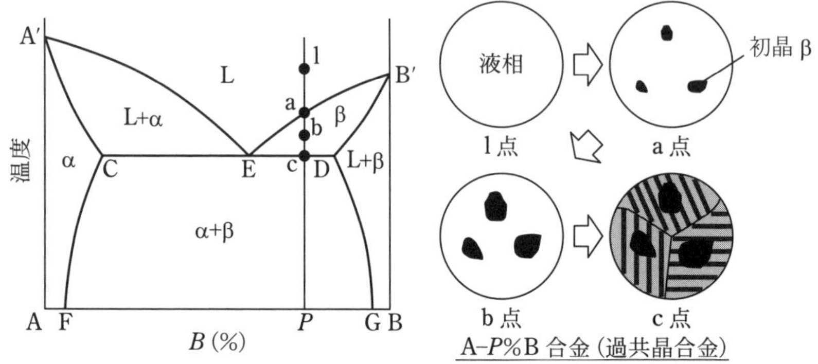

付図 6.3　部分固溶範囲を有する共晶状態図と冷却による組織変化

6.4　A–B 二元系合金の部分固溶範囲を有する共晶型状態図を付図 6.3 (本文中の図 6.9 参照) に示すが，これには過共晶合金を溶融状態から共晶線を通りながら徐冷した場合の組織変化も示す．亜共晶合金の α 相を β 相と読み替えれば同様な凝固過程をたどるので，ここでは説明を省略する (6.2 節参照)．

6.5　温度が a_4 点に達すると初晶 α が晶出する．包晶線上の包晶反応後は，凝固が終了せずに P 組成の β 相と D 組成の融液が残留する．P 組成の β 相は Pc_4 線に沿って濃度を変え，未凝固の残液は DB′ 線に沿って β 相を晶出しながらその組成が変化し，c_4 点で凝固が終了する (6.2 節，図 6.10 参照)．

第 7 章　機械的性質と材料試験

7.1　7.1 節，図 7.1，式 (7.1) ~ (7.5) 参照

(ヒント) 炭素鋼の公称応力–ひずみ曲線をフックの法則，降伏現象，加工硬化や局部収縮などに関連付けて弾性限，比例限，降伏点や引張強さなどを説明しよう．

7.2　試験片の原断面積 A_0，標点距離 l_0，変形中のそれぞれを A, l とし，体積 V を一定とすれば，$V=A_0l_0=Al$ となる．また，公称ひずみ ε と絞り ϕ は $l=l_0\ (1+\varepsilon)$, $A=A_0(1-\phi)$ と表される．これらの式より $A_0l_0=Al=A_0l_0(1+\varepsilon)$

$(1-\phi)$ となり，

$$(1+\varepsilon)(1-\phi)=1$$

が求まる．また，真応力 σ_t と公称応力 σ の関係は

$$\sigma_t=\frac{P}{A}=\frac{P}{A_0}\cdot\frac{A_0}{A}=\sigma\left(\frac{1}{1-\phi}\right)$$

となり，$\sigma=\sigma_t(1-\phi)$ が求まる (7.1 節，式 (7.1)，(7.2)，(7.5)，(7.6) 参照)．

7.3 吸収エネルギーの著しい低下が認められる bcc 格子や hcp 格子などの金属材料では，吸収エネルギーが急激に低下して延性–脆性遷移温度が明確に現れる．しかし，fcc 格子の場合にはこのような変化が乏しいため，別の方法で遷移温度を評価する必要がある (7.3 節，図 7.8 参照)．

7.4 測定された付図 7.1 の荷重–変位曲線は最大荷重 P_{max} までほぼ直線になっており，本文中の図 7.10 のタイプⅢに相当する．同図より $P_{max}=P_Q$ を求めると，P_Q=12.5 kN となる．よって，式 (7.18) に B=25 mm，W=50 mm，$f(a/W)$=10.98 を代入すると，

$$K_Q=\frac{P_Q}{BW^{1/2}}\cdot f\left(\frac{a}{w}\right)=\frac{12.5\times10^3}{0.025\times\sqrt{0.050}}\times10.98=24.5\left(\text{MPa}\sqrt{\text{m}}\right)$$

となる．次に，K_Q の有効性を式 (7.19a～c) 用いて評価すると，

疲労き裂長さ：a (=27 mm) > 2.5× (24.5/490)^2=6.27 mm

板厚：B (=25 mm) >2.5× (24.5/490)^2=6.27 mm

板幅：W (=50 mm) >5.0× (24.5/490)^2=12.5 mm

となり，上述の K_Q 値は破壊靭性値 K_{IC} 値として採用できる (7.4 節参照)．

7.5 7.5 節，表 7.3 参照

（コメント）材料の非破壊検査試験についてはいくつかの専門書があり，この機会に試験法の基本的な原理や特徴を理解しよう．

第 8 章　材料の強化機構

8.1 本文中の式 (8.4) を用いて転位密度 $\rho=10^8$ cm^{-2}，平均距離 $\bar{x}$=10 μm，バーガース・ベクトルの大きさ b=0.2 nm の数値を代入すると，

$$\gamma=\rho b\bar{x}=10^8\times10^{-2}\times0.2\times10^{-6}\times10\times10^{-3}=0.002$$

になる (8.1 節，図 8.1 参照).

8.2 本文中の図 8.3 において，加工度が小さくて高温に加熱すると再結晶が起こり，結晶粒が粗大化する．逆に，加工度が大きくても同一温度では再結晶粒が微細化するため，a 端に比べ b 端の再結晶粒が大きくなる (8.1 節参照).

8.3 本文中の式 (8.7) に示したホール・ベッチの関係式に σ_0=75 MPa, $k=60\times10^4\,\mathrm{Pa}\sqrt{\mathrm{m}}$，$\sigma_y$=300 MPa の数値を代入して平均粒径 d を求めると,

$$d=\{k/(\sigma_y-\sigma_0)\}^2=\{60\times10^{-2}/(300-75)\}^2=7.1\times10^{-6}\,(\mathrm{m})$$

となる (8.2 節参照).

8.4 高温での時効あるいは長時間時効すると，析出物が成長・粗大化して平衡相 (GP 帯がより安定な正規析出相) となり，過時効となって強度や硬さが低下する (8.4 節，図 8.9 参照).

8.5 母相中に別の相が分散した二相合金において，この分散相が過飽和固溶体から析出するときの強化作用が析出強化であるが，強度の高い微細な第二相の粒子を分散させて強化するのが分散強化である (8.4 節，図 8.9，8.10 参照).

第 9 章　材料の強度と破壊

9.1 本文中の式 (9.4) に $b_0=2.1\times10^{-10}$ m，$E=248\times10^9$ Nm^{-2}，γ_s=1.398 Nm^{-1} の数値を代入して理論的引張強度 σ_{max} を求めると,

$$\sigma_{max}=\sqrt{\frac{E\gamma_s}{b_0}}=\sqrt{\frac{248\times10^9\times1.398}{2.1\times10^{-10}}}=4.06\times10^4\,(\mathrm{MNm}^{-2})$$

となり，実測値に比べて数百倍も大きいことがわかる (9.1 節，図 9.1 参照).

9.2 9.2 節，図 9.5 参照

（コメント）延性破壊と脆性破壊の両様式を考察する場合，巨視的にはどのような破断形態をとり，微視的にはどのような破面形態をとるかを注目して

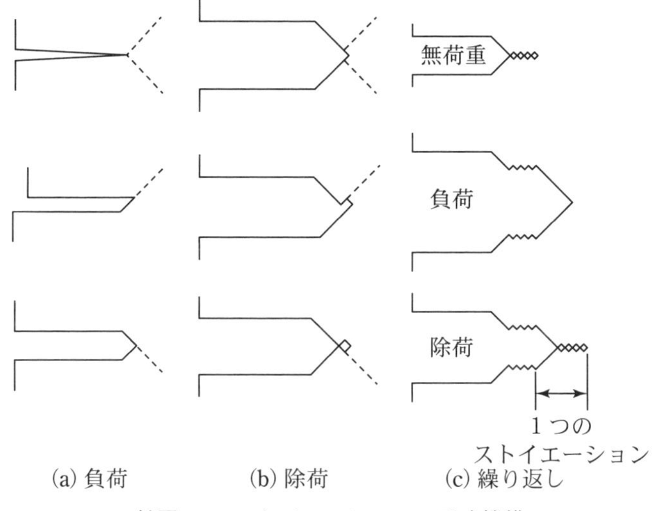

付図 9.1　ストイエーションの形成機構

説明しよう.

9.3　延性材料のストライエーション形成機構を模式的に示した付図 9.1 において，同図 (a) の負荷過程でき裂先端部がすべり変形により開口する．除荷過程に入ると，同図 (b) のようにき裂先端は反転すべりでき裂先端部の一部分のみが口を閉じる．この負荷過程と除荷過程が繰り返されることにより，同図 (c) に示す機構によって疲労き裂が進展する．したがって，1 回の繰り返し応力に対応して 1 個のストライエーションが形成されることになる (9.3 節参照).

9.4　本文中の図 9.13 に示す疲労限度線図において，最も安全側のソダーベルグ線を表す式 (9.12) に両振り疲労限度 σ_{wo}=200 MPa，降伏強さ σ_y=300 MPa，平均応力 σ_m=210 MPa の数値を代入すると，

$$\sigma_a=\sigma_{wo}(1-\sigma_m/\sigma_y)=200\times(1-210/300)=60\,(\mathrm{MPa})$$

となる (9.3 節参照).

9.5　9.5 節，図 9.19 参照

（コメント）金属材料の応力腐食割れは環境因子，材料因子および応力因子が

重畳して起こる現象であり，電気化学的には活性経路腐食と水素脆化に大別できるが，割れの発生，進展する場所や防食法はまったく異なるので注意を要する．

第 10 章　炭素鋼

10.1　10.1 節，図 10.1 参照

（コメント）炭素鋼の性質を知る上で，純鉄の性質を理解しておくことは大切であり，純鉄の同素変態や磁気変態が起こる温度を覚えておこう．

10.2　10.1，10.3 節，図 10.3，10.8，10.14 参照

（ヒント）本文中の図 10.3 に示した Fe–C 状態図からも明らかなように，フェライト相に比べてオーステナイト相の C 固溶量が 100 倍にも及ぶ．この差異がオーステナイト相の標準組織や焼入れ時のマルテンサイト組織の生成などを可能とし，C の有用性をさらに高めていることに注目しよう．

10.3　10.1 節，図 10.3，10.4 参照

(1) ア：α（フェライト），イ：α+γ（オーステナイト），ウ：γ，エ：γ+Fe_3C（セメンタイト），オ：α+Fe_3C

F 点：2.14%，J 点：0.02%，K 点：0.77%，L 点：6.67%

B 点：1,392℃，C 点：911℃，K 点：727℃

(2) A_1 線：直線 JL，A_3 線：曲線 CK，A_{cm} 線：曲線 FK

(3) p の鋼：亜共析鋼，q の鋼：共析鋼，r の鋼：過共析鋼

(4) ①標準，②初析フェライト，③パーライト，④強度，⑤靭性

(5) p 点と r 点の鋼：それぞれ本文中の図 10.6，図 10.7 参照

10.4　共析鋼の TTT 曲線については，本文中の図 10.12 を参照されたい．ベイナイト組織は，オーステナイトの状態からノーズより下の温度 250～450℃で恒温冷却を行うとベイナイト変態が起こり，生成される組織をいう．一方，マルテンサイト組織はオーステナイトの状態から臨界冷却速度以上，すなわちノーズの左側を通るように連続冷却して得られる組織をいう（10.2 節参照）．

10.5　10.3 節参照．

(1) 純鉄の同素変態はオーステナイトからフェライトに変態する fcc → bcc の

結晶構造の変化であり，オーステナイトのマルテンサイト変態も同様な結晶構造の変化である．しかし，マルテンサイト変態は本文中の図 10.14 に示すように侵入型元素 C を過飽和に固溶するため，c 軸方向にひずんだ bct 構造である．

(2) 上述のように格子ひずみが原因でマルテンサイトが強化されるため，基本的には C 量とともにひずみが増加してマルテンサイトが強化される．同時に，マルテンサイト変態により導入される高密度の格子欠陥と侵入型元素 C の相互作用，いわゆるコットレル雰囲気（第 8 章 8.3 節参照）が形成されて転位の運動が抑制され，これも強さ（硬さ）の増加に重要な役割を果たす．

第 11 章　合金鋼

11.1　11.1 節，図 11.1 参照

（ヒント）高 Mn 鋼や Fe–Cr–Ni 系ステンレス鋼など常温の基地組織がオーステナイトである鋼をオーステナイト鋼と，一般鋼のように基地組織がフェライトまたはパーライトを主とするフェライト鋼に関連付けて説明しよう．

11.2　11.1 節，図 11.1，11.2，表 11.1 参照

（ヒント）合金鋼における添加元素の中で Ni と Cr に注目し，これらが合金鋼の状態図，焼入性や炭化物形成にどのような影響を及ぼすかを考えよう．

11.3　快削鋼からも明らかなように，代表的な元素として S と Mn を添加して軟らかく脆い非金属介在物の MnS を鋼中に分散させた硫黄系快削鋼が代表的である．その他に Pb や Ca など添加した快削鋼もある（11.2 節，表 11.7 参照）．

11.4　合金工具鋼や高速度工具鋼に W，Cr，V，Mo などを添加して焼入性，高温強度や耐摩耗性を高める必要があるが，特に V の添加は極めて硬い炭化物（V_4C_3）を形成し，耐摩耗性や焼戻抵抗などに寄与する（11.3 節，表 11.8 参照）．

11.5　ステンレス鋼は基本的に Fe–Cr 系であり，約 12％以上の Cr 量が含有すると強固な不動態皮膜が形成され，硫酸や硝酸など腐食性の強い酸化性

環境下で優れた耐食性を示す．ただし，塩酸などのような非酸化性酸に対してはCrのみでは不十分であり，さらにNiを添加したFe–Cr–Ni系が有効である(11.3節，表11.10参照)．

第12章　鋳　鉄

12.1　12.1節，図11.2，11.3参照

（ヒント）鋳鉄の白銑化はC, Si量，溶湯(融液)からの冷却速度や鋳物の肉厚などの影響を大きく受け，またC量についても黒鉛やセメンタイトの形成に影響を及ぼすこと考慮して説明しよう．

12.2　代表的な実用鋳鉄として，白鋳鉄を基に熱処理により組織改良して延性を増した可鍛鋳鉄，ねずみ鋳鉄を基に鋳込み直前の溶湯への添加元素により黒鉛形状を改良した球状黒鉛鋳鉄やCV黒鉛鋳鉄，さらに合金元素を添加して各種特性を向上させた合金鋳鉄などが挙げられる(12.2節参照)．

12.3　鋳鉄は鋼より多量のCを含有し，固溶しない遊離Cは黒鉛として存在する．このため鋳鉄の引張強さは鋼に比べて非常に低いという弱点があるものの，圧縮には強くしかも耐摩耗性に優れている．これは遊離する黒鉛が潤滑剤の働きをするためであり，工作機械のベッドなどに重用される(12.2節参照)．

12.4　鋳鉄中の黒鉛は強度が極めて小さく，応力が集中して破壊に至る．この応力集中の程度は黒鉛の形態に大きく依存し，とりわけねずみ鋳鉄では細長く片状に分散している黒鉛(本文中の図12.4参照)が破壊の起点になりやすく，特に圧縮応力よりも引張応力に対しては敏感である(12.2節，図12.8参照)．

12.5　本文中の図12.4に示すように，鋳込み直前の溶湯にCe, Mgなどの球状化元素を接種して組織中の黒鉛を球状化させた球状黒鉛鋳鉄がある．黒鉛が鋳放しのままで球状となるため応力集中が低減し，表12.4に示すように鋼に匹敵する強度や靭性を有する(12.2節参照)．

第13章　非鉄金属材料

13.1　Al–Mn系合金は，工業用純アルミニウムの加工性・耐食性を損なわず

に強度を高めた合金であるが，Al–Mg 系合金に比べて耐食性，加工性や溶接性などが劣るため用途は限られる (13.1 節参照).

13.2 Mg 自体は hcp 構造であるため，常温の加工性がやや悪く耐食性も劣る．Mg に Al や Zn を単独に，あるいは両元素を添加した Mg–Al–Zn 系合金があり，機械的性質や加工性が向上し，耐食性も向上するので期待できる (13.2 節参照).

13.3 代表的な Cu 合金としては Zn を添加した黄銅，Zn 以外の合金元素 Sn を添加した青銅があり，前者は適度な強度に加え，優れた展延性・鋳造性を持ち，耐食性も良好である．後者は融点が低く溶湯の流動性があるため鋳造性が良好であり，被性削や耐食性が良く機械的性質も優れている (13.3 節参照).

13.4 金属の Mg と Ti の物理的性質 (本文中の表 13.2，13.6 参照) を比較すれば明らかなようにいずれも軽金属であり，省資源・省エネの観点から航空機や自動車などの運輸用途が挙げられる (13.2，13.4 節参照).

13.5 二元系 Ti 合金は，常温の構成相について合金元素の添加により α 領域が拡大する α 型合金，$\beta \rightleftarrows \alpha+\beta$ の共析変態が生じる $\alpha+\beta$ 型合金，β 領域を拡大する β 型合金に大別できる．α 型合金は熱処理による強化が起こらず，焼なましを施して使用する．$\alpha+\beta$ 型合金は時効硬化による高強度材であり，また β 型合金は時効硬化により高強度で，加工性や耐食性にも優れている (13.4 節，図 13.3，表 13.7 参照).

第 14 章　非金属材料

14.1 セラミックスは主にイオン結合と共有結合により分類でき，またそれらの結合度は電気陰性度差と密接な関係にある．酸化物セラミックスはイオン結合が強く，炭化物やホウ化物などの非酸化物セラミックスは逆に共有結合が強い (14.1 節，図 14.1，14.2 参照).

14.2 ガラスは熱力学的に非平衡であり，結晶のような周期配列構造を持たない非晶質体である．本文中の図 14.5 のように液相から固相への相転移に伴う体積変化を示し，ガラス転移点を示す物質をガラスと定義できる (14.2 節参照).

14.3 熱可塑性プラスチックは，加熱すると軟化して流動性が現れ，冷却すると固体になる．しかし，熱硬化性プラスチックは最初に熱を加えると軟化するが，さらに加え続けると硬化して固体になる (14.3 節, 図 14.7 参照).

14.4 14.4 節，表 14.3 参照

（コメント）自動車用タイヤの中でトレッドはタイヤが直接路面に接触する部分であり，荷重の低い乗用車には牽引力を重視したスチレンブタジエンゴムが，荷重の重いトラックには耐久性の観点から天然ゴムが使用される．その他にサイドゴム，ベルトゴムやインナーゴムなどがあり，これらも調べてみよう．

14.5 熱可塑性樹脂を溶剤に溶かして接着剤として使用し，この溶剤を蒸発させれば接着できる万能接着剤であるが，接着強度が小さく耐熱性に乏しい．一方，熱硬化性樹脂は加熱または硬化剤や触媒の作用により硬化・接着できるので，引張強度や耐熱性が必要な構造用接着剤である．以上を参考にして，具体的な用途を考えよう (14.4 節，表 14.4 参照).

第 15 章　複合材料と機能材料

15.1 15.1 節，図 15.1 参照

（ヒント）複合材料は，強化材の構造の観点から粒子分散型，繊維強化型，積層型の 3 つに大別できるので，それぞれ具体例を挙げながら説明しよう．

15.2 題意より FRP は並列型のプラスチックスであり，本文中の式(15.1) を用いてその弾性係数 E_L を求めると，

$$E_L = V_f E_f + (1 - V_f) E_m = 0.60 \times 70 + (1 - 0.60) \times 3.0 = 43.2 \text{ GPa}$$

となる. また, 引張強さ σ_L は $\sigma_L = V_f \sigma_f + (1 - V_f) \sigma_m$ において $\sigma_m = 0$ とすると,

$$\sigma_T = 0.60 \times 3.5 + (1 - 0.60) \times 0 = 2.1 \text{ GPa}$$

となる (15.1 節，図 15.2 参照).

15.3 15.2 節，図 15.4～15.6 参照

（ヒント）形状記憶合金は，応力を加えて変形しても加熱すると変形前の形状に戻る．これに対して超弾性合金は，応力を超えると容易に変形するもの

の，応力を除荷すると速やかに変形前の形状に戻ることに注目しよう．

15.4 15.2 節参照

（ヒント）アモルファス合金の三大特性として高強度，高耐食性，高軟磁性の特徴があり，簡単に説明しよう．

15.5 15.2 節，図 15.11 参照

（ヒント）超塑性を発現するタイプには微細結晶粒超塑性，変態超塑性，変態誘起塑性の 3 つがあり，具体的に説明しよう．

15.6 材料開発を行う際に，竹，貝殻や蓮の葉など生物から学ぶことが意外と多い．たとえば，竹は根元が太く先端になるほど細くなり，中空構造である．また，その横断面の内外皮部では維管束が粗密に分布するなど，自然界には優れた軽量化構造のみならず傾斜機能も備えている（第 1 章 1.4 節参照）．

付　録

1. 単　位

1.1　SI 単位

付表 1.1　SI 基本単位

長さ	メートル	m
質量	キログラム	kg
時間	秒	s
電流	アンペア	A
温度	ケルビン	K
物質量	モル	mol
光度	カンデラ	cd

付表 1.2　SI 補助単位

平面角	ラジアン	rad
立体角	ステラジアン	sr

付表 1.3　SI 組立単位

量	名称	記号	定義
周波数	ヘルツ	Hz	s^{-1}
力	ニュートン	N	$kg \cdot m/s^2$
圧力・応力	パスカル	Pa	N/m^2
エネルギー・仕事・熱量	ジュール	J	N･m
仕事率（工率）・放射束	ワット	W	J/s
電気量・電荷	クーロン	C	A･s
電圧・電位	ボルト	V	W/A
静電容量	ファラド	F	C/V
電気抵抗	オーム	Ω	V/A
コンダクタンス	ジーメンス	S	A/V
磁束	ウェーバ	Wb	V･s
磁束密度	テスラ	T	Wb/m^2
インダクタンス	ヘンリー	H	Wb/A
セルシウス温度	セルシウス温度	℃	t℃ = $(t+273)$ K
光束	ルーメン	lm	cd･sr
照度	ルクス	lx	lm/m^2
放射能	ベクレル	Bq	s^{-1}
吸収線量	グレイ	Gy	J/kg
線量当量	シーベルト	Sv	J/kg

付表 1.4　SI 単位と併用してよい単位

名称	記号	SI 単位での値
分	min	1 min＝60 s
時	h	1 h＝60 min
日	d	1 d＝24 h
度	°	1°＝$(\pi/180)$ rad
分	′	1′＝(1/60)°
秒	″	1″＝(1/60)′
リットル	l，L	1 l＝10^{-3} m^3
トン	t	1 t＝10^3 kg
名称	**記号**	**定義**
電子ボルト	eV	1.60219×10^{-19} J
原子質量単位	u	1.66057×10^{-27} kg

付表 1.5　SI 接頭語

乗数	接頭語	記号
10^{24}	ヨ　タ	Y
10^{21}	ゼ　タ	Z
10^{18}	エクサ	E
10^{15}	ペ　タ	P
10^{12}	テ　ラ	T
10^{9}	ギ　ガ	G
10^{6}	メ　ガ	M
10^{3}	キ　ロ	k
10^{2}	ヘクト	h
10^{1}	デ　カ	da
10^{-1}	デ　シ	d
10^{-2}	センチ	c
10^{-3}	ミ　リ	m
10^{-6}	マイクロ	μ
10^{-9}	ナ　ノ	n
10^{-12}	ピ　コ	p
10^{-15}	フェムト	f
10^{-18}	ア　ト	a
10^{-21}	セプト	z
10^{-24}	ヨクト	y

1.2　SI 単位への換算表

付表 1.6　力の換算表

N	dyn	kgf
1	1×10^{5}	1.01972×10^{-1}
1×10^{-5}	1	1.01972×10^{-6}
9.80665	9.80665×10^{5}	1

付表 1.7　応力・圧力の換算表

Pa	bar	kgf/cm^2	atm	mmH_2O	mmHg または Torr
1	1×10^{-5}	1.01972×10^{-5}	9.86923×10^{-6}	1.01972×10^{-1}	7.50062×10^{-3}
1×10^{3}	1×10^{-2}	1.01972×10^{-2}	9.86923×10^{-3}	1.01972×10^{2}	7.50062×10^{-3}
1×10^{6}	1×10	1.01972×10	9.86923	1.01972×10^{5}	7.50062×10^{3}
1×10^{5}	1	1.01972	9.86923×10^{-1}	1.01972×10^{4}	7.50062×10^{-3}
9.80665×10^{4}	9.80665×10^{-1}	1	9.67841×10^{-1}	1×10^{4}	7.35559×10^{2}
1.01325×10^{5}	1.01325	1.03323	1	1.03323×10^{4}	7.6000×10^{2}
9.80665	9.80665×10^{-5}	1×10^{-4}	9.67841×10^{-5}	1	7.35559×10^{-2}
1.33322×10^{2}	1.33322×10^{-3}	1.35951×10^{-3}	1.31579×10^{-3}	1.35951×10	1

付表 1.8　仕事・エネルギー・熱量の換算表

J	kWh	kgfm	kcal
1	2.77778×10^{-7}	1.01972×10^{-1}	23.8889×10^{-4}
3.600×10^{6}	1	3.67098×10^{5}	2.38889×10^{-4}
9.80665	2.724×10^{-6}	1	8.6000×10^{2}
4.18605×10^{3}	1.16279×10^{-3}	4.26858×10^{2}	2.34270×10^{-3}

1 J＝1 W･s，1 J＝1 N･m

付表 1.9　比熱の換算表

J/(kg･K)	kcal/(kg･℃) cal/(g･℃)
1	2.38889×10^{-4}
4.18605×10^{3}	1

付表 1.10　熱伝導率の換算

w/(m･K)	kcal/(h･m･℃)
1	8.600×10^{-1}
1.16279	1

付表 1.11　粘度の換算

Pa･s	cP	P
1	1×10^{3}	1×10
1×10^{-3}	1	1×10^{-2}
1×10^{-1}	1×10^{2}	1

1 P=1 dyn･cm^2=1 g/cm･s
1 Pa･s=1 N･s/m^2，1 cp=1 mPa･s

1.3　使用を認める非 SI 単位

付表 1.12　使用可能な非 SI 単位（新軽量法第 4 条・5 条 2 項）

量	単位の名称	記号	用途
長　さ	オングストローム	Å	光学，結晶学
質　量	カラット	ct，car	宝石の質量
	もんめ	mom	真珠の質量
回転速度	回毎分	m/min	
		rpm	
	回毎秒	r/s	
		rps	
圧　力	気　圧	atm	
	水銀柱メートル	mHg	血圧測定
粘　度	ポアズ	P	
動 粘 度	ストークス	St	
熱　量	カロリー	cal	栄養関係
濃　度	質量百分率	質量％	
		wt％	
		mass％	
	体積百分率	体積％	
		vol％	
	ピーエッチ	pH	

2.　物理定数

付表 2.1　基本物理定数

物理量	記号	値	単位
光の速度	c	2.997924×10^{8}	$\mathrm{m\ s^{-1}}$
電気素量	e	1.60218×10^{-19}	C
ファラデー定数	$F = N_{\mathrm{A}} e$	9.6485×10^{4}	$\mathrm{C\ mol^{-1}}$
ボルツマン定数	k	1.38065×10^{-23}	$\mathrm{J\ K^{-1}}$
気体定数	$R = N_{\mathrm{A}} k$	8.31447	$\mathrm{J\ K^{-1}\ mol^{-1}}$
プランク定数	h	6.62607×10^{-34}	J s
アボガドロ定数	N_{A}	6.02214×10^{23}	$\mathrm{mol^{-1}}$
原子質量単位	u	1.66054×10^{-27}	kg
質量　電子	m_{e}	9.10938×10^{-31}	kg
陽子	m_{p}	1.67262×10^{-27}	kg
中性子	m_{n}	1.67493×10^{-27}	kg
真空の誘電率	$\varepsilon_0 = 1/\mu_0 c^2$	8.85419×10^{-12}	$\mathrm{J^{-1}\ C^{2}\ m^{-1}}$
自然落下の加速度	g	9.80665	$\mathrm{m\ s^{-2}}$
重力定数	G	6.67428×10^{-11}	$\mathrm{N\ m^{2}\ kg^{-2}}$

3.　ギリシャ文字

付表 3.1　ギリシャ文字の読み方

大文字	小文字	読み方	大文字	小文字	読み方
A	α	アルファ（alpha）	N	ν	ニュー（nu）
B	β	ベータ（beta）	Ξ	ξ	クシィ（xi）
Γ	γ	ガンマ（gamma）	O	o	オミクロン（omicron）
Λ	δ	デルタ（delta）	Π	π	パイ（pi）
E	ε	イプシロン（epsilon）	P	ρ	ロー（rho）
Z	ζ	ゼータ（zeta）	Σ	σ	シグマ（sigma）
H	η	イータ（eta）	T	τ	タウ（tau）
Θ	θ	シータ（theta）	Y	υ	ウプシロン（upsilon）
I	ι	イオタ（iota）	Φ	ϕ	ファイ（phi）
K	κ	カッパ（kappa）	X	χ	カイ（chi）
Λ	λ	ラムダ（lambda）	Ψ	ψ	プサイ（psi）
M	μ	ミュー（mu）	Ω	ω	オメガ（omega）

4. JIS 規格

付表 4.1　JIS 総目録の部門記号と分類番号（抜粋）

<table>
<tr><th rowspan="2">部門名および記号 / 分類記号</th><th>土木および建築</th><th>一般機械</th><th>電子機器および電気機械</th><th>自動車</th><th>鉄　道</th><th>船　舶</th><th>鉄　鋼</th><th>非鉄金属</th><th>航　空</th><th>情報処理</th><th>その他</th></tr>
<tr><th>A</th><th>B</th><th>C</th><th>D</th><th>E</th><th>F</th><th>G</th><th>H</th><th>W</th><th>X</th><th>Z</th></tr>
<tr><td>00～09</td><td>一般・構造</td><td>機械基本</td><td>一　般</td><td>一　般</td><td></td><td>一　般</td><td>一　般</td><td>一　般</td><td>一　般</td><td>一　般</td><td rowspan="2">物流機器・梱包材料容器・包装方法</td></tr>
<tr><td>10～19</td><td>試験・検査・測量</td><td rowspan="2">機械部品類</td><td>測定および試験用機械器具</td><td>試験・検査方法</td><td>線路一般</td><td rowspan="3">船　体</td><td>分　析</td><td>分析方法</td><td>専用材料標準部品</td><td></td></tr>
<tr><td>20～29</td><td rowspan="2">設計および計画</td><td>材　料</td><td>共通部品</td><td>電車線路</td><td>原材料</td><td>原材料</td><td rowspan="2">機　体（装備を含む）</td><td></td><td>共通的試験方法その他</td></tr>
<tr><td>30～39</td><td>FA 共通</td><td>電線ケーブルおよび電路用品</td><td>機　関</td><td>信号保安機器</td><td>鋼材（主として普通鋼材）</td><td>伸銅品</td><td>電子計算機用プログラム言語</td><td>溶接関係</td></tr>
<tr><td>40～49</td><td>設備および建具</td><td rowspan="2">工具およびジグ類</td><td>電気機械器具</td><td>シャシ車体</td><td>鉄道車両一般</td><td rowspan="4">機　関</td><td>鋼材（主として合金鋼鋼材）</td><td>その他の展伸材</td><td>発動機</td><td>図形，文書構造，文書交換など</td><td>放射線（能）関係</td></tr>
<tr><td>50～59</td><td rowspan="2">材料および部品</td><td rowspan="2">通信機器電子機器および部品</td><td>電気装置計器</td><td rowspan="2">動力車</td><td>鋳鋼鋳鉄</td><td>鋳　物</td><td>プロペラ</td><td>OSI 関連，LAN，データ通信</td><td></td></tr>
<tr><td>60～69</td><td>工作用機械</td><td>建設車両産業車両</td><td></td><td>二次製品</td><td>計　器</td><td>出力機器・記録媒体など</td><td>マイクログラフィックス</td></tr>
<tr><td>70～79</td><td>施　工</td><td>光学機械・精密機械</td><td>真空管電球</td><td rowspan="2">修理・調整・試験・検査器具</td><td>客貨車</td><td>鉄鋼の ISO 対応 JIS</td><td>機能性材料</td><td>電気設備</td><td rowspan="2">応用分野</td><td>リサイクル</td></tr>
<tr><td>80～89</td><td>施工機械器具</td><td rowspan="2">機械一般</td><td>照明器具配線器具電池</td><td>産業車両</td><td>電気機器</td><td></td><td>加工方法器具</td><td>地上施設</td><td>基本および一般</td></tr>
<tr><td>90～99</td><td>雑</td><td>電気応用機械器具</td><td>自転車</td><td>鋼索鉄道索道</td><td>航海用機器・計器，機関用諸計測器</td><td>雑</td><td>雑</td><td>雑</td><td>その他（OCRなど）</td><td>工場管理</td></tr>
</table>

5.　国際規格

付表 5.1　世界の主要規格

日本	JIS	(Japanese Industrial Standards) 日本規格協会
アメリカ	ASTM	(American Society for Testing and Material) アメリカ材料試験協会
	AISI	(American Iron and Steel Institute) 米国鉄鋼協会
	AWS	(American Welding Society) アメリカ溶接協会
	ASME	(American Society of Mechanical Engineeing) アメリカ機械技術者協会
	SAE	(Society of Automotive Engineers) アメリカ自動車技術者協会
イギリス	BS	(British Standard) イギリス規格協会
西ドイツ	DIN	(Deutche Industrie Normen) ドイツ規格協会
フランス	NF	(Norm Francais) フランス規格協会
ロシア	GOST-R	(英訳 Gost=National Standard) ロシア国家規格
国際	ISO	(International Organization for Standardization) 国際標準化機構

6.　熱処理と加工状態の記号

付表 6.1　Al 合金および Mg 合金の熱処理と加工状態の記号 (JIS H 0001 抜粋)

F：製造 (鋳造，鍛造) のまま

O：焼なまし，再結晶

H：冷間加工

HX1：引張強さが O と HX2 の中間
HX2：引張強さが O と HX4 の中間
HX3：引張強さが HX4 と HX2 の中間
HX4：引張強さが O と HX48 の中間
HX5：引張強さが HX4 と HX8 の中間
HX6：引張強さが HX8 と HX4 の中間
HX7：引張強さが HX8 と HX6 の中間
HX8：通常の加工で得られる最大引張強さのもの
HX9：HX8 を 10 MPa 以上超えるもの

X は基本的な処理の状態，1：加工硬化のみ，2：加工硬化後軟化熱処理，3：加工硬化後安定化処理，4：加工硬化後塗装

W：溶体化処理

T：溶体化処理後，時効処理

T1：製造後自然時効
T2：製造後，冷間加工，自然時効
T3：溶体化処理後加工，自然時効
T4：溶体化処理，自然時効
T5：製造後人工時効
T6：溶体化処理，人工時効
T7：溶体化処理，過時効により安定化
T8：溶体化処理，冷間加工，人工時効
T9：溶体化処理，人工時効後冷間加工
T10：製造後冷間加工，人工時効

参考書

1) 荘司郁夫，小山真司，井上雅博，山内 啓，安藤哲也 共著：機械材料学，丸善出版（2013）（第 1, 2, 3, 6, 10, 11, 13, 14, 15 章）

2) 田中政夫, 朝倉健二 共著：機械材料, 共立出版（1999）（第 1, 6, 8, 10, 11, 13 章）

3) 冨士明良 著：工業材料入門，山海堂（1998）（第 1, 11, 12, 13, 14, 15 章）

4) 未踏科学技術協会 エコマテリアル研究会 監修：エコマテリアル学 基礎と応用，日科技連（2002）（第 1 章）

5) 金子純一，須藤正俊，菅又 信 編著：基礎機械材料学，朝倉書店（2004）（第 2, 4, 7, 8, 10, 13, 14, 15 章）

6) 平川賢爾, 大谷泰夫, 遠藤正浩, 坂本東男 共著：機械材料学, 朝倉書店（1999）（第 3, 7 章）

7) 吉岡正人, 岡田勝蔵, 中山栄浩 共著：機械の材料学入門, コロナ社（2009）（第 2, 3, 4, 5, 8, 11, 13, 14, 15 章）

8) 小林政信, 山本恭永, 為広 博 共著：基礎 材料学, コロナ社（2011）（第 4, 5 章）

9) 丸山公一，藤原雅美，吉見享祐 共著：基礎から学ぶ 構造金属材料学，内田楼老鶴圃（2014）（第 3, 4, 5, 7, 8, 10 章）

10) 渡辺義見，三浦博己，三浦誠司，渡邊千尋 共著：図でよくわかる 機械材料学（2010）（第 2, 3, 4, 5, 8, 15 章）

11) 砂田久吉 著：演習・材料試験入門，大河出版（1991）（第 7, 9 章）

12) 小寺沢良一 著：改訂増補 材料強度学要論，朝倉書店（1995）（第 7, 9 章）

13) 佐久間健人, 井野博満 共著：材料科学概論, 朝倉書店（2006）（第 2, 3, 4, 5, 8 章）

14) 打越二彌 著：図解 機械材料，東京電機大学出版局（2010）（第 5, 6, 7, 8, 10, 11, 12, 15 章）

15) 須藤 一 著：材料試験法，内田老鶴圃（1998）（第 7 章）

16) 矢島悦次郎，市川理衛，古沢浩一 共著：機械・金属材料，丸善（1996）（第 3, 6, 10, 11, 12 章）

17) 長岡金吾 著：機械材料学，工学図書（1987）（第 6, 8, 10, 12 章）

18) 北川正義, 川越 誠, 小山信次 共著:基礎から学ぶ 機械材料, 森北出版 (1999) (第 5 章)
19) 門間改三 著：大学基礎 機械材料, 実教出版 (2009) (第 11, 13 章)
20) 松澤和夫 著:基礎 機械材料学, 日本理工出版会(2014)(第 10, 11, 12, 14, 15 章)
21) 辻野良二, 池田清彦 共著:機械材料学入門, 電気書院 (2014) (第 6, 10, 14 章)
22) 鈴村暁男, 浅川基男 編著:基礎機械材料, 培風館 (2005) (第 1, 3, 6, 12, 15 章)
23) 日本材料学会 編：改訂 機械材料学, 日本材料学会 (2000) (第 8, 11, 13, 14, 15 章)
24) 渡邊滋朗・齋藤安俊 共著:基礎金属材料, 共立出版 (1980) (第 2, 3, 4, 5, 8 章)
25) W. D. キャリスター 著, 入戸野 修 監訳：材料の科学と工学 [1] 材料の微細構造, 培風館 (2002) (第 1, 2, 3, 4, 5, 6, 10 章)
26) W. D. キャリスター 著, 入戸野 修 監訳：材料の科学と工学 [2] 金属材料の力学的性質, 培風館 (2002) (第 7, 8, 9 章)
27) 幸田成康 著：改訂 金属物理学序論, コロナ社 (1971) (第 2, 3, 4, 5, 8 章)
28) 宮川大海, 吉葉正行 共著:よくわかる材料学, 森北出版(1993)(第12, 13, 15章)
29) JSME テキストシリーズ出版分科会 編著:機械材料学, 日本機械学会 (2008) (第 1, 4, 5, 6, 7, 9, 10, 13, 14, 15 章)
30) 武井英雄, 中佐啓治郎, 篠崎賢二 編著:機械材料学, 理工学社 (2013) (第 2, 11, 12, 13, 14, 15 章)
31) 野口 徹, 中村 孝 共著:機械材料工学, 工学図書 (2001) (第 6, 8, 11, 12, 13 章)
32) 長野博夫, 山下正人, 内田 仁 共著:環境材料学, 共立出版 (2004) (第 9, 11 章)
33) 鈴木秀次 著：転位論入門, アグネ (1967) (第 3 章)
34) 仁平宣弘, 朝比奈奎一 共著:改訂版 機械材料と加工技術, 科学図書出版(2013) (第 1 章)
35) 日本材料学会 編：機械設計法, 日本材料学会 (2001) (第 1, 9 章)
36) 日本材料学会 編：材料強度学, 改訂 日本材料学会 (2005) (第 7, 9 章)
37) B. D. カリティ著, 松村源太郎 訳:新版 X 線回折要論, アグネ (1980) (第 2 章)
38) 久保井徳洋, 樫原恵藏 共著：材料学, コロナ社 (2000) (第 2, 3, 14 章)
39) 日本塑性加工学会 編：マグネシウム加工技術, コロナ社 (2004) (第 13 章)
40) 里 達雄 著：軽合金材料, コロナ社 (2011) (第 13 章)

41) 小林英男 著：破壊力学，共立出版（2000）（第 7, 9 章）

42) 小若正倫 著：新版 金属の腐食損傷と防食技術，アグネ承風社（1995）（第 9 章）

43) 駒井謙治郎 著：構造材料の環境強度設計，養賢堂（1993）（第 9 章）

44) 日本材料学会フラクトグラフィ部門委員会 編：フラクトグラフィ，丸善（2000）（第 7, 9 章）

45) 萩原芳彦，鈴木秀人 共著：破壊力学，オーム社（2000）（第 8, 9 章）

46) 未踏科学技術協会 超電導科学技術研究会 編著：超電導実用技術，日刊工業新聞社（2013）（第 15 章）

47) 京極秀樹，池庄司敏孝 共著：図解　金属 3D 積層造形のきそ，日刊工業新聞（2017）（第 1 章）

索　引

〔か〕

〔さ〕

〔な〕

〔ま〕

〔や〕

〔ら〕

〔わ〕

著者略歴

内田　仁（うちだ　ひとし）

1948年 北海道生まれ，1972年 室蘭工業大学大学院工学研究科修士課程修了，1972年 姫路工業大学助手，1983年 英国リーズ大学客員研究員（1年間），1986年 姫路工業大学助教授，1996年 姫路工業大学教授，2004年 兵庫県立大学教授，2013年 兵庫県立但馬技術大学校長，2017年 兵庫県立工業技術センター所長，2022年 退任して現在に至る．

現　在：兵庫県立大学名誉教授，工学博士（大阪大学）．

著　書：『フラクトグラフィ』（共編著）丸善，『機械設計法』（共編著）日本材料学会，『環境材料学』（共著）共立出版，『最新さびと防食の基本と仕組み』（共著）秀和システムなど．

基礎から学ぶ 機械材料学

2024年1月30日　初版第1刷発行

著　　者　内田　仁

発 行 人　島田　保江

発 行 所　株式会社アグネ技術センター
〒107-0062　東京都港区南青山5-1-25
TEL (03) 3409-5329 ／ FAX (03) 3409-8237
振替　00180-8-41975
URL https://www.agne.co.jp/books/

印刷・製本　株式会社平河工業社

ISBN978-4-86707-014-7 C3053